JN156151

草地と語る

〈マイペース酪農〉ことはじめ

佐々木章晴

寿郎社

まえがき

三友（みとも）農場の草地に立つ。北海道東部の根釧（こんせん）地方、中標津（なかしべつ）町である。農場の草地に立ち、草たちの感じている世界に思いをめぐらす。この農場が「土の哲学」を持ち「土を軸に回転」していることを実感する。

草たちの感じている世界――それは風であり、温度や湿度であり、土である。自分が草になって想像してみよう。自分の他に周りにはいろいろな種類の草がある。養水分を巡って土の下で、はたまた光を巡って土の上で競い合うこともある。風を和らげたり湿度を維持したりする形で助け合うことだってある。また、草である自分の体の一部は枯れ草・リターとして土に還っていく。そのことが自分にとって、さらに居心地のよい空間をつくることになる。そして、牛――。舌なめずりして自分の上の葉っぱを食べてしまう牛の存在。

草地に酪農民が立つことは少なくなった。放牧が少なくなったせいだと言われている。フリーストール・TMR給与方式の採用が増えた。草地で働くことは、肥料を撒くこと、堆肥やスラリーを投げ（入れ）に行くこと、草を刈ること……。最近はエアコン付きのトラクターの中で機械を操作する。草地を見るのはそんなトラクターの上から。直接草地に立つことは刈り倒した草の乾きを見る程度かもしれない。しかし、乾草調整はもちろんサイレージにしても予乾が少なくなり、それも少なくなった。牛飼いの仕事とは「機械を操作すること」になったかのようだ。しかし、機械を操作することと酪農の仕事をすることとは別である。

酪農家はなぜ草地を歩かないのだろうか。草地を歩くことは「遊んでいるように見える」からだろうか。それとも歩くぐらいなら、その時間があるならば、牛を一頭でも多く飼い、よりたくさん牛乳を搾る。その方が粗収益が上がるからだろうか。それもあるだろう。粗収益の飽くなき増大を経営戦略の目標としている以上、そのように考えることは仕方がないことなのかもしれない。

しかし、それでもなお、草地に立ち、歩いてみようと言いたい。草地に立てない忙しさが、酪農場全体の流れを見る目を失わせていることに気がついてほしいからだ。牛飼いは牛を見る目を持っている。牛を見る目は大事だ。しかしそれと同じぐらい草地を見る目は大事だと私は思う。つまり、「牛」と「草地」とを語る努力をする、というべきか。

「草地と語る」ということは「牧草と語る」というだけではない。牧草が感じる世界、すなわち「風土と語る」ことである。風土と語るなどというと「なんと情緒的な」と思われるかもしれない。しかし、工場の中のように完全に環境をコントロールできない限り、屋外での仕事である限り、世界にたった一つしかない自分が立っているその「土地と語り」「風土と語らなければ」何もできないと思われる。

この本を読んだからといって、「草」や「土地」や「風土」と「語れるようになる」わけではない。それらと本当に語れるのは、その土地に生き抜くことを決心し日々土地と向き合う農民である。いや、農民であろうとする努力によって「土地と語れる」ようになるのである。

一介の技術者が何をいうかと思われるかもしれない。しかし、「風土と語ることの大切さ」を知ってしまった一技術者として、まずは草地に立ってみること、そして「風土と語る」ことの大切さを本書を手にした読者とともに一緒に考えることはできるのではないかと思う。

本書の執筆のきっかけは、三友盛行氏、三友由美子氏をはじめとして〈マイペース酪農〉を実践されている多くの酪農家の方と根釧地方で様々な活動をされている人々との交流である。牛飼いという仕事と日々格闘されている方々へ、そしてグローバリズムの嵐の中で地域で生き続けようと格闘されている人々へ、本書が何がしかのお役に立てば幸いです。

草地と語る

〈マイペース酪農〉ことはじめ

目次

第一章　草地に立つ

毎日の収穫作業

酪農家は忙しい。少なくとも朝晩の搾乳作業は必ず行なわなければならない。搾乳作業。これは、「収穫作業」といってもよい。酪農家は毎日、収穫作業がある。「収穫期」が決まっている耕種農業との大きな違いがこれである。

毎日収穫作業があること。これだけで相当の精神的な負担である。牛は日々生きている。生きているから餌を食べ、排泄物を出す。餌を給与し、排泄物である糞と尿を取り除き、敷料を与え、牛が快適に生きられるようにしなければならない。牛に発情が来れば人工授精を頼まなければならないし、病気になれば獣医を呼ばなければならない。これら家畜管理と呼ばれる作業、それだけではなくさらに餌の生産の場である草地への肥料散布、堆肥や尿、スラリー（液状厩肥）の散布、牧草収穫作業など草地管理と呼ばれているもろもろの作業が加わる。

牛は日々生きている。このことは、牛に対する細やかな配慮を酪農家に要求する。そして酪農家は牛に意識を集中する。これは悪いことではない。当然のことであり、そうしなければ牛は牛乳を提供してはくれない。

しかし、牛に意識を集中するあまり、見失ってきたものがある。そう言いたい。北海道、特に根釧地方の多くの酪農家は第二次世界大戦後に酪農をスタートさせた。そしてこの時、莫大な借金を背負った。その借金を返していくために研究機関・指導普及機関は何をしてきたか。

きわめて安易でなおかつ、酪農関連産業と呼ばれている産業群に都合のよい方向性を指し示してきた。すなわち、酪農家一戸あたりの牛乳生産量をひたすら上げるように上げるように誘導したのである。研究機関・指導普及機関は酪農家に何といったか。「牛乳生産量が増えれば、水揚げ（農業粗収入）が上がる。水揚げが増えれば手取り（農業所得）も増え、借金が返せる」といった。そして酪農家をひたすら働かせた。一見もっともらしいこうした言葉に疑問を持つ酪農家は少なかった。結果的に、牛乳生産量が酪農家の格を決める――そのような風潮ができあがっていった。この風潮は「牛乳生産量の増大＝農業粗収入の増大＝農業所得の増大」という図式を固定化し、この波に乗らない酪農家はいわば「非国民」扱いされてきた。

牛乳生産量の増大が意味するもの

ここまで読んで読者は、まるで「牛乳生産量の増大＝農業粗収入の増大＝農業所得の増大」が悪いかのように私が言っているように思われるかもしれない。このいわば「常識」のどこに落とし穴があるかは、これから折に触れていきたいと思う。

「牛乳生産量の増大」を経営戦略の目標に据える。これがどのような意味を持つかをここでは考えてみたい。牛乳生産量を増大させるためには、「牛を増やすこと」と「牛一頭あたりの乳量を増やすこと」――この二つが大切である。ここでやっと「牛に意識を集中するあまり、見失ってきたもの」の話に入ることができる。牛を増やすこと、牛一頭あたりの乳量を増やすこと、このいずれにも「餌」が関係してくる。牛を増やすことは、農場全体としての餌の量を増やさなければならないということだ。また、牛一頭あたりの乳量を増やすためには馬力の出る餌、すなわち栄養価の高い餌が必要となる。まとめると、栄養価の高い餌の量を増やさねばならない、となる。

つまり、「草地」は「栄養価の高い餌を大量に供給する場」として、草地学からも酪農家にも捉えられているのである。ここには草地の生産に立脚する草地酪農、といった酪農発祥の地では常識とされている考え方は存在しない。牛乳生産量増大のためには、無理にでも草地から「栄養価の高い餌」を大量に供給させるのである。

主客転倒、である。酪農発祥の地では、草地といえば「永年草地」であると聞く。永年草地とは、長ければ数百年にわたり一度も耕されることなく草地として維持され利用される場ということだ。しかしこの国では、西洋から導入された牧草が現在のようにある状況は昔からあったわけではない。パイロットファーム計画から始まった「草地造成事業」によって、西洋から導入された「寒地型牧草」が大々的に導入されてからなのである。

草地造成事業の落とし穴

昭和二〇年代から始まった草地造成事業は昭和五〇年代に一段落する。開発できる原野が少なくなったためだ。草地造成事業はやがて、国の助成事業となり、現在では「草地更新事業」となった。せっかちな国民性が災いしているのかうまく利用されているのか、根釧地方では草地を一〇年耕さなければ長い方である。一〇年経てば、栄養価の高い餌を大量にとれなくなったからと、プラウで土を掘り返し、肥料を撒き、牧草の種を撒く。しかも、撒く牧草の種類はイネ科牧草ではチモシーかオーチャードグラス、またはペレニアルライグラスといったところ。マメ科牧草は白クローバか赤クローバと相場が決まっている。最近新しく牧草として導入された植物も見られるが、いずれにせよイネ科牧草一種類にマメ科牧草一種類にする、という組み合わせがほとんどである。

これは草地ではない。そう思う。原っぱを頭に浮かべてほしい。原っぱには二種類しか植物がないなんてことがあるだろうか。そのようにいうと「草地は原っぱではない」という反論がくることは承知している。しかし草本植物、つまりは草が生えている場が草地ならば、原っぱは立派な草地である。草地の本質とは、様々な、多くの種の植物が生きていることと考える。しかし今、草地、いや古い言葉で言えば「集約牧野」と呼ばれるところは、一〇年に一度は耕され、たった二種類の植物しかない「場」。耕される間隔は多少長いが、一年に一度耕される耕種農業とちっとも変わらないのではないかと思うのである。阿蘇の野焼き草原などを除けば、草地学の対象はこの「集約牧野」――今でいう「草地」である。日本の草地学は「草地」の言葉を冠していながら、研究の中身はきわめて耕種農業的である。耕種農学の域を出ていないのが日本の草地学、といっても言い過ぎではあるまい。このことは、牧草の種子を供給する側からすれば、非常に利益になることであることはいうまでもない。その一方で、日本の草地学は「草地とは何か」についてまだ十分な答えを出せていないのである。

牛乳生産量の増大を追いかけ、牛に意識を集中するあまり、草もまた生きている「生き物」であるという視点を見失っていたのではないか――と私は言いたい。

経験と知識を得て「考える」ということ

酪農家は忙しい。ゆっくり草地に立っている時間などない、ということはわかる。しかし、それでも草地に立ってみよう。草たちが感じる命、世界。足下の世界を感じてみよう。「感じてみる」――学問的に言えば非常に不確かな言い方である。しかし、命を相手にする仕事をする限り、忘れてはならないことだと思う。

これまでの酪農家や専門家は草地をどのような目で見てきただろうか。それは飼料分析値や土壌分析値で草地を見てきたのではなかっただろうか。栄養価が低いと言われては早刈りをしてサイレージをつくり、土に何かが足りないと言われては足りないと言われる成分を土に入れる。そうして分析値に振り回されてきたのではなかったか。数値がすべて意味がない、とは言わない。しかし、数値はある瞬間のある部分の一面を捉えているに過ぎない。全体を素早く、的確に捉えるには、「感じてみること」が必要なのだ。

感じてみる――この感覚を研ぎ澄ますには「経験」が必要だと私は考える。経験とは単に日々の仕事をこなすだけのことではない。知識を得て「考えること」も含まれる。考えることによって経験したことを頭の中で整理し、結果として感じ取るチャンネルを増やすのである。たとえば今自分が立っている根釧台地という土地がどのような地でどんな歴史を背負っているのか。そのことを少し考えた上で、行動していくことは悪いことではないと思う。

さらに、もう少し広い視野に立ち、ここ北海道がもともと何であったか、それを考えてみよう。明治維新までは「蝦夷地」、と呼ばれていたが、これは和人の呼び方であって本来の呼び方ではない。本来の呼び方は「アイヌモシリ」――人間の静かなる大地である。豊かな落葉広葉樹が生い茂り、西別川には天然のサケやマスが遡上した。その恵みを受けて、アイヌ民族が暮らしていた。この土地は、アイヌ民族のものであった。

草地にも歴史が詰まっている。風と土と、人も含めた歴史の積み重ね――それが風土である。草地に立ち、感じること。それは草地と語ることである。草地と語ることは、風土と語ることである。風土と語るためには、歴史的にも地理的にも、ミクロな目とマクロな目を持っていなくてはならない。つまりズームレンズの目が必要なのである。時にはアリの目になり時にはトビの目になる。そういう目が必要なのである。

今立っているこの土地。ここに「草地」が出現したのは明治開拓期の前後からである。明治以降、そして第二次世界大戦後のパイロットファーム計画の導入以降、さらに新酪農村開発事業以降の農学と社会経済の歴史が、この草地に重くのしかかっている事実を、私たちはまず考えねばならないだろう。

第二章　歴史を振り返る

日本の「北方圏」根釧台地

今立っている草地は、北海道東部の根釧台地にある。根釧台地はおおよそ北緯四三度から四四度の間にある。日本は大部分が温帯であるが、この土地は冷帯である。

トビの目になって台地を見てみよう。根釧台地の南側は太平洋、東側は根室海峡である。北側は知床火山列に、西側は白糠（しらぬか）丘陵に囲まれている広大な丘陵地帯であることに気づくだろう。地形は平坦なところもあれば、波状地形もあり、大きな河川の周辺、特に標津川や忠類川の周辺には河岸段丘が発達している。河川周辺や沿岸低地では湿原が発達しており、沿岸部には内湾や海跡湖が見られる。

南側の太平洋は、寒流である千島海流と暖流である日本海流がぶつかる海域であり、夏季は海霧が発生する。発生した海霧は南よりの風に乗り、根釧台地に流入する。流入した海霧は知床火山列と白糠丘陵に阻まれ、滞留する。このため年間海霧日数は一〇〇日を超え、夏季の六月から八月にかけて半分以上は霧日になる。このことが冷帯であるこの土地の気候をさらに冷涼にしている。地質は第四紀層である阿寒・屈斜路カルデラ由来の火砕流堆積物と火山灰土。それらに広く覆われている。冷涼であることと火山灰地であること。これが根釧台地の風土の基層である。

「北方圏」という言い方がある。日本でありながら日本ではないような響きの言葉である。根釧台地はこの「北方圏」という言葉がしっくりする土地であり、実際に日本でも貴重な北方の自然と野生生物が残存している。現在、根釧台地では三四〇種以上の鳥類と四〇〇種以上の草花が確認されている。この土地でしか見られない生き物たちも多く、これらの生き物たちは北海道の中でも特に北海道らしい根釧原野独特の景観を創り出す担い手となっている。

根釧台地の歴史を見る

現在、根釧台地の景観は「草地」が主役であり、地平線まで広がる草原が根釧台地のごく当たり前の風景である。「草地」が主役になることによって、「我が郷土は世界の酪農郷」になったのである。「草地」を主役にしたのは、直接的には、根釧地方の風土と格闘を続けた開拓民とその子孫である酪農民である。その苦闘のたまものが根釧台地の草地なのである。しかし、酪農民がこの地でなぜ苦闘を続けねばならなかったのか、闘う原動力は何だったのかを考えてみる必要がある。

酪農民を苦しめ、振り回し続けたのは農政である、という認識が一般的にある。農政が悪いから、酪農民は苦しむ。それは事実だ。実際に農政が、古くは殖民政策を押し進め、戦後はパイロットファーム計画や新酪農村開発事業を国は推進した。しかし農政がどのような意図と背景で行なわれているかを見極めておく必要がある。

根釧地方、あるいは北海道だけを見ていても、それはわからない。日本を離れ、世界地図を広げて、歴史の針を江戸時代末期まで逆回しにしてみよう。

江戸時代末期、日本は北からの脅威を感じていた。ロシアの極東進出である。もともと日本は「蝦夷地」と呼んでいた「アイヌモシリ」に権益を確保していたが、さらにこれ以降の「開拓」という名の侵略が、アイヌ民族に塗炭の苦しみを与えていた。ロシアに蝦夷地の権益を奪われるのではないか、さらに本州以南も侵略されるのではないかという恐怖心が、江戸幕府から始まり明治政府が大々的に展開した北海道開拓の原動力の一つである。ロシアに奪われないようにするためには、大勢の和人が北海道で生活していなければならない。そのための屯田兵であり開拓団の入植である。ロシアに対する戦略的要地として北海道は位置づけられ、行政主導で開拓・開発が進められてきた。根釧地方もこの大きな流れの中にあって、このことが酪農郷を出現させる基礎となったのである。

そして第二次世界大戦敗戦後、アメリカを中心とするＧＨＱの占領下に日本がおかれたことが、日本の畜産にとって一つの大きな転換点となった。第二次世界大戦前から、日本の畜産、特に酪農、養鶏、養豚は、穀物飼料をかなり多く消費していた。満州と呼ばれた中国東北部からの輸入が多かったが、第二次世界大戦後、輸入先はアメリカとなった。

アメリカは第二次世界大戦終結時、大量の「余剰穀物」を抱えていた。この余剰穀物を極めて戦略的に活用したのである。「余剰穀物」を余剰穀物でなくするには、売り込み先の確保、つまり「市場」が必要である。アメリカは軍事的優位を背景に、積極的に市場を開拓した。市場の一つとして注目したのは、穀物飼料を多く消費する日本の畜産であった。タンパク質をより多く食べるように食生活改善運動として仕向け、畜産物をより多くする消費文化を普及させた。洋食が家庭でも一般的になったのは一九六〇年代以降である。洋食のための畜産物を生産するために、畜産振興が行なわれた。そしてこの畜産によって飼養される牛、豚、鶏などの餌として、アメリカの余剰穀物が供給された。アメリカの「余剰穀物」は、「配合飼料」となった。日本の畜産は、アメリカ穀物戦略の「輸出市場」となったのである。

パイロットファーム計画と新酪農村開発事業

市場の開拓・拡大のために注目された地域の一つが根釧地方だった。根釧地方に酪農地帯が出現すれば、輸出市場として魅力的となる。輸出市場を作り出すために行なわれたのが、世界銀行から融資された「パイロット・ファーム計画」であり、その後に続く「新酪農村開発事業」だった。根釧地方が第二次世界大戦後、急速に草地酪農地帯として発展を遂げた原動力はアメリカ穀物戦略であり、その重要な輸出市場として、根釧酪農は位置づけられたのである。

このことは、根釧地方が「酪農」という主産業を得た、という点ではよかったと思う。「配合多給」と呼ばれる高い穀物給与量を背景とする草地酪農地帯の成立によって、根釧地方の人々の生活も近代化したからである。

しかし、「考える」時間もなく、ひたすら森林を切り開き、牛を増やし、配合飼料をたくさん給与し、牛乳生産量をひたすら増やしてきた結果、労働時間が増大した。都会のサラリーマンの労働時間が年間二〇〇〇時間であることに比べ、根釧地方の酪農家は現在でも一人あたり年間四〇〇〇時間にもなる。長い労働時間がさらに、「考える」ことを抑制する。「牛乳生産量が増えれば、水揚げ(農業粗収入)が上がる。水揚げが増えれば手取り(農業所得)も増え、借金が返せる」との言葉に疑問を持つ酪農家が少なかったのは、そのような背景があってのことである。

考えたり耳を傾けたりする余裕を失うことは、地域の中で大きな問題が進んでいてもそれに目を背けがちになるということだ。現実問題として、たとえば森林を縮小させることは自然環境に大きな影響を及ぼすことになり、自然ばかりではなく人間の世界にも大きな影響を及ぼした。根釧地方のもう一つの主要産業である水産業との間に大きな軋轢を生じさせたのだ。

第三章　風土は劇的に変わった

森を失った「アイヌモシリ」

近世から近代にかけてのロシアの極東進出が「蝦夷地」といわれていた「アイヌモシリ」を開拓する大きな要因となり、さらに第二次世界大戦後のアメリカの穀物戦略とその市場先の確保が日本の「パイロットファーム計画」と「新酪農村開発事業」となり、根釧地方に一大草地酪農地帯を出現させた。その結果として根釧地方の主役は、「落葉広葉樹林」から「草地」へと変えられた。このことは一通り述べた。では、根釧地方では実際にはどのような変化があったのか。ここでは別海町、中標津町、標津町に存在した三つの原野の今と昔を取り上げ、比較しながら考えてみたいと思う。

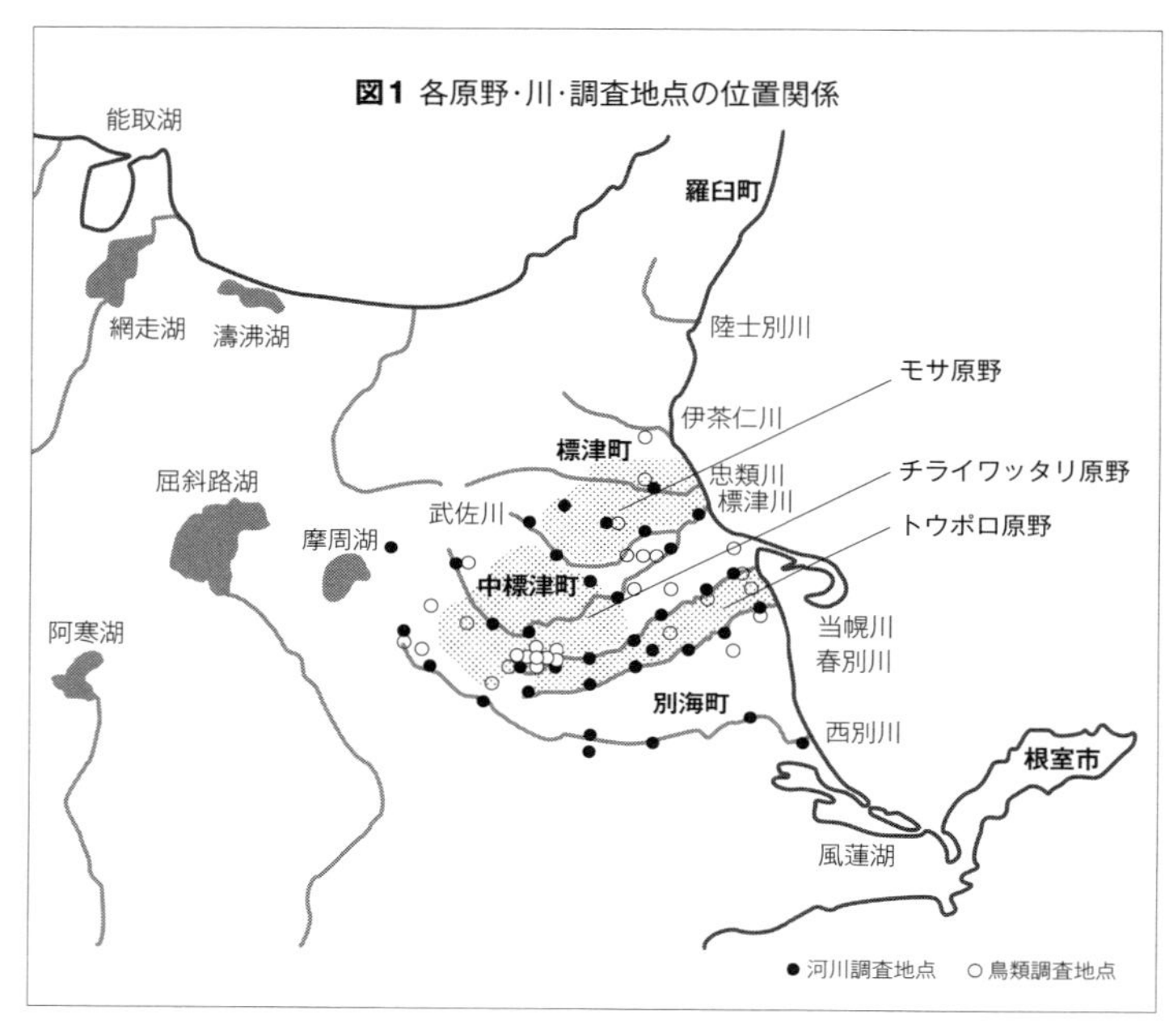

別海町、中標津町、標津町の三つの原野とは、「トウポロ原野」「チライワッタリ原野」「モサ原野」である（図1）。

根釧台地には、大中小の様々な河川がまるで血管のように分布している。これら三つの原野にも例外ではない。前に根釧台地の地形は、平坦、波状、あるいは段丘状と述べた。根釧台地の北と西には山地が分布しているが、基本的に根釧台地は山ではない。広大な丘陵地帯である。根釧台地は丘陵地帯にもかかわらず河川が数多く血管のように分布している。このような土地は日本でもあまりないと思う。さらにこの河川の多くは、根釧台地に源流を持つ。源流が山地ではない河川が多いのだ。根釧台地は火砕流堆積物と火山灰土である。そこが源流ということは、「砂利のない川」になる。石ころだらけの「河原」がない河川が多いのが根釧台地の特徴である。

この特徴的な河川とその分布、そしてさらに流れている河川の状態がどのようになっているかを眺めてみると、根釧原野の景観が浮かび上がってくる。河川の周辺には小さな湿原があることが多い。そして周辺は河畔林である。河川から少し離れると台地の上となる。ここも河畔林とは違った森林に覆われている。もう少し行くと、また河畔林が現われる。そして隣の河川にたどり着く。このように根釧原野の基本地形は「河川・湿原―河畔林―台地上の森林―河畔林―河川・湿原」となり、河川から河畔林にかけては段丘状になっていることが多い。開拓以前の根釧台地の主役は「落葉広葉樹林」であるが、これはさらにヤチダモ、ニレ、ハンノキを主体とする「河畔林」と、カシワ、ミズナラ、シラカンバを主体とした「台地上の森林」に分けられる。河川という血管と毛細血管の周辺に河畔林が網目状に分布し、河畔林と河畔林との間の少し高い台地にはまた別の森林が分布する。これが根釧原野の本来の基本的な景観である。

さて、「トウポロ原野」「チライワッタリ原野」「モサ原野」をそれぞれ見ていこう。「トウポロ原野」は、北を当幌川、南を春別川、東を根室海峡、西を釧路支庁との支庁界とする面積二万六〇〇〇ha程度（表1）の原野である。「チライワッタリ原野」は、北を標津岳山麓、南を当幌川、東を俣落川、西を釧路支庁との支庁界とする面積一万九〇〇〇ha程度（表1）の原野である。「モサ原野」は、北を伊茶仁川と忠類川の中間線付近及び武佐岳山麓、南及び西を武佐川と標津川、東を根室海峡とする面積一万七〇〇〇ha程度（表1）の原野である。これらの原野には、殖民地区画解放前、つまり開拓以前には草地はほとんど存在していなかった。大部分は台地上の林地であり（表1）、それは原野の七割から八割にもなった（表2）。河畔林を含めると九割以上は森林であった（表2）。しかし、開拓後の現在はどうなったか。大部分が「草地」になったのであり（表1）、それは六割

表1　殖民地区画開放前と現在の「トウポロ原野」「チライワッタリ原野」「モサ原野」それぞれの台地上の林地面積、河畔林面積、湿原・水辺面積、草地面積（ha）

	台地上の林地	河畔林	湿原・水辺	草地
（殖民地区画開放前：1911年）				
トウポロ原野	18,773	5,128	0	0
チライワッタリ原野	8,775	628	218	2,751
モサ原野	11,895	160	1,572	519
（現在：1997,1999年）				
トウポロ原野	3,663	5,213	920	16,185
チライワッタリ原野	3,086	2,240	5	14,550
モサ原野	3,852	2,648	184	11,173

殖民地区画開放前のデータは「北海道殖民地撰定報文」（中標津1981）の記録を使用。現在の植生は、「都道府県別メッシュマップ01北海道⑦」（環境庁自然保護局計画課自然環境調査室1997）と衛星写真「ランド撮図」（写真化学1999）から計測。

表2　殖民地区画開放前と現在の「トウポロ原野」「チライワッタリ原野」「モサ原野」それぞれの台地上の林地率、河畔林率、湿原・水辺率、草地率（%）

	台地上の林地	河畔林	湿原・水辺	草地
（殖民地区画解放前：1911年）				
トウポロ原野	78.5	21.5	0.0	0.0
チライワッタリ原野	70.9	5.1	1.8	22.2
モサ原野	84.1	1.1	11.1	3.7
（現在：1997,1999年）				
トウポロ原野	14.0	20.0	3.5	61.9
チライワッタリ原野	15.5	11.3	0.0	73.2
モサ原野	21.6	14.8	1.0	62.6

殖民地区画開放前のデータは「北海道殖民地撰定報文」（中標津1981）の記録を使用。現在の植生は、「都道府県別メッシュマップ01北海道⑦」（環境庁自然保護局計画課自然環境調査室1997）と衛星写真「ランド撮図」（写真化学1999）」から計測。

から七割にもなる（表2）。そして大きく減少したのが「台地上の林地」であり（表1）、もはや原野の一割から二割しか残っていない。河畔林の周辺は湿原――地元の言葉では谷地（やち）――が多く、開発に不向きであった。開発が容易だったのは、比較的平坦な「台地上の林地」である。第二次世界大戦後、ここにレーキドーザーが走り回り、樹木を押しのけ、牧草の種が撒かれたのである。台地上の林地――これが「草地」に変わった。

この結果、土地利用と景観は大きく変わった。基本地形は「河川・湿原―河畔林―台地上の草地―河畔林―河川・湿原」となり、かつて根釧台地の上を覆っていた森林は消失し、現在見る河川周辺に河畔林がわずかに残る見渡す限りの草原の地、根釧台地が出現した。

そしてアオジは激増した

根釧台地は野鳥の宝庫である。とにかく鳥の種類が多い。その数ざっと三四〇種以上にもなる。特に世界遺産である知床半島、ラムサール条約に指定された日本最大の砂州である野付半島とその砂州に囲まれた野付湾、そして同じくラムサール条約に指定された風蓮湖には、多くの野鳥ファンが押し掛ける。日本ではここでしか見られない鳥も多い。

初夏の朝、根釧台地は鳥たちのさえずりで満ちあふれる。海岸から離れた酪農地帯でも、開発が進んだとはいえ朝の四時頃から六時頃にかけてさえずりの大合唱となる。草原の中の牧柵の上では、ノゴマやノビタキがなわばりを主張する。夜中からずっと鳴いている鳥もいる。「じょっぴんかけたか（鍵をかけたか）」とやかましくさえずるエゾセンニュウである。原野の中の住宅の窓の前で鳴かれた日には、夜眠れないほどである。何度も急降下してけたたましい音を響かせる、冬にはオーストラリアに渡ってしまう「オオジシギ」という鳥は、根釧台地らしい朝を印象づける。とにかく、スズメとカラスぐらいしか素人目には印象に残らない都会に比べて、人間が住んでいるすぐ近くに数多くの種類の野鳥がいるのである。その一端を表3に示してみた。

「アオジ」という野生の小鳥がいる。俗に「野雀」とも呼ばれ大きさもスズメと同程度、頭はやや暗い灰色がかった緑色、喉は黄色く、背中は灰色がかった茶色、おなかは黄色地に褐色の斑点がある。調査のためカスミ網で捕まえて手に取ると（渡りの調査のため、足環をつけて放す）、なかなかかわいい顔をしている小鳥である。比較的ゆっくりと「チョッ、チーチョッ、チロリ、チョッ」とさえずる。本来は、林縁や林の中でも開けたところに好んで生息する鳥である。

「鳥類標識調査」。環境省が山階鳥類研究所に委託し、「バンダー」と呼ばれる資格を持ったボランティアの調査員がカスミ網を張り、鳥たちを捕まえ、足環をつけて放す。主に渡りのルートを解明し鳥類保護の基礎資料を得るために行なっている調査事業である。この無給のボランティア調査に情熱を傾ける人々が、根釧台地には比較的多く存在する。

さて、この「鳥類標識調査」を実際にやってみると、アオジが大量に捕獲される。一〇月の朝五時頃からの数時間で一〇〇羽以上も捕獲されている。調査用紙の記録はびっしりと「アオジ」の名が並ぶ。捕獲した鳥に装着する足環を「リング」と呼び、小さいリングから一番、二番、三番と大きくなるように作られているが、アオジに装着するのは二番リングである。リング装着の専用

表3　台地上の林地、河畔林、湿原・水辺、草地それぞれで確認された鳥種

	台地上の林地	河畔林	湿原･水辺	草地
森林種	センダイムシクイ・ヒガラ・アカゲラ・コガラ・ゴジュウカラ・ハシブトガラス・エナガ・コルリ・シジュウカラ・エゾムシクイ・キクイタダキ・キジバト・キビタキ・ツツドリ・ハリオアマツバメ・ミソサザイ	センダイムシクイ・エゾムシクイ・キジバト・ミソサザイ・ゴジュウカラ・シジュウカラ・ツツドリ・コゲラ・アカゲラ・キビタキ・コルリ・ハリオアマツバメ・ヒガラ・アオバト・アカハラ・コガラ・ヤブサメ・キバシリ・クロジ・ハシブトガラス	センダイムシクイ・エゾムシクイ・ツツドリ	キジバト・センダイムシクイ・シジュウカラ・ツツドリ・ハシブトガラス・エゾムシクイ・カケス・ゴジュウカラ・ヒガラ・アカゲラ・オオルリ・キビタキ・ハリオアマツバメ
林縁種	アオジ・ハシボソガラス・ハシブトガラス・ウグイス・ヒヨドリ・ベニマシコ	アオジ・ウグイス・ハシブトガラス・カッコウ・ヒヨドリ・アリスイ・ニュウナイスズメ・ベニマシコ	アオジ・ウグイス・ベニマシコ	ハシブトガラス・アオジ・ハシボソガラス・ウグイス・ベニマシコ・カッコウ・ヒヨドリ
湿原・水辺種	アオサギ・マガモ	アオサギ・オジロワシ・カワアイサ・ササゴイ・セグロカモメ・ヒドリガモ・マガモ	アオサギ・タンチョウ・オシドリ・オナガガモ・コガモ・セグロカモメ・ハクチョウ	アオサギ
草原種	トビ・オオジシギ・カワラヒワ・ショウドウツバメ・スズメ・ノビタキ・ビンズイ・ムクドリ	トビ・エゾセンニュウ・ハクセキレイ・ムクドリ・カワラヒワ・ショウドウツバメ・ノゴマ・オオジシギ・コヨシキリ・スズメ・ノビタキ・ビンズイ	オオジシギ・ヒバリ・トビ・シマセンニュウ・ノビタキ・ハクセキレイ	ショウドウツバメ・トビ・スズメ・ヒバリ・カワラヒワ・ノビタキ・オオジシギ・ハクセキレイ・エゾセンニュウ・ノゴマ・オオジュリン・シマセンニュウ・ビンズイ・ムクドリ

調査期間は2000年から2006年。ポイントカウント法で鳥類の種類と出現数を計測。のべ調査ポイントは70カ所。鳥種名は標準和名を使用。鳥種の掲載順は出現数の多い順とした。「森林種」「林縁種」「湿原・水辺種」「草原種」の分類は日本鳥類目録改訂第6版（日本鳥学会2000）による。

プライヤーで二番リングをアオジたちにひたすら装着して放す。他の種はせいぜい一日一〇羽かそこらしか捕獲できないのに、アオジだけは大量に捕獲される。根釧台地のアオジの正確な生息数はわからない。しかし、とにかく他種の野鳥に比べて圧倒的に多い数のアオジが根釧台地に生息しているのは確かである。

　アオジが圧倒的に多い理由を探るデータを表4に示した。これは根釧台地ののべ七〇カ所で姿を見た、あるいは鳴き声を聞いた野鳥の種と数を記録し集計した表である。陸上に主に生息する鳥たちは、森林を好む「森林種」、林縁や林の開けたところを好む「林縁種」、水があるところを好む「湿原・水辺種」、草原を好む「草原種」に分けられる。表4のデータから見えてくることは、わずかに残存している台地上の林地や河畔林では「森林種」が五割以上になっているのに対して、草地では「林縁種」と「草原種」を合わせると七割以上になり、森林と草地では生息している鳥の種類がまるきり違うということである。

表4　台地上の林地、河畔林、湿原・水辺、草地それぞれで確認された鳥種数と、「森林種」「林縁種」「湿原・水辺種」「草原種」の出現頻度（%）

		台地上の林地	河畔林	湿原・水辺	草地
確認された鳥種数		32	47	19	35
出現頻度	「森林種」	56.5	50.5	13.6	20.2
	「林縁種」	27.5	26.3	27.3	34.2
	「湿原・水辺種」	2.9	5.1	29.5	2.6
	「草原種」	13.0	18.6	29.5	43.0

調査期間は2000年から2006年。ポイントカウント法で鳥類の種類と出現数を計測。のべ調査ポイントは70カ所。各種の出現数を出現数の合計で除し、出現頻度とする。「森林種」「林縁種」「湿原・水辺種」「草原種」の分類は『日本鳥類目録改訂第6版』（日本鳥学会2000）による。

　レーキドーザが「台地上の林地」を走り回り、ここを「草地」にしたことは前に述べた。根釧台地の主役を森林から草地に変えたということは、そこに住む野生の生き物たちもすっかり変わってしまったことになる。

草地の周辺部に目を向けてみよう。草地の周辺部には笹藪や灌木が残されている。草地で見られる「林縁種」と「草原種」は、草地の真ん中よりも、草地周辺部にわずかに残された原野的植生によく見られる。恐らくここでアオジは巣を作り繁殖しているのであろう。根釧地方の主役は森林から草地になったと前に述べたが、より正確にいうと、牧草を主体とした草地と草地の周辺の笹藪や灌木を主体とする原野的植生が根釧台地の主役になったのである。

「草地」と「原野的植生」とを合わせた草原は、林縁種・草原種の天下となった。その代表種が「アオジ」である。アオジの激増は、根釧地方が森の国・アイヌモシリから草原の国・根釧台地へと変貌した象徴なのである。

メムを失った根釧原野

三友農場には、放牧地や兼用地の中を流れるいくつかの小さい川がある。この小さい川は、草地の中の小さな泉から湧き出て、農場内を流れ、やがて野付湾に注ぐ当幌川に流れていく。泉のことをアイヌ語で「メム」と呼ぶ。三友農場にはメムが少なくとも二カ所ある。このメムの水温は、春先の五月で三～四℃、夏の八月でも一二℃程度である。

「水温」は重要な水の測定項目である。水の中の生き物が生きていけるかどうかはかなりの部分、水温に左右される。サケマス類は、夏期一〇℃以下の水温を好む。実際に西別川最上流部のサ

表５　陸士別川、標津川、当幌川、春別川、西別川各河川の集水域森林率の平均、集水域森林面積の合計、集水域河畔林幅の平均

	陸士別川	標津川	当幌川	春別川	西別川
集水域森林率の平均（%）	85.0	53.8	29.4	27.6	27.7
集水域森林面積の合計（ha）	3,832	36,852	4,387	3,809	12,392
集水域河畔林幅の平均（m）	1,500	484	292	228	217

集水域森林率・集水域森林面積・集水域河畔林幅は、「都道府県別メッシュマップ01北海道⑦」（環境庁自然保護局計画課自然環境調査室1997）と衛星写真「ランド撮図」（写真化学1999）から計測。

ケふ化場近くの水温は、夏期の八月でも八〜一〇℃である。メムから湧き出る「低温湧水」という資源、これがサケマス増殖業の基礎的な資源であると言える。

かつて西別川最上流部のサケふ化場から、サケの稚魚が春に放流され、海に下っていく光景が見られた。しかし現在ではサケの稚魚は、トラックに乗せられ、河口に運ばれ放流されている。川の上流で放流しても、回帰率、つまり親になって川に戻ってくる割合が小さくなるからである。河口で放すのと上流で放すのとで回帰率が違うということは、西別川の中流や下流で何かが起こっていると考えるのが自然である。ここではまず水温を考えてみる。

二〇〇三年五月から一〇月までの根釧地方の五河川（陸士別川、標津川、当幌川、春別川、西別川）の三八カ所のデータを表5と表6にまとめてみた。注目すべきことは河川の周り（集水域）の森林率、それに河畔林の幅と水温との関連である。森林率や河畔林の幅が大きい陸士別川は水温は低く、森林率や河畔林の幅が小さい当幌川や春別川、それに西別川は水温が高い。これらのデータをすべてプロットとしてグラフ（散布図）にしたのが図2と図3である。森林率と水温にははっきりとした関連は見えないが、河畔林の幅が大きくなると水温は低くなる傾向が見られる。なお、この場合の河畔林とは河川から連続的につながっている森林の幅であり、地形的・植生的に分けられる「河畔林」と「台地上の林地」の両方を含んでいる。もっとわかりやすくいうと、現在の根釧台地をトビになって眺めたときに、河川の周りを縁取るように見える緑の筋である。

表6　陸士別川、標津川、当幌川、春別川、西別川各河川の水温、pH、EC、COD、硝酸態窒素、硬度

	陸士別川	標津川	当幌川	春別川	西別川
n	4	44	13	12	26
水温（℃）	11.2 ± 1.5	11.7 ± 3.6	12.1 ± 2.5	12.2 ± 2.2	12.2 ± 2.8
pH	5.4 ± 0.4	6.0 ± 0.4	6.0 ± 0.6	5.9 ± 0.6	5.6 ± 0.5
EC（mS/cm）	0.10 ± 0.03	0.10 ± 0.03	0.16 ± 0.03	0.17 ± 0.02	0.15 ± 0.03
COD（Omg／ℓ）	3.8 ± 2.5	4.4 ± 3.8	4.4 ± 3.5	4.1 ± 2.0	6.2 ± 2.2
硝酸態窒素（mg／ℓ）	0.4 ± 0.4	0.2 ± 0.4	0.7 ± 0.9	0.9 ± 1.0	0.3 ± 0.5
硬度（$CaCO_3$mg／ℓ）	−	4.5 ± 3.3	6.0 ± 5.2	8.3 ± 7.3	4.8 ± 4.2

調査期間は2003年5月から10月。nはのべ調査回数。数値は「平均±標準偏差」を示す。

河川の周りに森林が多い方が水温は下がる。しかし、西別川の中流域と下流域は酪農地帯として開発された地域であり、ここの主役は「草地・草原」である。西別川の中流・下流域に森林が少ないということは、水温は高くなっていることが予想される。実際に夏期の八月、西別川中流・下流域の水温は一三〜一五℃である。川を下り河口近くの汽水域で体長八㎝程度になるまで過ごす——おそらくは夏の間まで——サケマス類にとってはかなり「暑い」状況であり、快適とは言えないだろう。

なぜ水温が高くなっているのか。一つは特に夏期、河面に日陰が少ないためと考えられる。河面に日陰を作るのは樹木である。河川の周りに森林が少なくなったことが、河面の日陰を少なくし、水温を上昇させた、これが一つ考え

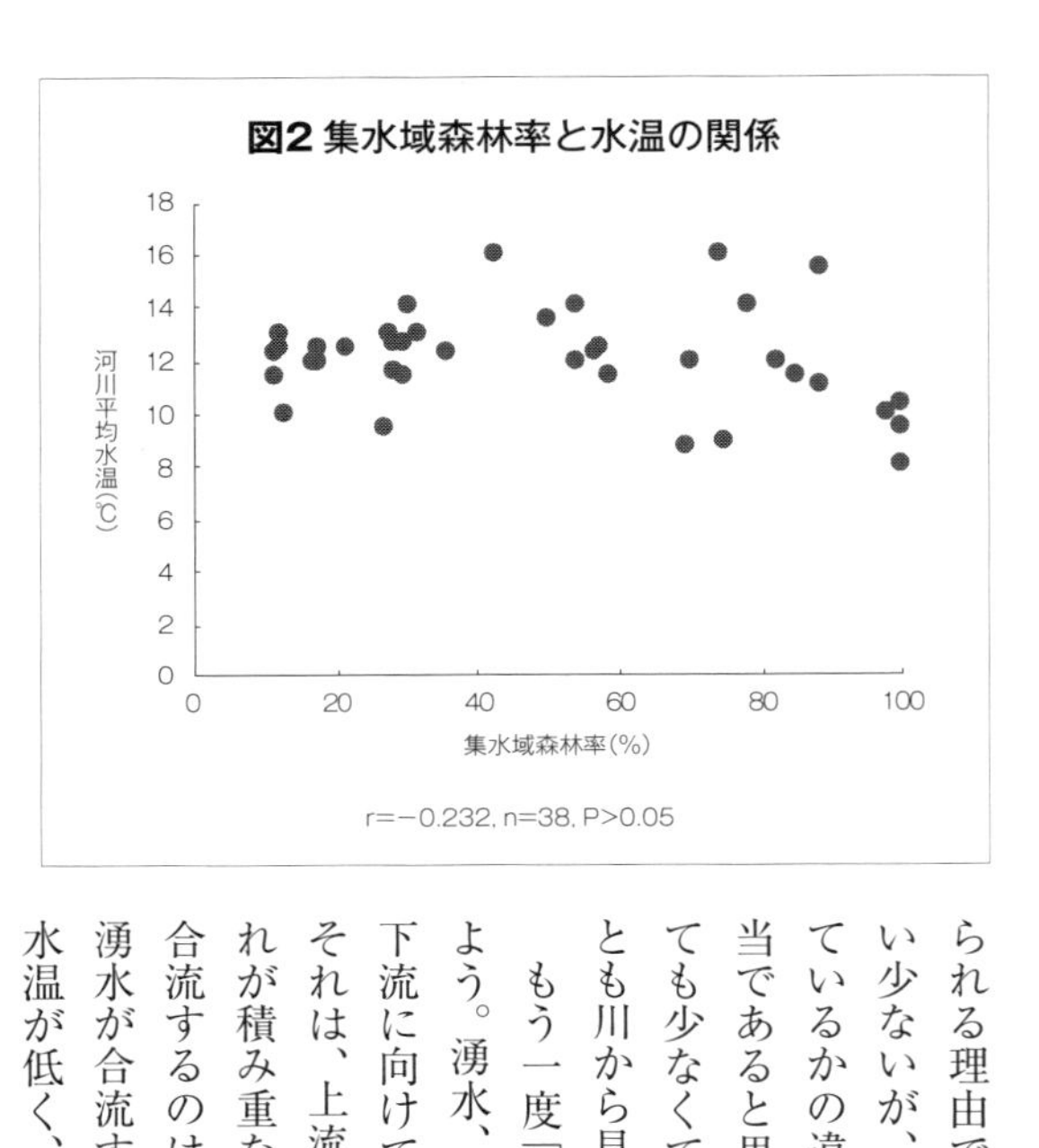

図2 集水域森林率と水温の関係

られる理由である。しかし、河川の周りの森林の多い少ないが、樹木がまばらであるかびっしりと覆っているかの違いであるならば、このような考えも妥当であると思う。しかし、河川の周りの森林が多くても少なくても、根釧台地の河川の周りは、少なくとも川から見るとびっしりと樹木に囲まれている。

もう一度「低温湧水」という言葉を思い出してみよう。湧水、すなわち湧き出る水である。上流から下流に向けて川の水量がなぜ多くなるのだろうか。それは、上流から湧水が徐々に集まっていって、それが積み重なった結果である。湧水があってそれが合流するのは上流だけではない。中流でも下流でも湧水が合流するのである。西別川の上流は夏期でも水温が低く、中流・下流は高い。では中流や下流の湧水はどうなのだろうか。

西別川中下流域の小さな支流の源流部の夏期八月の水温は、一三〜一六℃と高い。源流部のほとんどは、草地の中になる。「源流」というよりも、草地の中にある「明渠」といった方がよい。この周りには、樹木はほとんどない。また泉が湧く、というよりも、草地から水が流れ込む、といった方が正確である。湧いてはいないということは、「湧水」ではない。草地から流れていった水が明渠を通して西別川の中流・下流に流れ込み、この水が西別川の水温を高くしていたのである。

西別川のみならず、根釧台地を流れる河川は、特に中下流域で「低温湧水」ではなく草地から流れていった水が合流している。根釧台地は「低温湧水」を――すべてではないが――失ったのであり、サケマス増殖業にとって基本的な資源が失われたのである。根釧台地は森林を失ったと同時に「メム」も失ったのである。

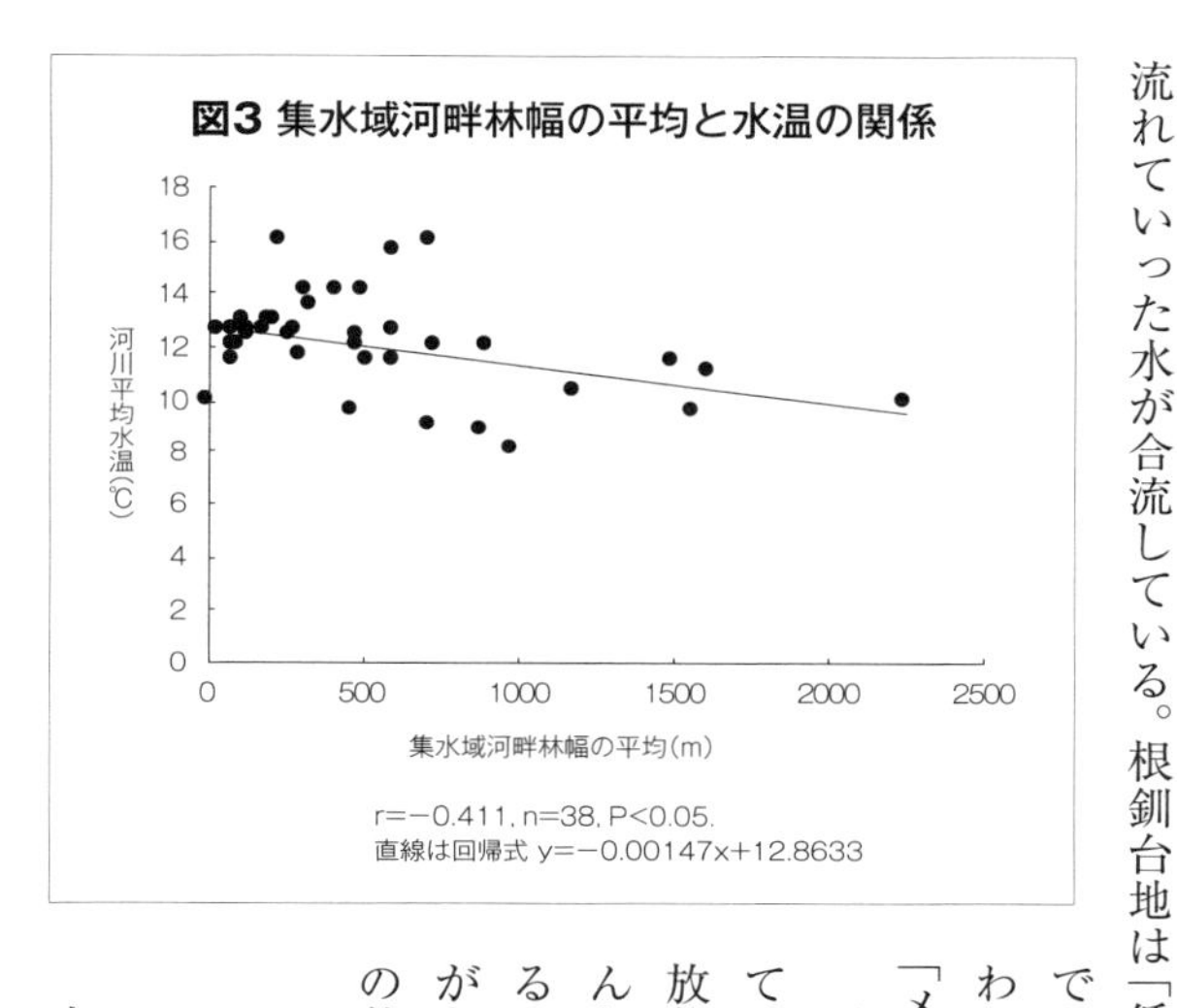

図3 集水域河畔林幅の平均と水温の関係

不思議なことに三友農場のメムは、樹木に囲まれているわけではない。山地から二〇kmは離れている放牧地や兼用地のど真ん中である。それでもこんこんと比較的低温な水が湧き出ている。サケが遡上することもあるという。これはなぜかを探求する必要があると思うし、なぜかがわかれば酪農と水産業との軋轢を解決するヒントになると思う。

電気伝導度

水や土壌を分析するときによく使われる測定器

具に、電気伝導度計（ECメーター）がある。文字通り、電気の伝導、つまり電気の通り易さを測定する。水の中にイオン、簡単に言えば塩のようなものが増えると電気が通りやすくなる。化学肥料はおおざっぱにいうと塩のようなものだから、電気伝導を測定するとだいたいの肥料の濃度がわかる。土壌分析では基本的な分析項目とされている。

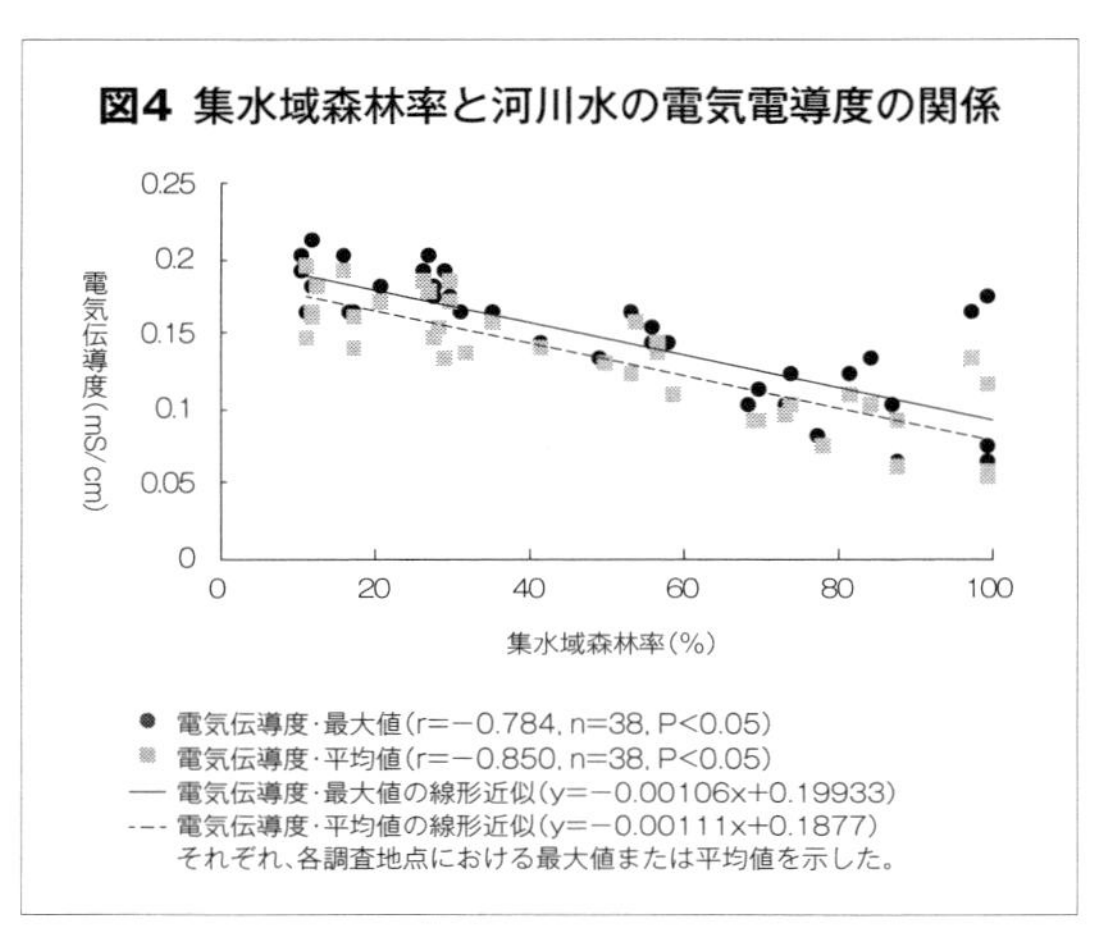

図4 集水域森林率と河川水の電気電導度の関係

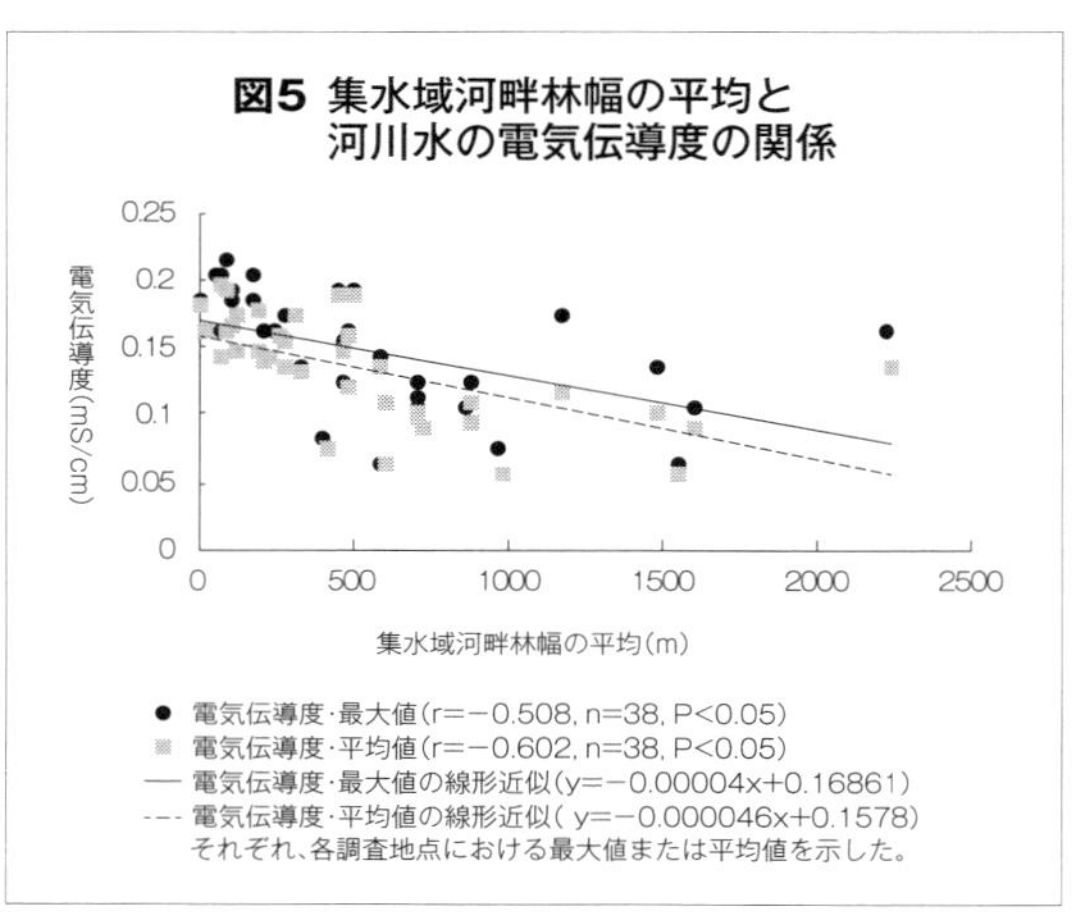

図5 集水域河畔林幅の平均と河川水の電気伝導度の関係

河川の水の中のイオンも、おおざっぱにつかむことができる。もう一度表6を見てみよう。電気伝導度（EC）の測定結果もまとめてある。陸士別川や標津川に比べて、西別川、当幌川、春別川の電気伝導度は高い。河川の周りの森林は、陸士別川で多く、西別川、当幌川、春別川で少ない。標津川はこれらの中間である。河川の周り（集水域）の森林率や河畔林の幅によって、河川水の電気伝導度も何か影響があるのだろうか。

図6 河川水の電気伝導度と硝酸態窒素濃度の関係

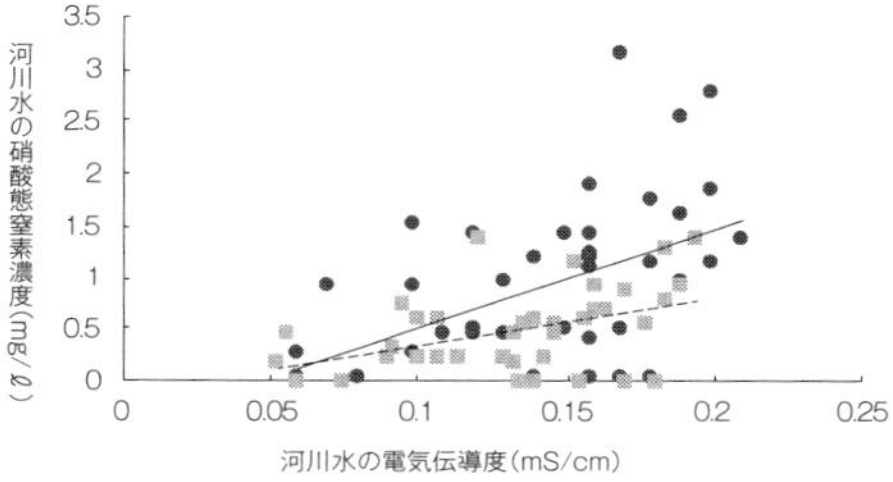

河川水の硝酸態窒素濃度（mg/ℓ）

河川水の電気伝導度（mS/cm）

● 電気伝導度と硝酸態窒素・最大値（r=－0.508, n=38, P<0.05）
▩ 電気伝導度と硝酸態窒素・平均値（r=－0.602, n=38, P<0.05）
— 電気伝導度と硝酸態窒素・最大値の線形近似（y=9.5008x－0.43051）
--- 電気伝導度と硝酸態窒素・平均値の線形近似（y=4.5305x－0.11582）
それぞれ、各調査地点における最大値または平均値を示した。

結論から言えば、あったのである。図4と図5を見てほしい。森林率が低下すると、電気伝導度は上がる。そして河畔林の幅が小さくなっても、電気伝導度は上がるのである。河川の周りの森林が少なくなると、電気伝導度は上がる。電気伝導度が上がるということは、河川水中にイオンが多く溶けている、ということである。そして森林が少なくなっているということは、根釧台地では草地が多くなっているということだ。では、どのような「イオン」が多く溶けているのか。

図6を見てほしい。電気伝導度が上がると「硝酸態窒素」が増えることが見て取れると思う。「硝酸態窒素」はNO_3-N。つまり「イオン」である。電気伝導度を上げていた原因となるイオンは、どうやら硝酸態窒素

図7 集水域森林率と河川水の硝酸態窒素濃度の関係

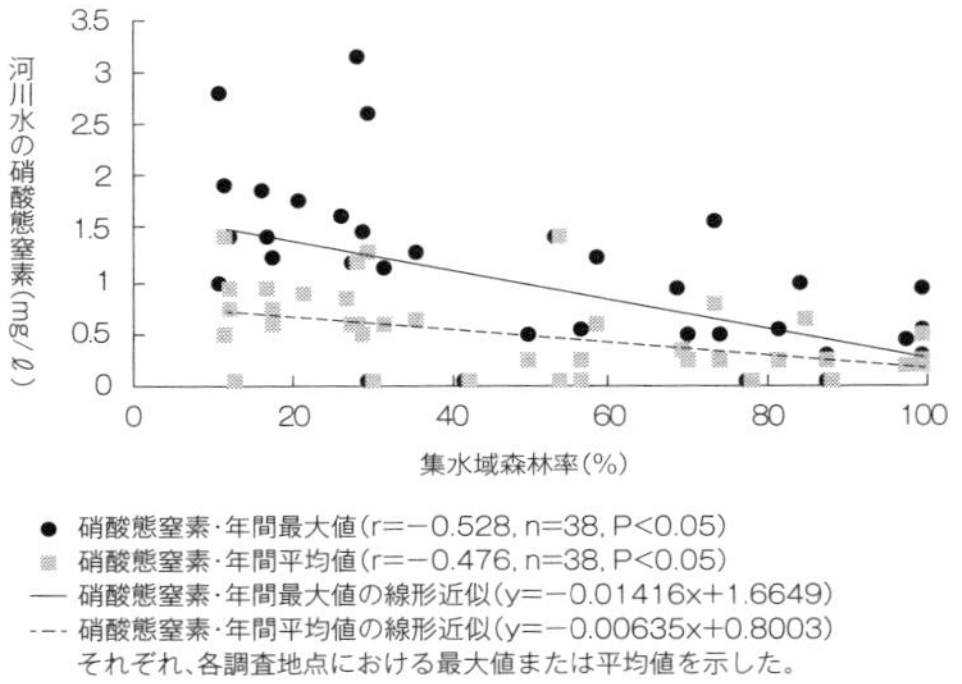

河川水の硝酸態窒素（mg/ℓ）
集水域森林率（%）

● 硝酸態窒素・年間最大値（r=−0.528, n=38, P<0.05）
■ 硝酸態窒素・年間平均値（r=−0.476, n=38, P<0.05）
— 硝酸態窒素・年間最大値の線形近似（y=−0.01416x+1.6649）
--- 硝酸態窒素・年間平均値の線形近似（y=−0.00635x+0.8003）
それぞれ、各調査地点における最大値または平均値を示した。

らしい。では、硝酸態窒素はなぜ河川水中にあって、いったいどこからやってきたのだろうか。

ヒントが図7と図8にある。森林率が低下すると硝酸態窒素は多くなる。そして河畔林の幅が小さくなっても硝酸態窒素は多くなるのである。河川の周りの森林が少なくなると硝酸態窒素は多くなる。森林が少なくなっているということは、草地が多くなっているということに等しいことから、草地に何か原因があるのかもしれない。実際に、草地には化学肥料や堆厩肥、スラリー（液状厩肥）、尿などが散布される。これらの中には必ず「窒素」が入っている。化学肥料であればアンモニアや尿素として、堆厩肥やスラリー、尿にはタンパク質に近い形として、「窒素」が入っている。これらの窒素は、土壌中の「硝化細菌」と呼ばれる一群の土壌微生物によって硝酸態窒素へと変化する。硝酸態窒素は植物にとって「タンパク質」の原料であるために、根から吸収される。しかし、すべて吸収されるわけではない。吸収されなかった硝酸態窒素は、簡単に雨水によって流れていく。硝酸態窒素は土壌に吸着され難いためである。

牧草に吸収しきれない窒素が存在し、それが硝酸態窒素となって流れていく、このような可能性がある。実際に酪農場内の窒素の利用効率は、決して高くない。肥料や飼料として酪農場内に運び込まれた「窒素」が、どれぐらい牛乳の「タンパク質」として利用されるかというと、二〇〜三〇％が多い。五〇〜六〇％も利用できれば、効率は良い方である。窒素の半分から七割以上がどこかに流れていく。おそらくは大部分は河川や地下水に流れていくであろう。

流れ込んだ「硝酸態窒素」が、サケマス類に直接悪影響を与えているかどうかは、よくわからない。水産三種の水質基準では、窒素として一mg／ℓ以下であることを求めている。確かに図7と図8を見ると、森林が少なくなると硝酸態窒素が一mg／ℓ以上、ところによっては三mg／ℓ以上になっている例がある。酪農場において無駄になった窒素が、サケマス類に全く影響を与えていないとは言い切れない現実がここにある。しかし、問題はサケマス類をはじめとする水産業に対してだけではないのである。

図8　集水域河畔林幅の平均と河川水の硝酸態窒素濃度の関係

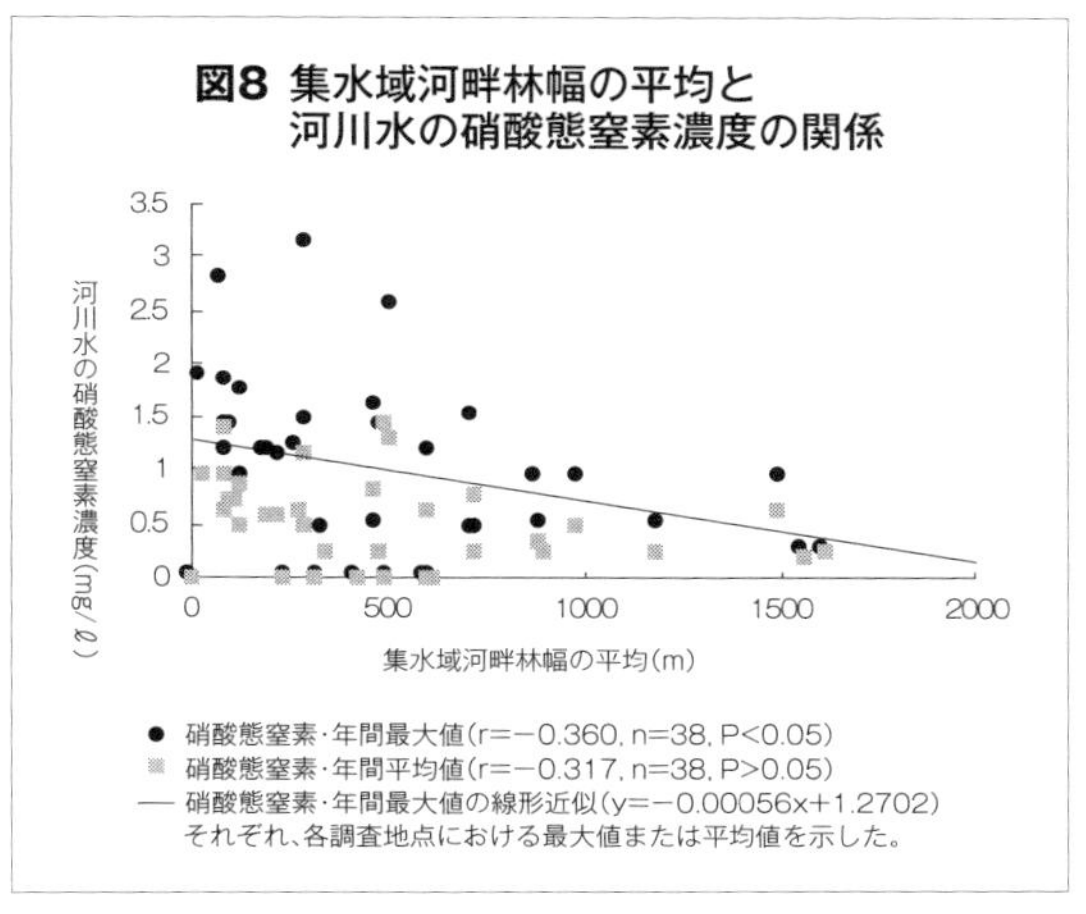

「硝酸態窒素」は「陰イオン」である。マイナ

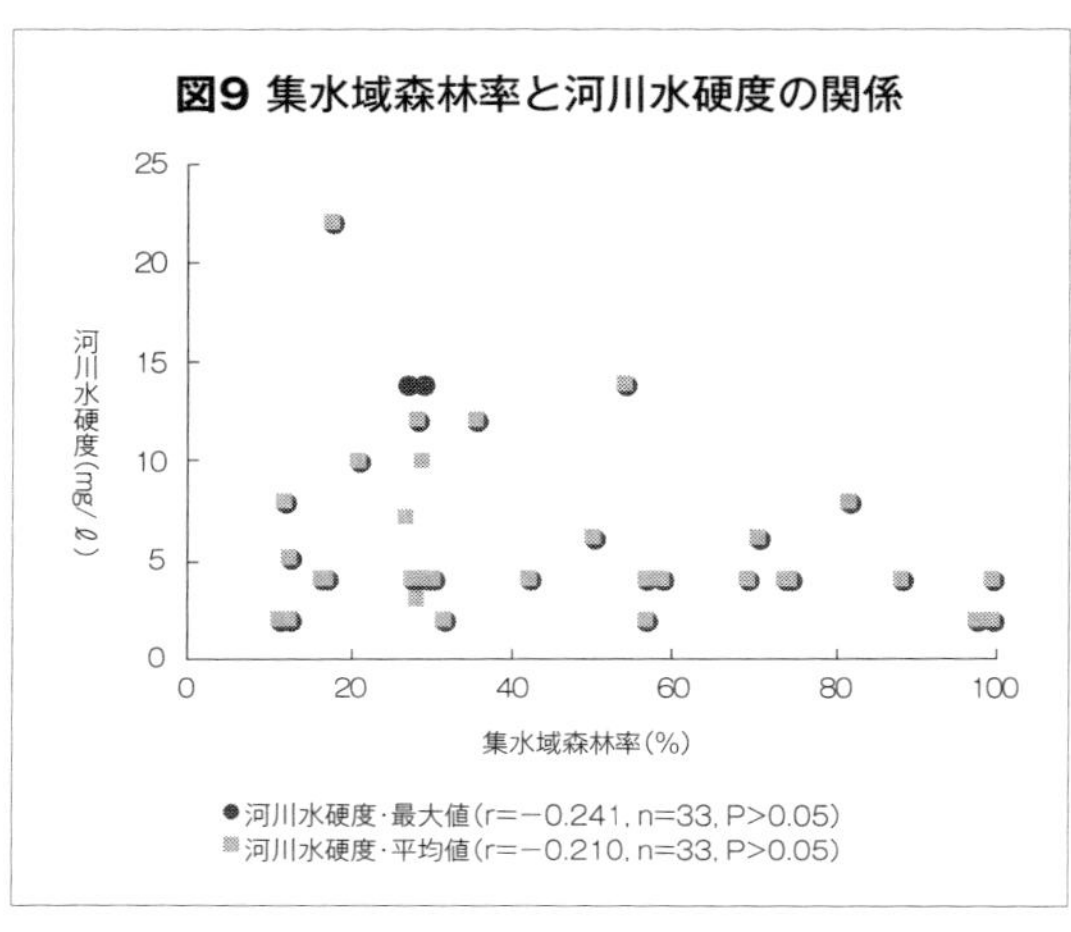

図9 集水域森林率と河川水硬度の関係

スの静電気を持っているイオンである。マイナスの静電気を持っている硝酸態窒素は、「陽イオン」、つまりプラスの静電気を持っているイオンを引きつける。土の中の陽イオンには、カリウムイオン(K^{+})、カルシウムイオン(Ca^{2+})、マグネシウムイオン(Mg^{2+})がある。硝酸態窒素は、これらの陽イオンを引き連れながら河川へと流れていく。図9と図10を見てほしい。森林率の低下によって、硬度は高くなっている。そして河畔林の幅が小さくなっても、硬度は高くなる。硬度はカルシウムイオンとマグネシウムイオンの総量、とおおざっぱに言える。河川周辺に森林が少なくなり草地が増えると、河川水中のカルシウムイオンとマグネシウムイオンは増える。よく知られたことだが、土壌の酸性を弱めるために、炭酸カルシウムが草地によく散布される。しかし、せっかく草地に散布されたこのカルシウムは、硝酸態窒素と一緒に流れていっているのである。炭酸カルシウムはただではない。せっかくかけたコストが流れていくのである。カルシウムやマグネシウムが流れていくということは、「微量要素」と言われるミネラル——これらも陽イオンであることが多い——も流れていっている可能性が高い。草地から、富が流出しているのである。

「砂漠化」という言葉がある。広い意味の砂漠化は、水系汚染と土壌の劣化が同時進行で進む。今、根釧台地で、「ミネラル」と呼ばれる様々なイオンが草地の土壌から河川に向けて流れている可能性が高い。根釧台地でもミネラルの流出という土壌の劣化と、ミネラルの過剰という水系汚染が、静かに着実に同時進行している可能性があり、行き着く先は「広い意味の砂漠化＝土地生産性の極度の低下」なのである。

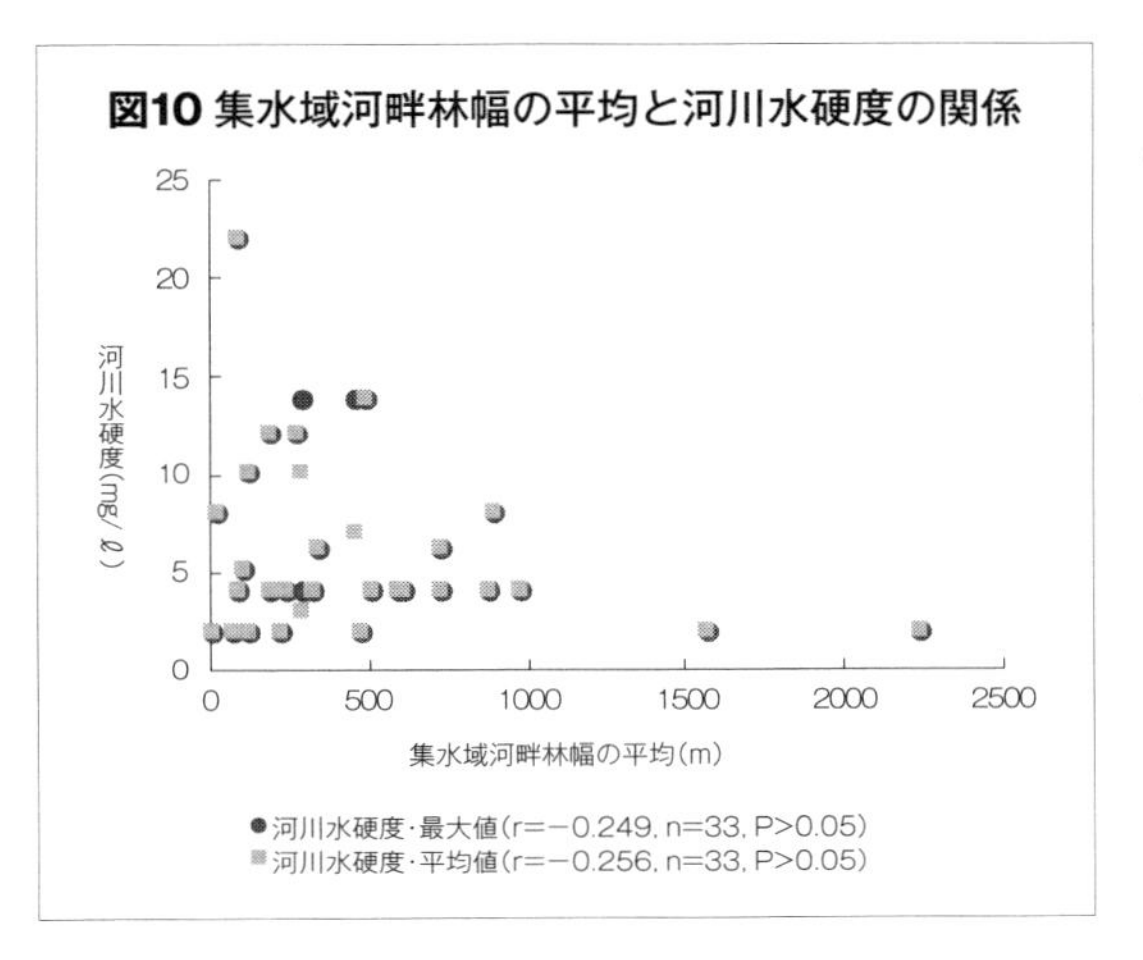

図10 集水域河畔林幅の平均と河川水硬度の関係

草地から流れ出るもの

草地から、ミネラルが流出している可能性が高いことを述べた。そして代表的なミネラルとして「硝酸態窒素」が流出している可能性が高いこと、硝酸態窒素の発生のおおもとは堆厩肥やスラリー、尿、化学肥料であることも述べた。では実際に、草地から「硝酸態窒素」が流れ出ていっているのか、それを確かめてみよう。

証拠をつかむには、何カ月間か腰を据えて調べて

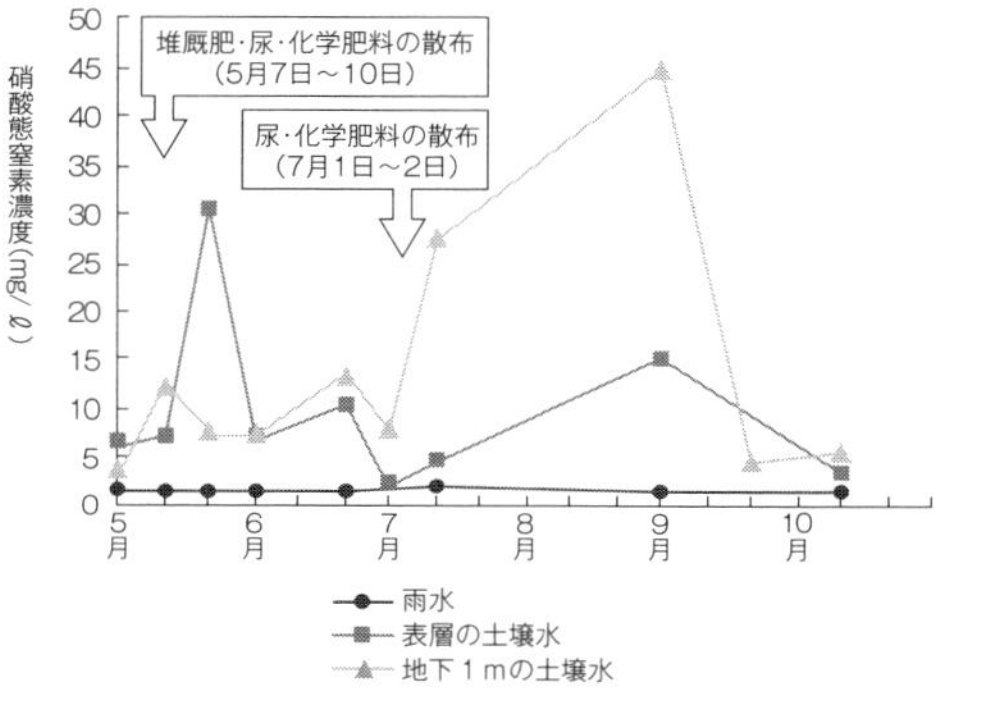

みなくてはならない。近くに川があり、草地の傾斜している部分が観測には好都合である。そこで、当幌川にほど近い中標津町計根別にあるN高校の採草地を約半年間観測してみた（図11）。

図11 高校の傾斜した採草地の下端における雨水と土壌水の硝酸態窒素濃度の推移

まず、無駄になっている窒素があるかどうかを考えてみる。この採草地は堆厩肥や尿、化学肥料として年間一四・三kg／一〇aの窒素が入ってきている。それに対して、サイレージとして持ち出される窒素は九・〇kg／一〇aである。あまりは五・三kg／一〇a、実に四〇%近くの窒素が無駄になっている計算になる。四〇%近い無駄になった窒素はどこにいくのか、それを確かめるには傾斜の一番下で待ちかまえていればよい。この採草地の傾斜は五度である。土壌中の水はゆっくりと、しかし確実に傾斜の下の方へ移動する。これを捕まえるのである。

草地の傾斜の一番下に、「ポーラスカップ」と呼ばれる、先端が素焼きの土壌水を採取する棒状の観測器具を草地の地表近くと地下一mに埋設する。定期的に土壌水を採取して、同じ時期の雨水も採取する。雨水、地表の土壌水、地下一mの土壌水の硝酸態窒素の濃度を追跡してみると、鮮やかな事実が浮かび上がる。

雨水には硝酸態窒素はほとんど検出されないのに対して、地表の土壌水や地下一mの土壌水には高濃度の硝酸態窒素が検出されるのである。それは河川で検出される硝酸態窒素の五倍から三〇倍以上にもなる高い濃度である。とどのつまりは、無駄になった窒素は硝酸態窒素として草地の外へ、河川へと流れていっている一端がうかがえるのである。しかし、土壌水では五～四〇mg／ℓ以上にもなる高い濃度の硝酸態窒素が、河川に到達する頃には一～三mg／ℓになっている。この原因は何だろうか。N高校採草地の傾斜の一番下からさらに下は笹の原野や河畔林が存在する。ここに秘密があるかもしれない。そもそも、濃い硝酸態窒素を含んだ土壌水が笹原野や森林に流入すると、これらの土壌はどうなるのだろうか。

草地から流れ出る土壌水の観測をした採草地から、少し離れた同じくN高校の畑地と、笹原野と、森林の三つの植生で調べてみることにした。この三つの植生にたっぷりと肥料を撒く「施肥区」と（四〇kg／一〇aの窒素）、全く肥料を撒かない「無施肥区」に分けて実験してみる。畑地は、雑草も含めていっさい植物が生えないようにまめに除草をすることにして、これを「裸地」と呼ぼう。ちょっとややこしくなるが、実験の区画はこのようになる。「施肥した森林」「施肥した笹原野」「施肥した裸地」、これらが濃い硝酸態窒素を含んだ土壌水が笹原野や森林に流入した場合を再現した区画である。そして「無施肥の森林」「無施肥の笹原野」「無施肥の裸地」、これらが濃い硝酸態窒素を含んだ土壌水が笹原野や森林に流入しない場合を再現した区画である。

表7にこの実験結果がある。「森林」でも「笹原野」でも「裸地」でも、肥料を撒いた区画が硝酸

表7　裸地、笹原野、森林に窒素肥料を施肥した時に検出された硝酸態窒素(mg/100g乾土)

		A層	B層	C層	表層〜地下1mまでの平均
施肥	裸地	2.30	13.80	2.88	6.33
	原野	3.11	1.27	0.69	1.69
	森林	2.65	0.00	0.00	0.88
無施肥	裸地	0.81	0.23	0.23	0.42
	原野	1.50	0.23	0.00	0.58
	森林	1.15	0.00	0.00	0.38

実験期間は2006年8月から10月。N高校農場内の裸地（無毛状態で除草した畑地）、笹原野、森林、それぞれの植生に肥料を散布した区画（施肥区）と、肥料を散布しない区画（無施肥区）を設定。

態窒素が高い。つまり、濃い硝酸態窒素を含んだ土壌水が笹原野や森林に流入すると、その土壌の硝酸態窒素は増えるのである。しかし、裸地に比べて笹原野や森林は、施肥しても硝酸態窒素が増える量が少ないのである。これはなぜかはよくわからないが、笹や樹木が硝酸態窒素を根から吸い上げたり、腐葉土にたくさんいるはずの土壌微生物たちが取り込んで、自分の体のタンパク質にしてしまったせいかもしれない。とにかく、草地と河川との間にある森林や原野は、草地から流れ出る土壌水の中の硝酸態窒素を、かなり吸収していることは確かなようであり、これが草地の土壌水と河川水の硝酸態窒素濃度の差となって現われると考えられる。

人間が作り出した草地の窒素の利用効率の悪さと、それに伴う地力の流出と水系の汚染——「広義の砂漠化」——を、草地と河川の間に残された森林と原野がかろうじておさえている。しかし樹木も笹も生き物である。いつまで高濃度の窒素にさらされ続けて耐えられるか、それはわからない。耐えられなくなった時、それは根釧台地が本当に砂漠化し、地力が失われるときだと思われる。

押しつけられた対立

「このままではいかん」。根釧台地のかなりの数の人々が、そう思い始めている。そう思い始めた人々が連携をして模索を始めている。狭くなってしまった河畔林をもう一度、シマフクロウが住めるようになるまで復活させ、根釧台地の野生と大事な水産資源である「低温湧水」を復活させようと試みている。

しかし、酪農民対漁民という利害対立という構造が、完全に消失したわけではない。なぜ酪農民と漁民が対立しなければならないのか。直接的には森林の減少とメムの消失による、河川水量の減少と水質の悪化であり、その結果としての漁獲量減少が原因である。サケマス漁は「記録的な不漁」を毎年塗り替えているし、風蓮川河口のシジミも全滅に近い状態まで資源量が減少した。浜の人々の怒りの矛先が、酪農民に向かうのも無理はないと思う。しかし酪農民が、このような問題を自ら地域に引き起こすことを予想できるような精神的な余裕が失わさせられてきた、という側面も見落としてはならないと思う。

酪農民にとっては、森林を草地に変え、乳牛を増やし、さらに牛乳の生産量を増やすために配合飼料を大量に給与することは、自分たちの生活を向上させる「善」の行ないであったのである。「善」であると信じて日々行なってきたことが、酪農民対漁民という利害対立によって否定されることは、何とも耐え難いものであろう。

酪農民を「牛乳生産量の増大＝農業粗収入の増大＝農業所得の増大」に駆り立てたものは何だったのか、もう一度思い出してみよう。根底には日本という国家の対ロシア戦略があり、根釧酪農の市場化というアメリカの穀物戦略がある。それを実現すべく根釧台地の現地で指導したのは、紛れもなく畜産学研究者と技術指導者、農業教育者たちである。これらの人々が、莫大な借金を背負わされた酪農民が借金と日々の労働に追われ、「考える」ことは農業粗収入の増大であることを利用して、さらに酪農民を駆り立てていったのである。本来は畜産学研究者、技術指導者、農業教育者たちが、地域に発生するであろう問題を予測し、本質的な解決策を考えなければならなかった。しかし、本質的な解決策は、アメリカが進める穀物戦略に相反する行動になりかねない。自分の地位の安泰を第一に考える人々が、そのようなことをするとは考えにくい。結果として問題の本質的な解決は放棄されており、酪農民と漁民という地域の人々に対立を強いてきたのである。

地域の現場に、地域の住民に、対立の構造という問題を押しつけたのである。押しつけたのは、直接的には畜産学研究者と技術指導者、農業教育者と呼ばれる人々である。だがこの人々が行動の指針としているのは畜産学や農学といった科学だ。ではこの「畜産学・農学」とはいったい何なのであろうか。それについて考えをめぐらす必要がある。そして農業技術者として酪農教育に携わってきた自分自身もそうした科学の成果を酪農民に押しつけ、漁民との対立に荷担してきたことを認めなければならない。ここからは私の懺悔も兼ねて論を進めていこう。

第四章　農学・農業技術は役に立つか

生産性は幸福か

よい農業技術とは何だろうか。より多くの生産物を収穫し、土地の利用性が高まること、つまり生産性が高まることだろうか。いやそれだけではないだろう。儲かる、つまり経済性が高くなければ生産性がいくら高くても意味はない。しかし「儲か」ったからといって幸せなのだろうか。いくら儲かっても、後継者の見つからない農家はたくさん存在する。後継者が見つからないということは、農家にとっては少なくとも心穏やかではいられないことではないだろうか。また後継する側からいえば、営農組織が若い人々にとって幸せをもたらすものとは思えないということもあるだろう。

それでは、「幸せ」とは一体なんだろうか。それは主体的、自律的に生きていくことではないだろうか。言い換えれば、「自分で自分の道を切り開いていく」生き方であると言えるだろう。

この仮定が正しいとするならば、教育は本来、人間（農民）の主体性、自律性を育てていくための方法を指し示すためにある。具体的には、物事をどのように観察し、要点をとらえ、思索し、自らの行動を決定するための指針を導き出す根拠を知ること。それには数値化できない現場感覚も含まれる。

これまでの学問研究やそれに基づいた農業試験研究、普及指導、農業教育にはマニュアルが存在した。しかし人間の主体性、自律性はそれだけでは育たない。

現在の農学・畜産学は、「人間が生きている意味を感じることができる学問研究、教育」となっているだろうか。そのことを考えてみる必要がある。

土地からの「生産性」を上げる

そもそも「役に立つ農学・農業技術」とは何だろうか。このことをまずはっきりとさせなければ、いくら考えてみても結論は出ない。酪農を舞台にして、特に「放牧」という飼い方を例にして、考えてみたい。

一般論として、よい放牧とは乳量や肉の生産量が多い放牧とされている。つまり単位面積あたりの生産物の量が多いほどよい放牧と言える。しかし、そのためには放牧地はどうなってもよいのか、次の年に草が生えなくなるまで牛に草を喰わせてしまってよいのかといった疑問が出てくる。

そこである程度牛に草を喰わせてある程度は草を残そう、つまり、草地を痛めないように利用してなおかつ単位面積あたりの生産性が上がる放牧をしよう。理想をいえばそういう放牧が望まれるのではないだろうか。それこそがまさに持続型農業(Sustainable Agriculture)であると言いたくなる。

しかし、これにも次のような反論が予想される。放牧をしない方が草地を傷めず、牛をたくさん飼えるではないか、と。これについて放牧がよい、と考えている立場としてはさらに次のように反論したくなる。まず第一に放牧をすれば牛は自分で餌を探して喰うのだから、飼料給与の手間がかからない。つまり、省力化であると言える。第二に、放牧ができない期間の分だけ乾草やサイレージをつくればよいのだから軽油代はかからないし機械の傷みも少ない。つまり、機械の側から見ても低コストであると言える。第三に――これが一番強調したいことなのだが――放牧することによって牛が勝手に草地へ糞尿を還元してくれる。つまり農場の物質循環が低コストでできると言える。低コストで持続型農業(Sustainable Agriculture)ができる。やはり放牧こそが生産性と持続性を両立したまさに持続型農業であると声高く言いたくなる。

しかし、それにもバケツで冷や水をぶっかけられるほどの反論を覚悟せねばならない。反論する人は「何を寝ぼけたことを言っているか!」とまくし立てる。省力化とはいうが搾乳の都度に放牧地から牛を集めてきて、搾乳が終われば放牧地に出さなければならない。おまけに乳量を上げようとして簡易電気牧柵で牧区を細かく区切ると、こいつを張り替えるだけで毎日何百m、何km も歩かねばならない。春から秋まで放牧地を歩き通しである。何が省力化か！　トラクターに乗って草を刈った方がスカッとするし、通年舎飼（フリーストール方式など）だってうまくやれば朝晩の飼料給与ですむのである。放牧は低コストとはいうが、乾草やサイレージを収穫しなければならない量は冬の分だけですむ、つまり半分になるとしても、トラクターやらモアコンディショナーやらテッターやらレーキやらロールベーラやらフォーレージハーベスターやらが半分に減るわけでもない。それにサイレージを保管するサイロがでかくなるといってもスタックサイロやバンカーサイロならそんなに経費もかからない。糞尿を草地に還元するにしてもマニュアスプレッターで散布すればよいのである。つまり反論する人は、放牧は思ったよりも省力化しない、むしろ機械の利用効率を上げた方がよいということを言いたいのである。

反論したい人はさらに続ける。これからは衛星データなどのリモートセンシングデータから牧草の生産量が予測できるようになる。牧草の生産量がわかるということは何頭牛を飼えるか予測できることになる。このことは牛乳生産量の予測が可能になるのだから、市場に合わせた牛乳生産を可能にするかもしれない。これからはグローバル化がますます進む世界なのだから、市場の動向の予測と牛乳生産量の把握をすることは重要になってくる。しかし、放牧では牛が放牧地をでこぼこに喰ってしまうから予測は難しくなる。牧草の生産量の予測ができるということは、コーントラクターが活動しやすくなり、地域の雇用は増大する。しかし、放牧をする酪農家が増えるということは「採草地」が減るということであり、「採草地」を仕事の場にしているコーントラクターの人々の仕事が縮小するということである。つまり、放牧の普及は地域経済の停滞となりかねない。これらのことを考えると、放牧の普及など現在の酪農地帯の現状に全く合わないものである。反論したい人はこう言いたいのであるが、これらのことに私からさらに反論を加えてみよう。

放牧草はミネラルやビタミンが多いと言われている。また放牧することは牛の運動にもなる。牛の健康を維持する。この視点からも放牧は採用するに十分な技術の体系だと主張する。ところが、こんどはドライアイスをぶっかけられるぐらい、この主張を根底から覆す反論が用意されている。つまりはこういうことだ。放牧草、特に春から夏にかけての放牧草はＴＤＮ％に比べて粗タンパク質％が高く、牛がタンパク質を過剰摂取しやすい。このことは繁殖障害を引き起こしやすい。このため放牧はやめた方がよい。運動は屋外のパドック（運動場）で十分である——。

さて、とどめを刺されてしまった。単位面積からの生産性を持続的にかつできる限り向上させるといった考え方では、どうやら放牧は不利のようである。素人の目には放牧はよいイメージがあり、よさそうに見える。しかし、現実には今まで話してきたように反論されるのが落ちである。素人の感覚では何かがおかしいように思える。しかし、それはいったい何なのか。このあたりが、本当に「役に立つ」農学・農業技術とは何かを解くカギになると思うのである。

「農学」は偉いもの？

二〇年近く前になった私の大学時代のことを思い起こしてみる。私が学んだのは畜産学部しかない帯広畜産大学で、五年ほど「放牧試験」なるものに関わった。当時はよい放牧とは何か全く見当がつかなかった。せいぜい草地を荒廃させずに、草地からの乳や肉の生産量、端的に言えば生産性が高まればよい。そのように考えていた。しかし心の中では「やはり違う。何かが違う」というもわだかまりを感じていた。しかし残念ながらその「違う」をはっきりと意識上に浮かび上がらせることができぬままにいた。

「違う」をはっきりと理解するために、近代農学の歴史を少し勉強してみることにした。長くなるがお付き合い願いたい。

農学の中でも自然科学系の学会誌などを読んでいくと、おおよそ二つの種類の論文に分けられる。一つは「基礎研究」と呼ばれているもので、どちらかというと理工系に近い内容である。もう一つは「応用研究」と呼ばれているもので、「生産性」や「経済性」を改善する方法についての研究内容である。どちらにしても「農業」とは程遠いと感じている。なぜそのように感じたのか、それを掘り下げていきたいと思う。

まず「基礎研究」についてである。「基礎研究」の研究手法は、生化学、といってもよい。生化学の立場は、生命現象は最終的には化学や物理学によって解明できる、というものである。簡単に言えば、水素、酸素、炭素、窒素、硫黄、リンやその他の無機塩類から生物を合成できたときに、生化学は完成すると言える。生物は複雑な化学反応を持っている。そのため全てを解明する時は遠い遠い日であることと、研究が限りなく細分化していくことは容易に想像できる。「細分化」、これが問題である。畜産学部しかない大学でも四つの学科があり、一つの学科には四〜五の講座があった。さらに一つの講座には二〜三の研究室がある。決して大きくはない帯広畜産大学でも、実に五〇程度の研究室があったこととなる。

これだけ研究室があると、同じ講座の中なら何とか研究内容がお互いに理解できる。しかし講座が違うとわからないことの方が多くなる。研究内容の「細分化」の結果、個々の研究者が、自分が農学のどの位置にいるのかはっきりと認識できない、いや、認識しようとしなくなったのである。自分の行なっている研究が、農学というさまざまな要因が複雑に絡み合う学問研究の中に埋没してしまい、見えなくなるのである。いきおい、学問の大きな流れには無関心になる。しかし農業そのものとの関わりを避け、ひたすら細分化した研究テーマにしがみつく農学研究者による基礎研究が全くの無駄なわけでもない。問題はこの先にある。

ここで「応用研究」を考えてみる。先ほど述べたように「応用研究」は、生産性や経済性の向上を目標としている。わかりやすく言えば、低コストで大量に食糧を生産するためにはどうしたらよいか――を目標としている。さらに欧米ではやっている持続型農業（Sustainable Agriculture）が日本でも注目されるようになってきたが、実態は持続性を保ちつつも生産性のさらなる向上――という意味にすぎない。この「生産性の向上」のために「基礎研究」が使われていくのである。「生産性の向上」が農業にとってどのような意味を持つかは、後で詳しく考えてみたいと思う。

とにかく「生産性」にこだわるのは、農業の結果としての食糧を重視しているからであって、農業を営む農民のことはあまり考えられていないと言える。このようなことを言うと、「現在の日本では農業人口が少ない。まず、食糧のことを考えるのは当然ではないか」といった反論が予想されるが、あえて言わせてもらおう。そのようなことを言う農学者は、現在の社会状況を無批判に受け入れていることを意味し、創造性がないことを自ら暴露しているようなものである。なぜなら創造性の源は、批判精神や反逆精神だと考えられるからである。批判精神や反逆精神のなさは、特に自然科学系の学術論文の最後の方——つまり参考文献——を見ればいっそう明らかである。英語の文献が多いのである。英語が不得手な人間にとっては不便きわまりない現象であるが問題はそのようなことではない。「泰西農学・文献至上主義」といったところだろうか。農民から学んだことを研究テーマにするのではなく、欧米で今こんな事が流行しているからこれを研究テーマにしよう、といった主体性のなさなのである。なぜ、このようなことになったのか。ここでそのことに触れておきたい。

近代農学の始まり

日本の近代農学の始まりは明治維新以降だとされている。東京駒場農学校（現・東京大学農学部）で教鞭を取ったケルネルやフェスカといった土壌肥料学の専門家によって、日本における近代農学の幕が開けたのである。もちろんこの先生方は、その当時の日本農業の実状をつぶさに研究し、改善の方向性を専門の土壌肥料学に捕らわれることなく打ち出せた点はすばらしいものだと思う。しかし、これだけは言っておきたい。ケルネルやフェスカの先生はリービッヒである。リービッヒは「農芸化学の父」とも呼ばれており、農業を生化学で捉えようとした最初の人である。そしてもう一つ、リービッヒの生きた時代は産業革命の真っ最中であった。生産性を上げることが全てにおいて正しいと信じられていた時代でもあった。生化学と生産性を重視する現在の日本の農学の姿勢は、どうやらここにあるようなのである。

生化学に基礎を置く農学の一番の問題点は、農業の全てが生化学で解明されない限り、生化学で解明された事実をいくら積み上げても農業はできない、ということにある。しかし、生化学で解明された成果を農業の現場に導入、というよりも潜り込ませることによって、生産性は確かに向上する。そしてその生産性の向上は、ほとんどの場合「新たな資材の投入」といった形で行なわれる。新たな資材の投入は、農民側から見れば「新たなコスト」となってのしかかる。農民がかけた「コスト」はどこにいくのか。それは紛れもなく「新たな資材」を作って導入させた側にいくのである。

「農学」が酪農場という現場に「酪農技術」としてやってくる時、「新たな資材」を伴ってやってくることが多い。「新たな資材」を潜り込ませるために「農学」があるのかと思いたくなる。酪農民の実践に学び、それを科学的手法によって裏付けを取り、体系化し普及する——そのような農学の展開はまれである。なぜ、農業をもっと肌で感じる「農学」ができないのか。

日本の現代農業にはもはや近代農業技術だけでは解決できない何か根本的な問題が潜んでいるように思える。近代農業における「技術」の使い方、これに問題があるのではないだろうか。

技術に振り回されない

「近代農業技術」について少し考えてみる。酪農雑誌を見ていると、現在の酪農を取り巻く情勢はこうだから、こういう技術を導入すべきである、というような記事が多く見られる。書かれていることを素直に実行しようとすると、技術が技術を呼び、生産資材を次々と導入しなければならなくなる。当然これは農民側から見れば生産コストの上昇を意味し、酪農経営を圧迫するものである。

「技術」とは人間がよりよく生きるためのものであり、「生きる」とは自分らしく、時には頑固に自分の道を歩いていくことである。「技術」に振り回されるのではなく、人間が生きるために「技術」を使うのであるという発想の転換が必要である。

端的に言えば、農民にとって「役に立つ技術」とは、「人間の生きる手段になる技術」と言える。「技術」とは生きていく「道具」である。人生を切り開いていくための「道具」なのである。そしてそれは、ただ生きるためだけではなく、よりよく生きるためのものと言える。それでは、よりよく生きるとはどういったことなのか。

第五章　主体的に生きることと技術

プロジェクト・メソッド

農業の技術開発とは、マニュアルの作成ではない。農民（人間）自ら問題を認識し、自ら解決していく手助けになることである。技術は、農民が創るものであり、また、その生活を豊かにしていくもののはずである。当然ながら、この方向での技術開発は個性化の方向となる。

また、技術開発は研究者の独占物ではない。さらにいうと、農業指導者がオペレーターで技術がオペレーションソフト、農民はそれに従うロボットなどという発想、状況はとんでもないことである。

自ら問題を認識し自ら問題を解決していく。これは教育の世界では「問題解決学習法・課題研究学習法（Project method）」と呼ばれている手法である。そうすると、農業技術開発は問題解決学習そのものであり、教育活動そのものであると言える。

また、問題の認識として、経済性――つまりより儲かる――を第一義にするのではなく、「いかにして家族と食べていくか」、さらに「いかにして家族と豊かに暮らしていくか」といった暮らしの充実を第一義にするべきである。豊かに暮らしていこうとする結果の経済性であって、決して経済性を上げれば豊かに暮らしていけるわけではない。

農学に関わる人々が食糧生産という結果にとらわれることなく、現在をいかに自分らしく豊かに生きていくか、といった問題意識を持ち、農業こそが、ますます高度化する都市工業文明に対するアンチテーゼであり、人間性を蘇生するカギを握っていることを農民が認識し、実践的な行動に出なければならない。そのためにこそ農業教育があると考える。農学に関わるもっと多くの人々が、農業教育に目を向け、「食糧生産」だとか「生産性」だとかいう古い殻を脱ぎ捨てていかなくてはならない。

ＴＤＮ耐性とは何か

稲作の勉強をしたことがある人なら、「陸羽一三二号」とはどんな稲の品種かご存じだと思う。大正一〇年頃、東北農業試験場で開発され、イモチ病に強く冷害に強い品種として、イモチ病や冷害に苦しめられていた東北の稲作の救いの神であったと言われている。また、実用的な品種としては初めての交雑育種法で生まれた品種でもあった。

大正一〇年頃の東北地方で、なぜイモチ病が多発したり冷害が頻繁に襲うようになっていたのだろうか。イモチ病自体は昔からずっと存在していたし、太平洋側は「やませ」が吹けば冷害を受けやすいことは昔も今も変わりない。しかし、大正時代は以前よりも増してこれらの害が多かったのである。

ここで「硫安」という肥料がキーワードとなる。その当時「硫安」という窒素肥料によって収量が飛躍的に増大していた。ところが一方で硫安の多投による窒素過多で倒伏やイモチ病が多発することになる。冷夏の年はその被害は一層拡大する。それまでの稲の主力品種である「亀の尾」のような在来品種では窒素の消化不良が起きてしまい、増収にブレーキがかかっていたわけである。そこに現われたのが「陸羽一三二号」だった。耐冷性、耐倒伏性、耐病性を持つこの品種は裏を返せば「耐肥性」も持っているということである。つまり、窒素をたくさんやっても大丈夫。窒素をやるだけ収量が上がる。このように、在来品種の収量限界を比較的たやすく突破したのである。また、収量限界とは窒素の施用限界ということにもなる。窒素をたんと喰わせてたんと米を採る。つまり、現在に至る耐肥性品種の開発と窒素肥料の多投による増収技術がここに確立したのである。このことを頭に置きながら、現在の日本の畜産を眺めていると気づくことがある。そう、穀物を家畜にどんどん喰わせてどんどん肥らせたり卵を産ませたりするやり方と何とも似ているではないか。

酪農では一昔前、「チャレンジフィーディング」という技術が普及され、現在でもそれを用いることは変わっていない。これは簡単にいうと、乳牛の分娩後から乳量の増加と食欲の増加に合わせて濃厚飼料（穀物）の給与量を急激に増加させ、最終的には体重の一・〇〜一・五％も給与する飼育方法である。考えても見てほしい。体重の一・五％というと、六五〇kgの体重の牛ならば実に九・七五kg、約一〇kgである。もしこの牛が乳脂肪率三・七％で一日あたり乳量が三〇kgだとすると、必要な餌の量は乾物でだいたい一九・六kg必要だと思われる。そうすると餌の量の約半分が濃厚飼料ということになる。先ほどの耐肥性品種と窒素との関係とよく似ているのである。

もう少し科学的に考えてみよう。「ＴＤＮ」という言葉がある。日本語で言えば「可消化養分総量」。簡単に言えば家畜が消化吸収できる養分の量と考えればよい。

さて、濃厚飼料と粗飼料（草）とではどちらがＴＤＮ％（餌の中で消化吸収される％）が高いのか。もちろん濃厚飼料の方が高い。濃厚飼料によく使われる大麦やトウモロコシの穀実では九〇％以上ある。それに対して粗飼料は五〇％程度である。つまり、濃厚飼料をたらふく牛に給与するということは、ＴＤＮをたらふくやるということになる。すると稲作では窒素多投による米の増収が、酪農ではＴＤＮをたらふく喰わせることによる乳量の増加と言い換えることができる。しかし、濃厚飼料だけでＴＤＮ摂取量を増加させたのでは足りないし、不経済だ。粗飼料のＴＤＮ％を増加させる方法がないかということで牧草の早刈りが始まる。四〇年ぐらい前までは、イネ科牧草の花が咲いた頃牧草の収穫をしていた。その当時の乾草のＴＤＮ％は四〇〜五〇％ぐらいだと思われる。ところが現在ではイネ科牧草の出穂期、あるいはもっと早く穂ばらみ期で収穫してしまう。ＴＤＮ％は六〇％ぐらい、もっとうまくいくと七〇％近くまでなることがある。牧草の草丈が短い方が、ＴＤＮ％が高いといった傾向がある。

さて、ここでやっと話は集約放牧の話になる。牧草の早刈りの代わりに放牧を取り入れられないか。これがそもそもの集約放牧の発想である。つまり、人間様が草を刈って牛の前まで持っていくかわりに、牛が自分で食べるように仕向けられないか。これができればトラクターをそんなに使わなくてもすむから低コストだし、労働時間も減ってゆとりも生まれるのではないだろうか、と。集約放牧の仕掛けは大きく二本の柱からなる。一つはＴＤＮ％の高い草丈の短い草を十分牛に採食させること。もう一つは草丈の短い状態を維持することである。ここでもやはり牛にＴＤＮを多給してたんと牛乳を搾り取ろうという発想がある。またこうも言える。集約放牧は、かたちが放牧であっても永遠に濃厚飼料多給の牛飼いであると。牛から見れば濃厚飼料も草丈の短い放牧草もＴＤＮ％の点では似たようなもの。稲も牛ももうたくさんだとげっぷをしている。いや、げっぷだけなら人間様は痛くも痒くもないかもしれない。問題はその先なのである。

生産現場は試験場に合わせろ

ここまで書くと、「なるほど、あなたはそのＴＤＮ多給による牛の障害のことを言いたいのだね」との声が聞こえてきそうである。もちろんそれもあるが、私はもう少し別の点から考えてみたいのだ。集約放牧という技術は、確かに生産性を上げるための技術である。そのためだけに試験研究機関で集約放牧を実施しているわけではない。しかしこれから述べていくことは最後には生産性にいきつくことになるだろう。

「農業試験場で行なわれている集約放牧試験」とは何かというと、「放牧している乳牛の採食量」を把握するための試験のことだ。そしてここで用いられる採食量の推定の方法の中でも、「前後差法」が特に重要なのである。現在では前後差法に代わる方法があり、そちらの方が正確で一頭一頭の採食量の計測ができる。ところがこの「ADL—酸化クロム法」では酸化クロムを毎日牛に飲ませなければならず、非常に手間がかかる上、どこでもできるというわけではない。それなりの設備がいるし資金もかかる。放牧期間約一五〇日全てで実施するのは難しいといった具合で前後差法に頼ることになる。

さて前後差法では、放牧前の草量と放牧後の草量がはっきりと違っていること、さらに草丈が均一であることが必要である。草丈が不揃いだったり、放牧前後の草量の差がはっきりとしていないと、採食量が計算上マイナスになることがある（これにはかなり泣かされた）。草丈をできる限り均一にして放牧前後の草量の差をはっきりさせる、このためには牧区面積を小さくすることが有効である。また、牛のいる牧区の牧草が、牛のいる間に成長してしまっては困るので（この間の牧草の生長量は簡単にはわからない）、一牧区あたりの待牧日数は一日となる。

採食量の推定のために集約放牧をする！　何とも奇妙なことである。そして採食量の推定のために有効であった集約放牧の要点、牧区面積を小さくして待牧日数を一日とし、その結果として均一な草丈と放牧前後の草量の差を大きくする。これを酪農の生産現場に持っていったのである。「草丈を短く均一にする」ことが正しいことだと宣伝し、酪農の生産現場はそれに合わせるようにと、合わせられなければ何か後ろめたい気持ちを起こさせるようにさせたのである。旧日本軍にこのような言葉があったと聞く。「軍服に体を合わせろ！」。その本質は何も変わっていないのである。

「採食量」を把握しろ

「採食量」。これを推定するために、この推定が行ないやすい技術を開発し、それを現場に押しつける。それは一体何のためであろうか。

家畜の採食量を把握したいのは、採食量と乳や肉といった家畜の生産物との間に関係があるからである。採食量によって生産物の量が推定できる。裏を返せば、目標とする生産物の量から必要な採食量を推定することができる。さらに目標とする給与量を割り出せることになる。必要な給与量は必要とする採食量の一五％増しがよいと言われている（これを自由採食量と呼ぶ）。

さて、これを放牧にあてはめていくと、目標とする乳量から目標とする採食量が推定され、目標とする割当草量が推定される、といった具合になる。もっとも放牧では割当草量が採食量の一五％増しでは足りないのだが。とにかく、この目標とする割当草量を維持するための放牧を考えていくことになる。

本来、農業生産物というものは、その年の天候と人間の労力による結果としての農業生産高であるはずだ。その結果としての農業生産高を目標としての農業生産高に置き換え、それに合わせて農業をしていく。そうするとどうなるだろうか。たとえばある年の天候が悪くて放牧草の伸びが悪い。これでは目標とする乳量に合わせた目標とする割当草量が確保できない。それでは化成肥料を撒こう、となる。すると草は幾分伸びる。しかし、日照不足と窒素過多では放牧草に硝酸態窒素が溜まりやすい。それを食べた牛は硝酸塩中毒を起こしてショック死、などということになりかねない。もちろんこれは極端な例である。しかし、結果を目標にしてそれに合わせて営農を行なおうとすると、だいたいそのようなこととなる。

最もよい例は草刈りにおける次のような例である。四〇年ぐらい前の根釧地方では、一番乾草を七月下旬から八月中旬にかけて収穫していた。お盆の頃には終わっているように、というのが目安であった。太平洋高気圧がようやく根釧地方を覆うのは七月下旬から八月上旬である。この季節になってはじめて根釧地方では晴れた日が続くことが多くなり、乾草がつくりやすくなるのである。この時の乾草が俗にいう穂に種がついている刈り遅れのハリガネ乾草である。

ハリガネ乾草のTDN%は低い。しかし、作業機械はモア、テッダ、レーキ、ヘイベーラ程度で済み、天気もよく、草も茎が多いので乾草にしやすかった。また何よりも、晴れた空の下で行なう乾草調整は、しんどいけれどもさぞかし気持ちのよかったものであろう。ところが、より高い生産量をあげるには良質粗飼料の生産が不可欠である、との声が出てきた。声を出したのは現場の農民ではない。農業指導を行なう人だ。

この場合の「良質粗飼料」とはTDN%の高い草のことである。収穫する草のTDN%を上げるために、早刈り運動が農業試験場や農業改良普及所の指導で始まると事態は一変する。牧草の早刈りとは、六月中旬から遅くとも七月中旬には一番草を刈るようにすることである。ところが根釧地方はこの季節、オホーツク海高気圧に覆われている。寒く、海霧が発生しやすく天候が悪い。それに若い草はＴＤＮ％が高い代わりに乾きづらい。ＴＤＮ％が高いことは、繊維が少なく吸湿しやすいタンパク質が多く含まれることになるからである。とにかく乾草はほとんどつくれない。そこで勢いサイレージ調整となる。最近では、牧草ロールにサランラップのお化けみたいなやつをぐるぐる巻き付けてサイレージ調整してしまうラッピングマシンを使うことが一般的になっている。ラッピングマシンという機械が増えることによるコストアップもさることながら、お化けのようなサランラップ代も馬鹿にならない。

さて、最初は天候不順にも我慢して牧草の予乾をしていたが、より高いＴＤＮ％を求めるあまり「予乾をして下手に雨に当てるとＴＤＮ％は低下する。それならば予乾をさらに短くできないか」と考えるようになる。それではと、草を刈るときに草をつぶして搾って水分を抜いてくれるモアコンディショナーを使ってみようということでこの機械を導入することになる。さらに今までのロールベーラでは草を固く巻けない。ラップを巻いてもその中に空気があってはよいサイレージはできない。そこでもっと固く巻けるロールベーラを導入することになる。しかし、やっぱりそれでもいまいちサイレージのできがよろしくない。カビが生えたりするものが出る。それではサイレージ添加剤を使ってみよう――。どこまでもきりがない。このように牧草のＴＤＮ％という結果を、目標に置き換えて考えると、どんどん機械や資材を購入する羽目に陥り、人間様はくたびれ果て、果ては家族でいがみ合い、といったことになりかねない。

放牧ではどうなるか。TDNをたんと牛に喰わせるには、草丈の短い草を喰わせなければならないのだから、一牧区の面積を小さくしなければならず、いきおいポリワイヤーのいっぱい巻かれたドラムリールとピックティルポールをたくさん抱えて、放牧地をうろうろする羽目に陥る。集約度が増せば増すほどこのうろうろは激しくなるのである。

代謝ケージの事実がすべてか

稲作の改良試験（もちろん生産性を上げるための改良であるが）の一つに、ポット試験というものがある。これは大きめの鉢――ワグネルポット――に土を入れて稲を植え、肥料の効果を確かめる試験のようである。肥料効果は土壌によって異なる。それゆえいろいろな土壌を集めてきて、それぞれの土壌で肥料の効果を確かめる意味がある。もちろんこの場合の肥料の効果とは、耐肥性と経済的な施肥量を指すことはいうまでもない。

これに似た家畜の試験に消化試験がある。これは簡単にいうと、家畜を狭い檻（身動きもままならないような、本当に一頭分しかない狭い狭い檻である）に入れていろいろな飼料を食べさせ、出てきた糞の重さを量る、といったところだろうか。食べさせた飼料に対して出てきた糞の量が少なければ、消化がよかった、つまり消化率が高いと言えるであろう。また、二種類の飼料を同じ量給与して食べた量が違えば、どちらが家畜が好む飼料かわかるはずである。この檻を「代謝ケージ」と呼ぶ。

消化率が高い。これはTDN％が高いこととほぼ同じ意味である（「ほぼ」とつけたのは、実際はそう単純でないことがあるからである）。また、よく食べる飼料とは、家畜の腹の中を速く通っていく飼料ということでもある。これを通過速度が速いという。通過速度が速い飼料は、消化率もよいものが多いようである。通過速度が速ければよく食べる、よく食べればその分生産性が上がるといった理屈だろうか。この消化率がよくて通過速度が速い草――つまりTDN％の高い草――をつくるのは大変だということは、これまで述べてきた通りである。しかし問題は、どうもそれだけではなさそうなのだ。

ここで少し糞のことを考えてみよう。糞は、TDN％の高い草ほど柔らかくなる。つまり、水分が多くなる。この原因としては、飼料に繊維が少なく水分をより吸湿しやすいタンパク質が多いために水分が多くなるとは考えられる。とにかく糞に水分が多いとどうなるか。糞を完熟堆肥にしづらくなる。堆厩肥の適水分は五五～六〇％である。しかし牛糞は平均して八〇％はある。牛糞が五kgだとすると、水分調整のために水分二〇％ほどの敷きわらが三kg必要になる。ただでさえ水分の多い牛糞である。これ以上消化のよい餌を与えて水分を多くすることは、堆厩肥が農場内の生産物（雨に当たってしまった乾草など）では発酵しづらくなり、完熟堆肥を得ることが難しくなることを意味する。

このように、消化率だとか通過速度だとかばかりを見て、その結果を酪農家に持っていったとしても、酪農場の流れを乱すばかりである。

もう一つ言えば、この消化試験の結果なるものに合わせて、牛の飼養試験や放牧試験が進んでいるといっても過言ではない。また、消化試験や集約放牧の試験はものすごく忙しい試験でもある。これらの試験を行なっている人は気を抜くひまがない。この忙しい試験を農民に一年間三六五日やりなさいといっているのが現在の酪農技術指導である。

どうも数値というものは、生産性を上げるためによく使われるもののようである。そして、数値だけで考えていくと、今まで述べたように生産性の落とし穴にはまってしまうようである。

数値の落とし穴

それでは数値は無意味なのかというと、そうでもない。数値の落とし穴にはまらなければ使い用はある。

数値に対するこのような批判もある。「放牧地での採食量を数値で押さえることは無駄なことである。どの方法にしろおおざっぱな値しか出ない。牛の腹を見てコロコロして放牧地から帰ってくればそれでよいではないか」と。牧養力がわかればそれで十分ということだろう。もう一つ、「放牧の試験報告はほとんどが集約放牧の試験によってである。そこで出てきた数値は粗放な放牧には当てはまらない」という批判もある。

「これからは集約放牧の時代であり、粗放な放牧なぞは時代遅れである」などと言うつもりはない。最初の批判についてはこう言える。牧養力はいわば結果である。その牧養力にするための方法を初心者にもわかりやすくする必要があるといったことが挙げられる。二番目の批判に対しては、放牧形態に違いはあっても、再生した草を牛にたらふく食べてもらうという考え方に基本的に違いはないと言いたい。

このようなことをごたごたと並べなくとも、ベテランの酪農家は勘でわかっている。「勘」は、物事の本質を直感的かつ総合的に捉えうる能力であり、人間（生物）が生きていくためには必要な能力の一つである。しかし「勘」でわかったことや体得しているものは、他人に伝えにくいものである。つまり、言葉にしにくい。意識上にあるのであればまだ伝えようもあるが、無意識に体が動くといったことならば、当の本人は言葉にしようもない。初心者はいくらベテランについて教えを乞うても、ベテランの勘はなかなかつかめない。もう少し言うと、その時々で次々に変化していく意識上に固定しがたいベテランの勘を、意識上に固定し伝えやすくしたのが言葉や数値であると言えるのではないか。たとえば、作曲家が心に浮かんだメロディーを楽譜に書き留めなければ、あるいは演出家が思いついたストーリーや主人公の活躍している場面を絵コンテやイメージボードに描き留めなければ、ただの心のざわめきに終わってしまい、後に何も残らず、すばらしい作品も出てこない。

農業における言葉や数値も同じようなものだ。「勘」でわかったことをわかりやすく伝える。その手段として言葉や数値がある、稲のポット試験も家畜の消化試験も、「勘」によって積み上げられた「経験」の科学的裏付けの手助けをする範囲においては有効であると言える。ところがこれまで述べてきたように、数値は生産性を上げるために使われてきた。生産性にこだわらせる理由を考えていく必要がある。

生産性を急きたてるもの

生産性を上げろ上げろと急きたてるのは、一体誰であろうか。直接的には農業改良普及センター、農業試験場、大学農学部、農協、それに農業高校といったところであろうか。しかし、おおもとは違うのではないだろうか。というのは、いわゆる農業技術指導者、農学教育研究者と呼ばれている人々は、「農業生産性が上がれば、家計も豊かになり暮らし向きもよくなる」と本気で思っているからである。しかし私は農業技術指導者、農学教育研究者と言われているこうした人々が催眠術にかかっていると考えている。この催眠術は、かかってしまった人がさらに催眠術師になって酪農民も催眠術にかけてしまうたちの悪いものである。では、この催眠術は誰が、なぜかけ始めたのか。

よく考えてみると、農業改良普及センターは農業試験場の指導を受けており、農業試験場は北海道の農政局、北海道の農政局は農林水産省の指導を受けている。それでは農林水産省が催眠術の出所であろうか。実際、農政のプランを考えるのは農林水産省であるから、そうとも言える。農林水産省がなぜそういった考えになっているかを見ていく必要があるだろう。

話を少し戻して、農業生産性が上がるということはどういうことかまず考えてみよう。一つは当たり前のことであるが、食糧の生産量が多くなる。また、このことは必然的に、食料品の価格が安くなるということだ。そしてもう一つは、農業生産資材の消費量が多くなるということ。

農業生産資材の消費が増える、ということは酪農家のコストがより増大し、農業生産資材を売る側はより利益を得ることになる。農業生産資材は、富を酪農家から農業生産資材を売る側に流す手段なのである。現在農業生産資材をはじめ農業関連産業と呼ばれている産業群に勤めている人は、かなりの数である。それでは農業関連産業の利益とそこに勤める人々のために催眠術が考え出されたのか。もちろんそうとも言えるが、それは一面を現わしているに過ぎない。

豊富に食糧が供給され、しかも値段が安い。これは悪いことであろうか。消費者から見れば、悪くはあるまい。しかし、これがどうも怪しい。恐らく農林水産省という役所が日本に出現して以来のことだとは思うが、農林水産省は農業の結果としての食糧を重点的に見ているような気がする。つまり、まず国の食糧確保を目標にして、その次に食糧を生産する農業がある、そのように考えているようである。これでは農民は食糧を生産するロボットに過ぎなくなる。恐らく最近急速に進んでいるＧＩＳシステムを活用した牧草生産量予測技術の開発などもその一環で進められているのであろう。牧草生産量が予測でき、飼養可能頭数が把握できれば、乳生産量が予測できることが容易に想像できる。また逆も然りである。目標の乳生産量に合わせて牧草生産を酪農民にやらせる。これはもう四〇年も前から水稲では行なわれていることである。

では、何のための食糧確保なのか。豊富に食糧が供給され、しかも値段は安ければ「消費者」と呼ばれている国民は喜ぶ。しかし、「消費者」を喜ばせるために農林水産省はこのようなことをやっているのだろうか。いや、そうではない。このグローバルな市場経済を最優先させる社会を維持するために国民にエネルギー源を確保し供給するためと言った方がよいかと思う。グローバルな市場経済を維持するために国民を効率よく働かせ、そのエネルギー源を確保する。これは何かに似ていないか。そう、「たんとＴＤＮを喰わせてたんと牛乳を搾り取ろう」に非常によく似ているではないか。これらをつなげると、こうもならないか。たんと化学肥料を土にやってたんとＴＤＮの高い草を土と草から搾り取ろう、たんとＴＤＮを喰わせてたんと牛乳を搾り取ろう、国民にたんと牛乳を飲ませてたんと働いてもらい、このグローバルな市場経済を支えてもらおう、と。グローバルな市場経済を支えるために、土を搾り取り、草を搾り取り、牛を搾り取り、農民を搾り取り、労働者を搾り取っているのである。

本来は国民あっての国であり、国民が生きていく結果としての国であるはずである。ところが現実には、グローバルな市場経済を維持するために国民があり、農業があるのである。

草地も極相林

「資本主義社会は、資本家の労働者への搾取関係にある」。これが全てではないと思うが、現在の社会の一面を捉えているような気はする。

しかし世界の捉え方を「資本家と労働者」というように単純化することは、わかりやすくなるが、それは時として大事な側面を見落とすことになる。それは人間は自然――地球そのものといってもよいかもしれないが――がなければ片時も生きていけないという事実である。「資本家と労働者」というような単純化は、人間社会だけで物事が進んでいるような印象を与える。これは工業文明に主に焦点が合っていると言ってもよい。工業文明の枠組みだけで物事を考えると、農業はどう考えたらよいかわからなくなる。

「革命」とはリセットのようなものである。草地酪農で一番わかりやすい例は草地更新であろう。牧草の生産量が落ちてきたから草地更新をする、すなわちリセットをする。一見当たり前のように見える。しかし草地は年々でき上がっていくものである。高校で生物を習った経験があるならば「極相林」という言葉を聞いたことがあると思う。草地も森林ほどではないが、安定した「極相」の状態があると考えてよい。極相の状態になれば生産量も安定する。一方、草地更新をしたばかりの新撒草地はものすごく暴れて見える。牧草も雑草も負けじとばかりの勢いで、他の個体を圧倒しようとしている。このような草は乾草にもサイレージにもしづらく、牛も好んでは食べない。

頻繁に草地更新をして一時的に生産量を回復させるよりも、草地がだんだんとできていく手助けをする。これが農業のやり方であり、農業を支える考え方だと思う。

求められる「低コスト」とは

日本農業で今流行になっているものの一つに「国際化（グローバル化）」「農産物の貿易自由化」がある。耳にたこができるぐらい、そのことを聞かされ続けてきた。「グローバル化する世界では、日本の農産物は海外の農産物との競争のために、さらなる低コスト生産をする必要がある」と。

低コストの生産は誰しも望むところである。低コストの生産ならば儲け、すなわち所得が増えるからである。しかし流行している低コスト生産とは、グローバル化のための低コスト生産であって、決して酪農民の懐具合を考えた低コスト生産ではない。つまり、グローバル化で日本の農業が壊滅すると困るから、農民に低コストで生産をしろと言っているのである。日本の農業が壊滅すると、農業関連産業の労働者が路頭に迷うし、国家の防衛力の維持（食糧確保だけではなく、環境保全と名をうった国土保全も含まれる）のためとも言える。

これまで述べてきたように、まず食糧生産ありきが、流行の本質である。極端に言えば食糧さえ確保できれば農業などどうでもよいのである。このような流行に振り回されていたら、身を滅ぼすのが落ちである。それでは生きていくためには、酪農民はどうしたらよいであろうか。

それは流行に背を向け、農業の出発点に戻ることである。社会状況に合わせて生きるのではなく、まず農業を営む農民として生き、そこから社会を考えることである。社会状況に流されず、自分の生きていく方向をしっかりと見据え、どんなに追いつめられても譲れないものは譲らない頑固さ、これが必要である。

流行に背を向ける生き方。これはつらいものである。時には独りぼっちで生きていくことを覚悟しなければならない。一人一人の自律性を問われる闘いとも言えるであろう。

出発点

さて、独りぼっちを恐れずに生きてみたとしても、目隠しがされていては闇の中で戸惑うばかりである。生きていく手がかりがほしいところである。

生きていく手がかりは目の前にある。われわれの目の前には何があるだろうか。何を感じることができるだろうか。まず風を感じることができる。堆肥や牛のにおい、草のにおいを感じることができる。そう、すべては自分の農場にある。自分の農場こそが出発点であり、生きていく手がかりなのである。

減農薬運動を行なっている水田農家の間では、「虫見板」と呼ばれるものが広がっている。これは田んぼにどんな虫がいるかを知ることができる道具であり、これをもとにして農薬散布を決めるのである。田んぼにいる虫を観察すること——これは現状把握のための強力な手段であり、今何をすべきかを見つけだす方法であると言える。観察でわかったことを元にして、何をすべきか考えてみよう。儲けようと考えるだろうか。いや、今まで儲けようとして足下をすくわれた経験がある人なら、家族が幸せになるためにはどうしたらよいかを、もっと別の視点で考えるだろう。そして、考えたことを実行してみよう。実行した結果を反省してみよう。反省と観察から次の道が開ける。

観察し、理解し、考え、行動し、反省する。どこかで聞いたことがあると思う。そう、「問題解決学習法（Project method）」である。「経験主義農学の手法」や「農学の野外科学的手法」と呼ばれることもある。この過程は「営農技術」である。つまり「問題解決学習法（Project method）」は「営農技術」を創り出していく過程であると言える。

生活から始まり生活に返す技術。これが本当の技術である。技術を支えるものの一つとして学問研究・教育があるのならば、学問研究・教育は生活から遊離しては意味がないのである。

自分で問題意識を持ち、自分の力で生きていこうとする力を育てるきっかけとして、学問研究・教育の果たす役割は本来大きい。今までは農業技術とは「ああしなさい、こうしなさい」と教えることに重点が置かれてきた。しかし、自分の道を自分で切り開いていくためには、自らが育っていく力をつけることが重要になる。

農民は演出家

作物や家畜もまた生き物である。生き物は主体性を持つと前に述べた。農場内の生き物はこれだけだろうか。いや、たくさんの土壌微生物や、防風林の木々や、換気口に住み着いたスズメもまた生き物である。とすると、人間様の都合だけでは、農場はうまく動いていかないことになる。農場内のすべての生き物が主体性を持って生きていけるような手助けをすること。これが農民の果たす役割であろう。そして、その結果として生産物を得ることができる。このように考えていくと、農民は演出家といってもよいのではないか。ちょうど映画の演出家が、スタッフのやる気（主体性）を引き出してすばらしい作品を世に送り出すようにである。

学問研究・教育の役割とは、農民という演出家が育っていくきっかけをつくる「演出」をすることにあるのではないかと思う。

風土とグライダー

かつて「グライダー」という飛行機の訓練を受けたことがある。ライセンスを取得して以来飛行したことはないが、この「グライダー」で連想することがある。

グライダーの飛行は風まかせである。風は季節や天候、地形に左右され（風土といってもよい）、飛行もそれらに左右される。しかし風まかせとは言っても、パイロットは何もしないで風にあおられているわけではない。パイロットは意志を持って飛びたい方向に飛び、降りたいところに降りる。また、パイロットは機体をよりよく整備し、風をつかみやすくするための努力をする。

農業も似たようなものである。農民（人間）は、決して風土にあおられて舞う「木の葉」ではない。風土を生かし、自ら意志を持って主体的に生きる生き物である。その生き方の結果としての農業生産物である。風土に乗って飛ばされるのではなく飛ぶことがうまくなる。これが、本来の農業生産力の発展であろう。

農業生産資材は、飛行機で言えばエンジンやガソリンに当たる物と言えないだろうか。風土を乗り越えようとする営農を行なったり、風を切り裂いて飛ぼうとすると、これらに頼る比率は高くなる。飛行機で言えば最初はエンジンなしのグライダー、ライト兄弟による初めての飛行機は一二馬力のエンジン、第一次世界大戦中の複葉戦闘機は一〇〇馬力ぐらい、第二次世界大戦の日本の名機、零戦は一〇〇〇馬力程度、そして現代のジェット戦闘機になると何馬力になるのか。

このようにエンジンの馬力が上昇するに従い天候に左右されることは少なくなってきた。しかし、確実に燃料消費量が莫大になったのである。エンジンがないグライダーは、ガソリンがなくとも飛行できる。つまり無から有を生じる。しかし、零戦ぐらいまでの飛行機ならばエンジンが止まっても安全に滑空着陸ができるが、ジェット戦闘機にいたってはパラシュートで脱出しなければならない。つまり、エンジンが大きくなるに従って、無から有にする割合が限りなく小さくなったと言える。

「生産資材をたくさん使って馬力を上げないと、グローバル化に生き残れない」という主張もあることは承知している。しかし、これから述べるシミュレーションから考えてみてほしい。

それは零戦とジェット戦闘機が勝負したら、というシミュレーションである。空中戦の一種に「格闘戦」と呼ばれる手法がある。平たく言えば曲芸飛行のようなことをやって、相手を撃墜する。格闘戦では旋回半径がより小さい、つまり小回りが利くことが、速度よりも重要である。旋回半径は零戦の方がジェット戦闘機よりも圧倒的に小さい。もし零戦に現代のハイテクな警報情報収集機器を搭載して勝負した場合、相手の動きをより早く察知して格闘戦に持ち込めば、零戦が勝つのである。ガソリンをあまり喰わない零戦が、燃料を莫大に食うジェット戦闘機に勝つことができるのである。

ビーバーのように働く

ビーバーという生き物を知っているだろうか。北アメリカ大陸に住むリスに似て川に住む生き物である。このビーバーは大変な働き者で、川にダムをつくり池をつくり、その池に巣をつくる。直径一〇cmの木ならば一五分で切り倒してしまうそうである。

「ビーバーのように働け」と言いたいわけではない。よく言われる「根性論」は危険でもある。この根性論には、激しく働かせることによって思考を奪い、さらに労力を搾り取ることができる、といった罠が隠されている。

さて、ここでビーバーに登場願ったのは、ビーバーの家族について述べたいからなのである。ビーバーは、家族で力を合わせて住処をつくる。開拓農民の象徴のような動物であると言える。もう一つ考えてみたいことがある。ビーバーは住処をつくることによって森林を破壊するということだ。ところがビーバーがそうして森林を破壊することによって森林は若返りのチャンスをつかむことになるのだという。

ビーバーのように家族で力を合わせて生き、森を破壊するが森の息の根を止めてしまわない生き方、それが人間にも必要になるのではないだろうか。

第六章　マイペース酪農への気づき

マイペース酪農の源流

マイペース酪農の源流は、一九七一年から一九七四年まで四回にわたって行なわれた「別海労農学習会」である。一九七三年の第三回労農学習会において、早くも「誰にも振り回されずにマイペースな酪農を進めていくには」という問いかけがあった。この時代、新酪農村計画・構造改善事業が進行しており、零細農家の離農が続出し、多額の負債によって「ゴールの見えない規模拡大」という背景があった。これに対する酪農民としての「人間らしい農業・生き方をしたい」という意志が、「マイペース酪農」を創り上げていったのである。

別海労農学習会は、様々な社会的圧力によって一九七四年の第四回を最後に休止状態となる。

しかしこの運動は、一九七五年から「酪農技術研究会」「酪農経営（技術）研究集会」に引き継がれた。この中でも一貫して「マイペースでまかたする経営はできないか」という問いがテーマとなった。「まかたする」とは、地元の言葉で「まかなえる」、つまり「酪農で食べていける」という意味で使われている。

一九八六年、現在も年一回開催されている「別海酪農の未来を考える学習会」が「別海労農学習会」に関わった人たちのあいだで立ち上がった。一九九〇年の第五回学習会では「根室地方のマイペース酪農の可能性と展望」がテーマとなり、参加メンバーの経営の見直しが本格的に始まった。一九九一年・九二年の第六回・第七回学習会では、三友農場の実践報告があった。これ以降、具体的な経営改善の方向性として三友農場がモデルとされるようになり、現在でも続いている。

マイペース酪農には、「営農類型」としての側面と「運動」としての側面の二つがある。「運動」としての側面のポイントは「自分の考えと責任で営農する」「まかたする経営をする」「家族を大切にし、夫婦で営農を決める」であり、誰にも振り回されず、自分たちで考え、行動することを自分たちに求めている。

一方の「営農類型」のポイントを捉えることは難しい。「自分の土―草―牛に依拠した生産」として、絶えず酪農民の視点から「マイペース酪農のスタイルとは何か」を問い直すことによって、「営農類型」は練り上げられていったのだが、営農類型としてのマイペース酪農は、静的なものではなく、変化していく動的なものである。このことが学問的に営農類型としてのマイペース酪農を捉えることを困難にし、農学ではこの議論は避けられてきた。

戦後、日本の畜産学は、アメリカの穀物戦略を実現する研究と政策実現を基盤としていた。アメリカの穀物をより多く消費する方向に研究・政策が進められてきた。営農指導の名の下に、アメリカの穀物消費を増大させる方向に誘導が行なわれた。そのためには、酪農民はその営農指導に素直に従う必要があった。その結果、乳牛の乾物摂取量二〇kg／日の内、約半分の一〇kg／日程度まで給与する例も珍しくなくなった。購入飼料費は高泌乳経営では生産コストの二五％・二〇〇万円／年程度にもなる。

一方、現在マイペース酪農のモデルとされている三友農場の飼料費は、生産コストの一四％・六〇万円／年程度であり、営農類型としてのマイペース酪農は結果的に、アメリカ穀物消費量を減らす結果をもたらす可能性がある。

さらに、マイペース酪農運動は、自分で考えることを基礎とする。考える農民をつくり出す。これらは、アメリカ穀物戦略にとっては都合が悪い存在であり、それを基盤とする戦後日本の畜産学にとっても都合が悪い存在であった。

「運動としてのマイペース酪農」は、「自分の土─草─牛に依拠した生産」、すなわち「営農類型としてのマイペース酪農」を出現させることとなった。「自分の土─草─牛に依拠した生産」とは、酪農の基本を大事にするということである。その実践の一つが、北海道東部・根釧地方を中心に活動している「マイペース酪農」の実践酪農家の人々と言える。

ほぼ全域が火山灰土であり、冷涼な気候のため一面草地が広がり、粗飼料基盤が豊富と思われている。しかし、この根釧地方でも、高ＴＤＮ飼料給与による生産乳量の拡大が続いてきた。その中で、マイペース酪農は「適正規模とは何か」を合い言葉に、酪農の基本を考え、実践され続けてきた。

　ここからは、『マイペース酪農――風土に生かされた適正規模の実現』（農文協刊）の著者でもある、根釧地方中標津町の酪農家、三友盛行（みとももりゆき）氏の農場のあり方に学びながら、これからの日本酪農・農業の姿を考えていこうと思う。

乳代所得率の発案

「牛乳生産量の増大＝農業粗収入の増大＝農業所得の増大」のことを思い出してみよう。牛乳生産量が上がれば農業粗収入も上がり、農業所得も増加する。そのように多くの畜産学研究者、技術指導者、農業教育者が言ってきたし、多くの酪農民もそう信じてきた。酪農民の目はどこに焦点を合わせてきたか。それはとりあえず入ってくるお金、すなわち「農業粗収入」である。その背景には、パイロット・ファーム計画から新酪農村開発事業、構造改善事業などの大型投資があり、多くの酪農家が「負債」を負ったことがその要因である。

　負債を何とかするためには、稼がなければならない。稼いで目の前にとりあえず入ってくるお金、「農業粗収入」を確保しなければ安心できない。そうした思いが牛乳生産量をひたすら拡大させてきた。さらに、乳生産量が酪農家の格を決めるということもそれに拍車をかけた。乳生産量が大きく、施設も立派で大きいと何となく偉くなったような気がするからである。開拓当初、牛の頭数を確保するのに苦労した記憶が酪農民の頭に強烈に印象づけられている。このような風潮も、農業粗収入に酪農家の目の焦点が合うことを後押ししている。

しかし、粗収益を拡大しても、負債が減らない場合がある。粗収益を増やしても負債に苦しむのである。規模を拡大し、牛を増やし、農業粗収入を増加させても、逆に農業所得が減る場合が厳然として存在する。農業所得が増えないから、負債を償還できず、負債に常に追いかけ回されている状態となる。

農業粗収入が増加しても農業所得が減るということは、「生産コスト」すなわち経費が農業粗収入の増加によって儲かった以上にかかっているということである。農業粗収入を増加させるためには乳量を増やしたい、乳量を増やすためには牛を増やしたいし一頭あたりの乳量も増やしたい。そのためには高いＴＤＮの餌を確保する必要があることはすでに述べた。この高いＴＤＮの餌とは一つは購入する配合飼料であり、もう一つはＴＤＮの高い、すなわち栄養価の高い草である。栄養価の高い草を収穫するには、重武装の機械・施設体系が必要でこれも経費がかかる。ＴＤＮの高い餌を確保する。このことが「経費」を押し上げる。そしてさらに、高いＴＤＮの給与を続けると牛は「生産病」に悩まされることとなり、経費がかかるだけではなく、経費をかけた割には乳生産量が上がらなくなる。これが、農業粗収入が増加しても農業所得が減るというメカニズムである。

農業粗収入に対する農業所得の関係。これは「所得率」と呼ばれる。マイペース酪農運動はこの「所得率」に焦点を合わせているのである。農業粗収入に対して所得率が高ければ、農業所得は高くなる。さらに所得率が高ければ、少ない農業粗収入でも生活していくのに十分な農業所得を確保していける。マイペース酪農運動は、この事実をすでに一九七一年の第一回別海労農学習会で明らかにしていたのであり、「所得率」を焦点化した経営実践の方向性がここに定まったと言える。

しかしここで問題になることがある。「負債」の償還すなわち「支払利息」をどのように考えるべきかという問題である。「支払利息」を「経費」に入れてしまうと、しばしば経費が農業粗収入を上回る事態が発生する。負債が大きければこの事態が発生する確率が高い。このことは、「負債が大きいからどうにもならない」という「あきらめ」を招く。

マイペース酪農運動は、本当の「経費」とは何かを探求し続けた。そして「単年度の農業所得の積み重ねが負債の増減を決める」という結論に達した。つまり単年度の収支を正確に表現する方法が必要であるという考え方である。そのためには「経費」から「支払利息」をはずす――簡単にいうと支払利息を「ゼロと仮定」して考えてみるのである。

さらに探求は「農業粗収入」にも及んだ。家畜の個体販売は、家畜市場の価格変動によって収益が不安定である。これを当てにして収益を考えることは賭になる。本来の収益は何か、そこにマイペース酪農運動は気がついたのである。酪農民が行なっていることは「酪農」であり、酪農の生産物は「牛乳」である。牛乳の販売代金、すなわち「乳代」で収益を上げられなければ酪農家とは言えない。さらに乳価は現在のところ政策的に比較的安定している。そこで、「農業粗収入」から「個体販売」を除いたのである。

表8　一般的な所得率と乳代所得率

一般的な所得率	農業粗収益－経費 ――― 農業粗収益	×100＝所得率（％）
乳代所得率	乳代－（経費－支払利息） ――― 乳代	×100＝乳代所得率（％）

出所：三友盛行『マイペース酪農――風土に生かされた適正規模の実現』（農文協）

「乳代」を「農業粗収入」として、「経費」から「支払利息」を差し引く。こうしてたどり着いたのが、「乳代所得率」である。一般的な所得率の計算式と、乳代所得率の計算式を表8に示した。この乳代所得率の考案によって、乳代できちんと単年度の農業所得が得られているかが判断できるようになった。マイペース酪農運動では乳代所得率が三五％あれば、乳代できちんと単年度の農業所得が得られていると判断する。乳代所得率三五％に達しないということは、負債で経営が成り立たないということではなく、経営の生産構造にひずみがあるということになる。その結果として、酪農場としての生産効率が悪いということを意味する。

分析値の落とし穴

「生産構造のひずみ」これを把握するためにはどうしたらよいのだろうか。これはなかなか難しい。酪農・農業としての効率とは何かというマイペース酪農運動の本質に迫る問いであるからだ。一般的な事柄から考えてみたい。

水稲や畑作のように耕種農業では「反収」がよく注目される。単位面積あたりのたとえば一反（一〇a）あたりの収穫量が何kgか、という値である。「反収」が低ければ、これを高めるにはどうしたらよいか、阻害している原因は何か、と思いをめぐらすことになる。

草地でも「反収」が注目される。草地の場合、「一反あたりの乾物収量」よりも「一反あたりのTDN収量」が重視される。牛にTDNを充分に喰わすためである。「TDN」というわば「成分」が重視されるので、「飼料分析」というものがここに入り込む。さらに「一反あたりのTDN収量」を確保するためには、基本は土壌だ、ということで「土壌分析」も入り込む。

乳牛では「個体乳量」である。「乳検」と呼ばれるものを実施して、個体乳量や乳成分、乳質の分析が行なわれる。ここで求められるのは、乳牛一頭あたりの乳量が高いことであり、乳タンパク質や乳脂肪の高いことである。乳タンパク質の収量はチーズや脱脂粉乳の生産量を左右し、乳脂肪の収量は生クリームやバターの生産量を左右する。加工し販売する側の都合を、酪農家に対して求めるのが「乳検」の一面である。

ここで気づくことがある。草地は「反収」が目標にされるのに対し、乳牛では「個体乳量」や「乳成分」が目標にされるのである。「乳量の反収」や「乳成分の反収」という考え方が存在していないのである。しかしよく考えてみれば、存在しないのは当然とも言える。乳牛に「TDN」という成分を喰わすルートは二つある。一つは草地からの乾草やサイレージ、もう一つは「配合飼料」である。「配合飼料」の給与量が異なれば、同じ草地の「反収」でも乳量や乳成分は異なる。「乳量の反収」や「乳成分の反収」が意味をなさないのである。そのため、草地は草地、牛は牛、というように分断して考えてしまうのである。さらに多頭化が進んだ今日では、乳牛の糞尿の量が飛躍的に増大している。これをいかに草地に「投げるか」ということが、土壌分析の目的の一つにもなっている。つまり、土壌の養分が過剰にならないように、乳牛の糞尿を投げるには、それぞれの草地でどれぐらいが限度か、ということである。これはちょっと考えてみればおかしな事態になっていることがわかる。

「分断して考える」ということは、いくら土壌分析に飼料分析、乳検のデータを積み上げたところで、それぞれの分析は異なる目標を持っているため、全体像はつかみにくい、というよりもつかめない、ということである。「分析」と分析の結果としての「目標値」に合わせることが、「生産構造のひずみ」を解消することにならない。土壌分析に飼料分析、乳検それぞれが独立した目標を持っていて、「共通した目標」を持たないから当然である。

「共通した目標」。これは少なくとも酪農経営を改善する、という目標であるはずである。しかし、現実には、土壌分析は土壌改良目標値に合わせるという目標、飼料分析はより高い栄養価の粗飼料を生産するという目標、乳検はより高い個体乳量と乳成分を求めるという目標、というようにバラバラである。土壌改良目標値に合わせれば高い栄養価の粗飼料ができ、乳量も乳成分も上がる、という理屈にはなっている。しかし、「土壌改良目標値に合わせれば高い栄養価の粗飼料ができる」ことさえ十分証明されていないこともまた確かなのである。高い栄養価の粗飼料を得るためには、シバムギやリードカナリーグラスなど「雑草」と呼ばれている草を少なくして、チモシーやオーチャードグラスといった「イネ科牧草」を多くしなければならない。しかし「土壌改良目標値に合わせて」も、チモシーやオーチャードグラスといった「イネ科牧草」を多くすることができない事例が現場では多いのであり、その原因は十分解明されていないのである。

さらに「分析」は、酪農場に「生産資材」を潜り込ませる手段として存在する。「土壌分析」であの養分が足りない、この養分が足りないとなれば、入れたくなるのが人情である。そこですかさず、pHが低いから炭カルを、カリが足りないからカリの成分量が多い配合肥料を、ということになる。本当に必要かどうかではなく、「土壌改良目標値」にその草地の土を合わせるために入れるのである。「土壌改良目標値」でなければ牧草が育たない、ということになっていて、それを信じるようにと言われているだけである。本当のところは、その草地の牧草に聞いてみないとわからない。「土壌改良目標値」に合わせて肥料を入れてもシバムギやリードカナリーグラスなどの「雑草」が優先したらしめたもの、「草地更新」をすればよい。また牧草の種や土壌改良資材、除草剤が売れるだけのことである。

酪農の現場に持ち込まれている「分析」は、分析の指し示す方向を行なったとしても「酪農経営を改善する」ことにはならない、と言ってもいいと思う。それは「土壌改良目標値に合わせれば高い栄養価の粗飼料ができ、乳量も乳成分も上がる、という理屈」すら、実際には定かでないものだからである。

数値はあくまで補助的な捉え方に過ぎない、ということを肝に銘じなければならない。本当の答えは風土と草地と牛に聞いてみることである。

投入物の利用効率を考える

「数値はあくまで補助的な捉え方に過ぎない」といきなり言われても、戸惑ってしまうことと思う。補助的な捉え方である数値にとりあえずは頼って考えてみるのも、悪くないかもしれない。しかし、これから述べる数値は、酪農場に持ち込まれている「分析」の数値とは少し違う。

酪農場に持ち込まれている「生産資材」、特に化学肥料や配合飼料についてまず触れておこう。配合飼料や化学肥料は、麻薬に似ている。配合飼料や化学肥料を使うと、土も草も牛も興奮状態のように生産性が一時的に上がる。しかしそれらの肥料を使い続けていると、やがて草地をボロボロにしてしまう。そして儲かるのは配合飼料や化学肥料を販売する側である。一度使ってしまうと生産性の低下を恐れて止められない——このことにおいても依存性が強い麻薬と同様の性質を持つ。そして使う側は「みんなしているから」と言うようになる。よほどの意志がなければ、断ち切るのは容易ではない。

化学肥料や配合飼料を酪農場に「投入」すると、確かに生産性は向上する。しかしこれは本当だろうか。化学肥料や配合飼料の主要な成分である「窒素」を使って考えてみる（配合飼料にもタンパク質のかたちで窒素が入っている。タンパク質は窒素を含んだ有機化合物なのである）。

酪農場に入ってくる化学肥料は直接草地へ、配合飼料は牛のおなかを通って糞尿として草地へいく。酪農場に入ってくる化学肥料と配合飼料を全て窒素に換算して、それが全て草地にいずれいくものと考えてみる。つまり化学肥料と配合飼料が酪農場にたくさん入ってくると、草地への窒素投入量が増える、というように考えるのである。

図12を見てほしい。化学肥料と配合飼料が酪農場にたくさん入り、草地への窒素投入量が増えると、牧草の生産量は確かに増えるのである。これは根釧地方の一二の酪農家の事例である。実

験的に行なったものではない。実際の酪農家でも、化学肥料と配合飼料が酪農場にたくさん入ると、(牧草の)生産量は増えるのである。あまり化学肥料と配合飼料を使っていない酪農家に比べ、たくさん使っている酪農家は(牧草の)生産量が二〜三倍も高い。使いたくなるのは当然である。

しかし、化学肥料と配合飼料もただではない。当然コストがかかる。かけたコストに見合う分だけ生産量が増えていなければ、意味がない。かけたコストに対して見合っているかどうか、それを見極める方法がほしいところだ。

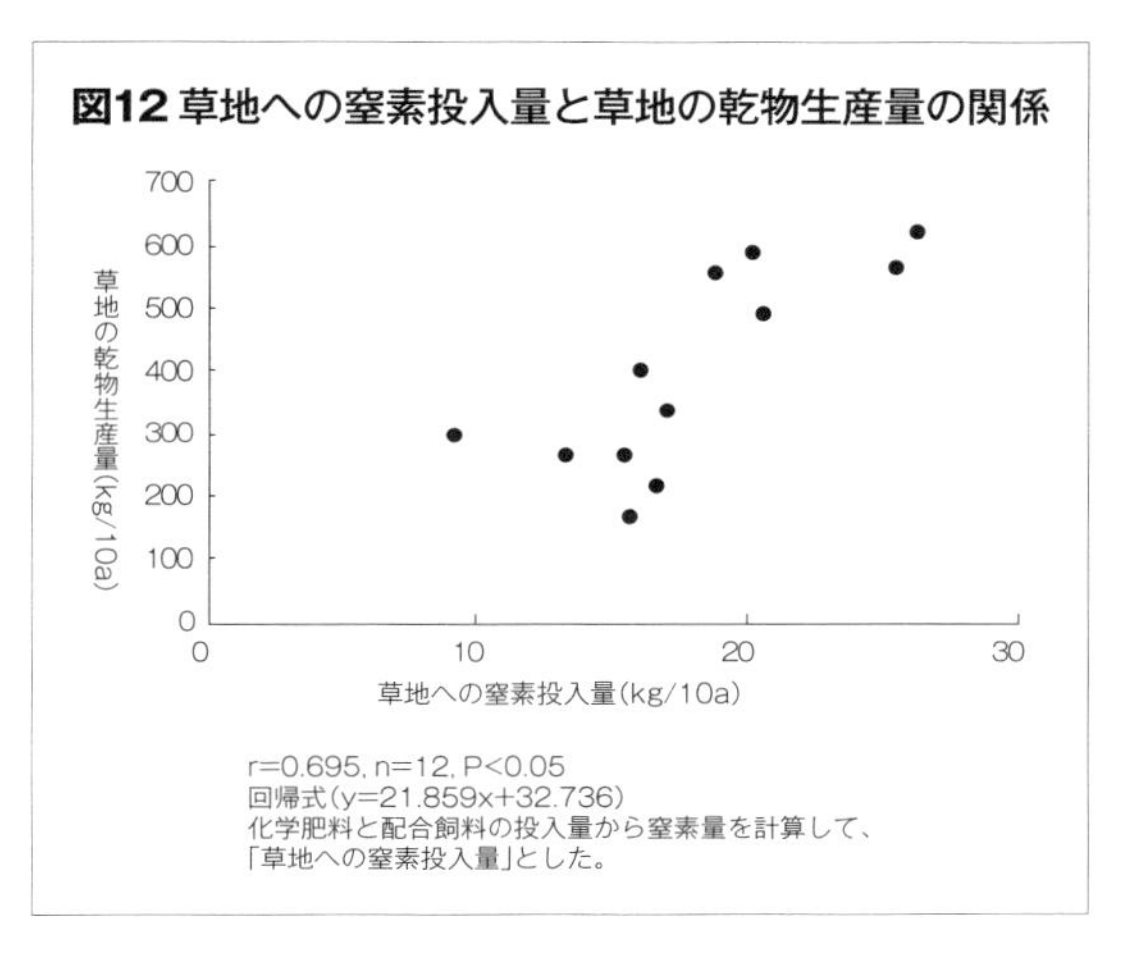

図12 草地への窒素投入量と草地の乾物生産量の関係

また、化学肥料や配合飼料の主要な成分である「窒素」を使って考えてみる。表9では三つのグループに分けて比較している。中標津町の一一戸の酪農家。これにはフリーストール・TMR方式を採用している酪農家も半分ほど含まれる。マイペース酪農一〇戸はいずれも牛舎はスタンチョン方式で昼夜放牧を実施している。そして三友農場である。三友農場の経営の中身は後で紹介する。

酪農場に入ってくる「窒素」から考えてみる。三友農場が年間一〇aあたり四・八kg、マイペース酪農一〇戸が五・三kgなのに対して、中標津町の一一

表9 草地生産性概要の比較

	三友農場	マイペース酪農10戸	中標津町11戸
農場系へ投入された窒素（Nkg/10a/年）	4.8	5.3±3.1	15.6±3.7
DM生産量（kg/10a/年、以下同）	313.8	363.5±74.3	412.1±166.9
TDN生産量	182.5	236.3±48.3	267.9±108.5
CP生産量	29.9	63.6±13.0	72.1±29.2
年間乳生産量	654.0	574.3±217.5	904.8±304.1
DM生産量（kg/投入窒素1kg、以下同）	42.6	34.3±3.6	20.7±6.3
TDN生産量	25.2	22.3±2.3	13.5±4.1
CP生産量	4.2	6.0±0.6	3.6±1.1
年間乳生産量	90.6	115.7±16.7	57.7±11.4

乳生産量からTDN摂取量およびCP摂取量を推定し、それから購入飼料によるTDN供給量、CP供給量を差し引いたものをTDN生産量、CP生産量とする。TDN生産量からTDN含量を除したものをDM収量とする。TDN含量は、刈り取り時期の聞き取りにより、日本標準飼料成分表（中央畜産会1995）の値を用いた。三友農場はADF含量を測定し推定した。窒素投入量、DM生産量、TDN生産量、CP生産量、乳生産量から投入窒素1kgあたりのDM生産量、TDN生産量、CP生産量、乳生産量を算出。三友農場は1992年当時（三友2000）、マイペース酪農10戸は2007年、中標津町11戸は2005年の聞き取りにより上記の情報を得た。

戸の酪農家は一五・六kgにもなる。酪農場に「窒素」が入ってくる主なルートは「化学肥料」と「配合飼料」である。「化学肥料」をたくさん草地に入れて、「配合飼料」をたくさん乳牛に食べさせると生産量はどうなるか。草地からの生産量は、乾物（DM）生産量も、TDN生産量も、粗タンパク質（CP）生産量も増えるのである。さらに、年間乳量も増えるのである。

「化学肥料」と「配合飼料」をたくさん使い、「窒素」をたくさん酪農場に入れると「生産量」は増える。「生産量」が増えることは「農業粗収入」が増える。「農業粗収入」に焦点が合った経営をすると、「生産量」が多い方がよいことになり、「生産量」を増やすために「化学肥料」と「配合飼料」をたくさん酪農場に持ち込むことはよいことになる。

しかし、「化学肥料」と「配合飼料」をたくさん酪農場に持ち込み、入ってくる窒素が増えた割に生産量が増えていないこともまた事実なのである。酪農場に入ってくる「窒素」が二倍になったからといって生産量も二倍にはならない。

「化学肥料」と「配合飼料」として酪農場に入ってきた「窒素」が、どれぐらい効果があるのか。それを考えるためには、「窒素一㎏あたりどれぐらいの生産量があるか」を計算してみるとわかりやすい。表9の下の部分を見てほしい。窒素一㎏あたりの生産量が示されている。窒素一㎏あたりの草地からの乾物（DM）生産量は、三友農場が四二・六㎏、マイペース酪農一〇戸が三四・三㎏、中標津町の一一戸の酪農家は二〇・七㎏と、酪農場に入ってくる「窒素」が多くなると減ってしまうのである。これはTDN生産量も、粗タンパク質（CP）生産量も、年間乳量もほぼ同じ傾向にある。「化学肥料」と「配合飼料」を増やし、酪農場に入ってきた「窒素」が増えると利用効率は低下してしまうのである。

酪農場への投入物を増やすと生産量は増えるが、投入物を増やした分に見合ったまでには増えない。それは投入物の利用効率が、投入物を増やすと低下してしまうからである。

「農業粗収入」を追い求め、「生産量」を増やすために「化学肥料」と「配合飼料」をたくさん持ち込むか、それとも「化学肥料」と「配合飼料」の「利用効率」を考えるのか。ここが、マイペース酪農を考える上で重要なポイントである。

基本は流れを考えるということ

マイペース酪農は「化学肥料」と「配合飼料」の利用効率が高い。そのことを考える時にまず押さえておかなければならないことがある。

酪農という営みは、本来「流れ」で考えなければならない。この草地がどのような土地で、どれぐらいの草が収穫でき、その草で牛が何頭飼えて、牛が排泄する糞尿を草地に還元できるか、という「流れ」を感じて考えなければならない。その結果としての乳量であり乳成分である。「流れ」を考える。このことがマイペース酪農の技術的な基本となる。

おおざっぱな流れをまず考えてみる。酪農場全体を一つの「ブラックボックス」にして、入ってくるものと、出ていくものを眺めてみたのが、図13である。入ってくるものは「配合飼料（購入飼料）」と「化学肥料」、出ていくものは「牛乳出荷」と「個体販売（牛を売ること）」である。入ってくるものと出ていくものをすべて「窒素」に換算して考えてみると、ある事実に気がつく。

入ってくる「窒素」は、三友農場四・八kg／一〇a、マイペース酪農の一〇戸平均で五・三kg／一〇aに対して、中標津町の一一戸の酪農家で一五・六kg／一〇aになる。三友農場やマイペース酪農一〇戸に比べて中標津町の一一戸の酪農家では、三倍近くも入ってくる「窒素」がある。しかし生産物として出ていく「窒素」は、三友農場二・三kg／一〇a、マイペース酪農の一〇戸平均で二・九kg／一〇aに対して、中標津町の一一戸の酪農家で五・一kg／一〇aである。三友農場やマイペース酪農一〇戸に比べて中標津町の一一戸の酪農家では、生産物として出ていく「窒素」は二倍にしかならない。入ってくる窒素が三倍なのに出ていく窒素は二倍。入れた分だけ生産が上がるわけではない事実が、ここでも浮き上がってくる。

問題は、入ってくる「窒素」と出ていく「窒素」の差はどうなるかということである。その差を「余剰窒素」、つまり余ってしまう窒素と呼ぶことにしよう。式としてはこのように現わすことができる。

図13 酪農場の窒素のおおまかな流れ

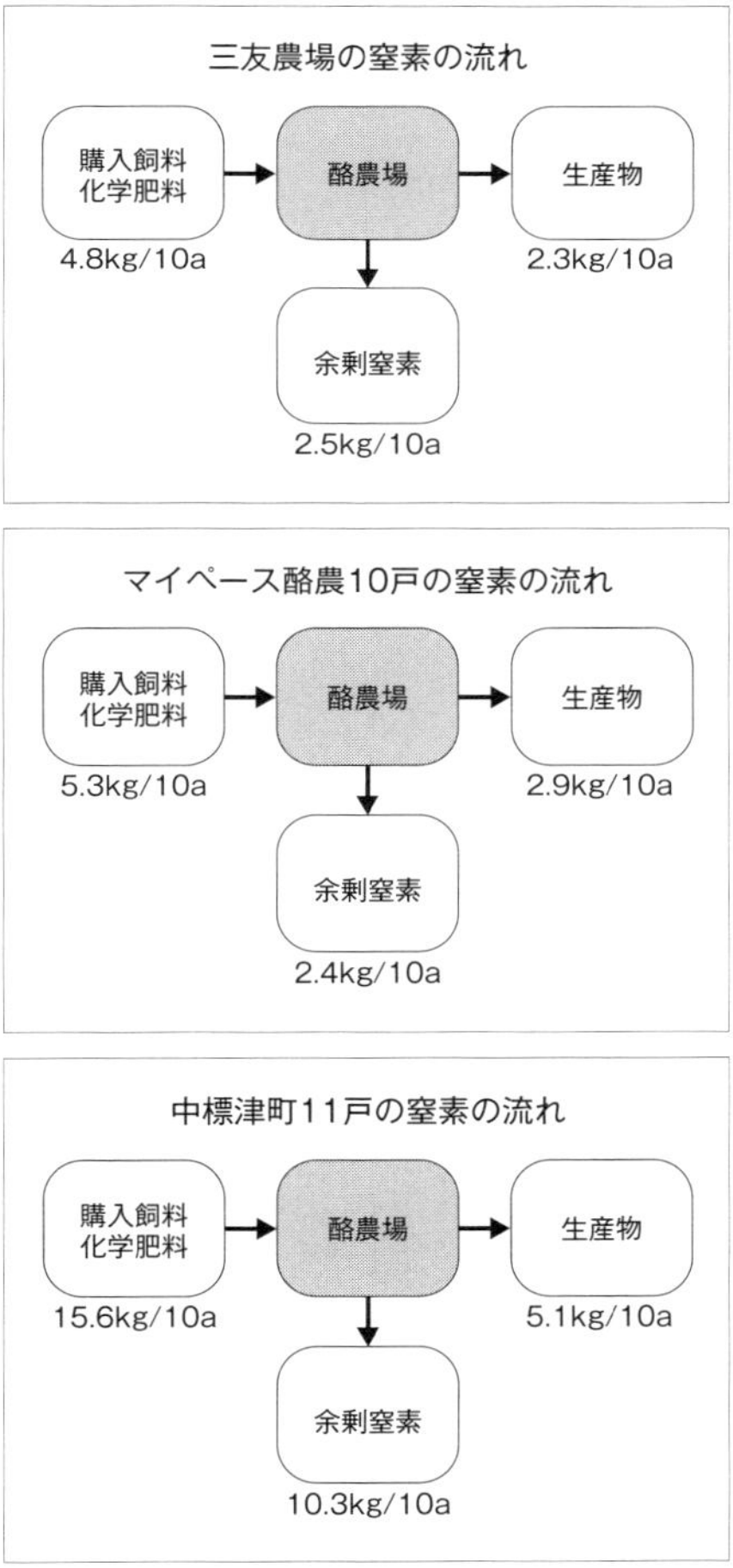

三友農場の窒素の流れ

購入飼料 化学肥料 4.8kg/10a → 酪農場 → 生産物 2.3kg/10a
酪農場 → 余剰窒素 2.5kg/10a

マイペース酪農10戸の窒素の流れ

購入飼料 化学肥料 5.3kg/10a → 酪農場 → 生産物 2.9kg/10a
酪農場 → 余剰窒素 2.4kg/10a

中標津町11戸の窒素の流れ

購入飼料 化学肥料 15.6kg/10a → 酪農場 → 生産物 5.1kg/10a
酪農場 → 余剰窒素 10.3kg/10a

※余剰窒素＝(購入肥料＋購入飼料)ー生産物

表10 農場全体の窒素収支の比較

	三友農場	マイペース酪農10戸	中標津町11戸
農場系へ投入された窒素（Nkg/10a/年、以下同）	4.8	5.3±3.1	15.6±3.7
農場系外へ投入された窒素	2.3	2.9±1.1	5.1±1.7
余剰窒素	2.5	2.4±2.1	10.3±2.5
窒素利用率（%）	48.6	58.0±8.4	32.4±6.4

農場系へ投入された窒素は、購入飼料、購入肥料の数量を把握し、算出した。農場系外へ搬出された窒素は、年間乳生産量と個体販売数の数量を把握し、算出した。なお乳成分は（笹野1998）により、個体の窒素含量は（中央畜産会1987）によった。余剰窒素は、農場系へ投入された窒素から農場系外へ搬出された窒素を差し引いたものとした。窒素利用率は、農場系外へ搬出された窒素を農場系へ投入された窒素で除したものとした。三友農場は（三友2000）より引用し、マイペース酪農10戸は2007年、中標津町11戸は2005年の聞き取りにより上記の情報を得た。

（入ってくる窒素）－（出ていく窒素）＝（余剰窒素）

「余剰窒素」は、三友農場二・五kg／一〇a、マイペース酪農の一〇戸平均で二・四kg／一〇aに対して、中標津町の一一戸の酪農家で一〇・三kg／一〇aにもなる。三友農場やマイペース酪農一〇戸に比べて中標津町の一一戸の酪農家では、四倍以上もの「余剰窒素」がある。この「余剰窒素」はいずれどこかに流れていく。それは空気中であったり、おそらく大部分は川や地下水に流れ込む。「余剰窒素」が多いことは、単に環境にあまりよくないことだけではない。せっかく入ってきたものが有効に利用されないということも意味している。一言で言えば「利用効率」が悪いのである（表10）。

マイペース酪農が、なぜ余剰窒素が少なくて窒素の利用効率がよいのか。単に「けち」をつけているわけではない。窒素の利用効率を高くできる仕掛けがあるのである。それが、これから述べるマイペース酪農の一つの軸になっていく。

そして土の息づかいを感じる

農業は土だ、健土健民だ、牛草土を極めたりだと、とにかく土をよくしなければと言われる。確かに土をよくすることが大切だが、そのことが窒素をはじめとしたミネラルの利用効率を高くすることにすぐにはつながらない。土をよくするとは何か、という視点がずれているためである。

土をよくするということは土壌改良目標値に合わせるということと現在では同義語のようになっている。土壌改良目標値の項目は、どのミネラルがどれぐらいがよいとか、pHがどうとか、土の隙間はどうとか、細切れに分断されている。細切れに分断されているから、全体像がわかりにくいし、果たして土壌改良目標値のそれぞれの項目の通りにすると牧草が、草地の微生物や小さな生き物達が生き生きとするのかはよくわかっていない。ただ、土壌改良目標値の通りにすると牧草がよく生長するはずだということだけである。

これは土壌の捉え方が化学性と物理性を中心に発達していることに原因がある。土は岩石が風化し、鉱物ごとに分かれ砂となり、さらに風化し再結晶して粘土(粘土鉱物)となる。砂と粘土の混合物が土であり、この中にどれぐらいミネラルが、空気が、水が含まれているかに関心が集中している。しかし、土はただの鉱物のかたまりではない。息づいているのである。息づいているということは生物がいるのである。生物がいなければそれは土ではない。生物がいるということは、土は常に動的に変化するということだ。土壌分析は土を認識する有効な手段であるが、一瞬を切り取ったに過ぎないという限界も常に意識しなければならない。

これは草地でも同様である。分析値を眺めるより前に、まず草地に腰を下ろし、さらに寝ころんでみて、アリの目になってみて、牧草や様々な生き物達がどのような流れで生きているのかをまず観察する。そして、何を欲しているかを感じてみる。それは土の息づかいを感じることである。主人公は土とそこに住む生き物であり、決して肥料などの生産資材ではない。土とそこに住む生き物たちに命令を下すことは人間にはできない。ただ、土とそこに住む生き物たちにひざまずき、人間がどのように役に立てるかお伺いするしかないのである。

人間は、「化学肥料」や「配合飼料」によって、牛乳の生産量を増加させる、つまり生産性を上げることをもくろんできた。その結果として、土の中の生き物も含めた農場内の生き物が振り回されている。そして振り回されているのは、「生産性を上げよう」と行動した農民自身もである。

「振り回されない」で生きること。そのカギの一つは、土と、そこに住む大小の生き物たちへ思いを馳せることである。

第七章　三友農場の「一ha一頭」の合理性

物質の流れで考える

農業としてのマイペース酪農がどのようなものか、ここでそのイメージを固めておきたいと思う。マイペース酪農のモデルとされている三友農場の経営規模や、三友農場が草地をどのように管理し、どのように利用し、そして生産性はどうなっているかをおおざっぱに見ておきたい。

三友農場の草地面積は、放牧専用地二五ha、兼用地三〇ha、合計五五haである。大部分の草地は入植以来四〇年以上、草地更新は行なわれていない。草地更新は行なわれていないが、「雑草」と呼ばれている「シバムギ」「リードカナリーグラス」「エゾノギシギシ」「タンポポ」はあまり見られ

表11 三友農場草地の冠部被度（%）

	イネ科牧草	イネ科雑草	マメ科草	広葉雑草	裸地
放牧専用地冠部被度	69.9	11.0	8.0	3.7	7.4
兼用地冠部被度	81.2	5.2	0.8	1.9	10.8

2008年9月測定。冠部被度の測定は各草種毎に行ない、チモシー、オーチャードグラス、メドウフェスク、ケンタッキーブルーグラスなどをイネ科牧草に、シバムギ、レッドトップ、リードカナリーグラスなどをイネ科雑草に、白クローバなどをマメ科牧草に、エゾノギシギシやタンポポなどを広葉雑草として、それぞれの草種の値を合計した。

ない（表11）。基本的に、芝生のような牧草の密度の高い、きれいな草地である。

化学肥料として、草地化成122を二〇kg／一〇a、数年ごとに溶リン二〇kg／一〇aが投入されている。兼用地にはさらに完熟堆肥を二年ごとに二t／一〇a程度を散布している。窒素投入量は、化成肥料から二kgN／一〇a、堆肥から三kgN／一〇aであり、合計年間五kgN／一〇a投入されている。根釧地方の慣行的な酪農では、一五kgN／一〇a程度の窒素投入量と推定されることは前に述べたとおりである。三友農場は、慣行的な酪農に比べて非常に窒素投入量が小さいことが特徴である。

草地の利用方法は、放牧専用地は五月～一一月まで放牧利用、兼用地は七月下旬採草利用し、以降放牧利用している。

草地の年間生産実態は、兼用地では乾物生産量五五〇kg／一〇a、TDN生産量三二〇kg／一〇aと推定される。根釧地方北部の作況調査平均値乾物生産量七一〇kg／一〇a、TDN生産量四二六kg／一〇aと比較すると、三友農場の草地生産量は慣行の七割から八割弱となる。

家畜頭数は、経産牛四〇頭、育成牛二〇頭であり、およそ一haに経産牛一頭となっている。三友農場の草地生産量から考えると、一日一頭当たりの牧草の乾物割当量は一五・一kg、TDN割当量は八・八kgとなる。一日当たりの配合飼料給与量は、夏一～二kg／頭、冬二～四kg／頭、ビートパルプ給与量は最大四kg／頭／日と、根釧地方の平均給与量と比べると一／三程度しか給与していないが、牧草と配合飼料を合わせた一日一頭当たりの乾物割当量は二〇kg程度、TDN割当量は一二・五kg程度であり、理論上の乳生産量は二一・七kg／頭／日(年間六三〇〇kg程度)と推定される。つまり、一頭当平均乳量五五〇〇kg／頭／年、年間乳生産量二二〇tの乳生産は十分可能となる。理論上の乳生産量よりも、実際の乳生産量は小さくなっている。これは、草地から収穫される乾草が全て牛に食べられると仮定した理論上の話だからである。実際は草地から収穫された乾草を牛が全て食べるわけではない。草地から収穫した乾草は敷きワラにもなる。何かしらもったいないような感じを受けるかもしれない。しかし、この敷きワラになっていく乾草も、酪農場にとっては大事なポイントの一つなのである。

さて三友農場の一頭あたりの乳生産量は、慣行的な酪農の六割から七割弱である。しかし、年間一三〇〇万円程度の農業粗収入にもかかわらず、三友農場は九〇〇万円程度の所得を実現している。所得率が七〇～八〇％弱と非常に高いのである。その理由は、生産コストが低いためであるが、牛に無理を強いるような「コスト・カット」ではない。農業としての酪農がうまく回っているため、自然と生産コストが低くなっているのである。このことを押さえておかないと、単なる「経営合理化」の話になってしまう。

数字が多くなった。もっとざっくりと三友農場の「農業」を見てみよう。基本的に夏は放牧で牛を飼い、冬は乾草で牛を飼う。サイレージはつくらない。配合飼料などは「おやつ程度」にして、

「主食」は「草」とする。化学肥料も草にとって「おやつ程度」に薄くぱらっと撒く。草の肥料としての主食は「放牧地への排糞・排尿」や「完熟堆肥」とする。その代わり乳量は多くはならない。そういった「農業としての酪農」がここにある。

現行の酪農から見れば、風変わりである。いや、遅れているとさえ感じてしまうかもしれない。しかし、「進んでいる」「近代的な酪農」とは、要するに「配合飼料」と「化学肥料」そして「様々な機械」と「機械化された施設」による酪農、ただそれだけの話である。これらをいかにうまく使って「乳生産量」の増大を目指し、「農業粗収入」を増やすかというのが「農業経営」の目標といっても過言ではない。難しそうな専門用語が飛び交い、さらにはパソコンを駆使して緻密に経営を組み立てているように見えるが、本質を見据えると、ただそれだけのことであることがわかる。

三友農場は、意識的に立ち止まって、「遅れているかのように見える農業としての酪農」を深化させているのである。「遅れている」。この言葉は、現在に対して過去は遅れている、そういった意味である。そう考えると、「遅れている」という言葉の中に、「過去の酪農は」という意味が込められている。三友農場は「過去の酪農」を保存する「箱船」なのかもしれない、と思い至った時に、そもそも「過去の酪農」とは何であり、どのような価値があるのかを、考えてみなくてはならなくなる。

「過去の酪農」。それは三友夫妻が、パイロット・ファームの最後の方の開拓農民として入植したときにはまだ存在していた「酪農」である。「昭和の大冷害」をきっかけとして草地畜産が模索された昭和一〇年代から、パイロット・ファーム計画が終了する昭和四〇年代初頭のわずか三〇年程度の期間であるが、ここに根室酪農の原点があった。根釧原野の草に立脚した酪農があった。このことに三友夫妻は気づいているのである。「意識的に立ち止まる」ということは、根釧原野の草に立脚した酪農があったわずか三〇年間ほどの地点に立ち戻る、ということである。「草に立脚する」ためには、この土地でその当時の酪農民が見つけ出した大事な原則がある。すなわち「一ha一頭」の原則である。

「一ha一頭」の原則

近代酪農を考えてみると、「一ha一頭」の原則は崩れている。近代酪農の実状は「一ha一・六頭」である。草地に対して牛が増えているからそのようになる。そして「配合飼料」で牛を増やすことが容易であると「一ha一頭」の原則が見えなくなってしまう。

さて「生産コスト」が低いことが、マイペース酪農を経営的に成立させているポイントであることはすでに述べた。そして「一ha一頭」の「成牛換算飼養密度」――「一ha」に牛を「何頭」飼っているか、ということ――がもう一つのポイントとして浮かび上がった。「生産コスト」と「一haに牛を何頭飼っているか」は何か結びつきがあるのだろうか。いきなりお金の話までは持っていけないので、また「ミネラル」特に「窒素」に注目して話を進めよう。

酪農場に入ってくる窒素の大部分が「化学肥料」と「配合飼料」であることは前に述べた。そして生産コストのかなりの部分が「化学肥料」と「配合飼料」で占められていることも。つまり、「窒

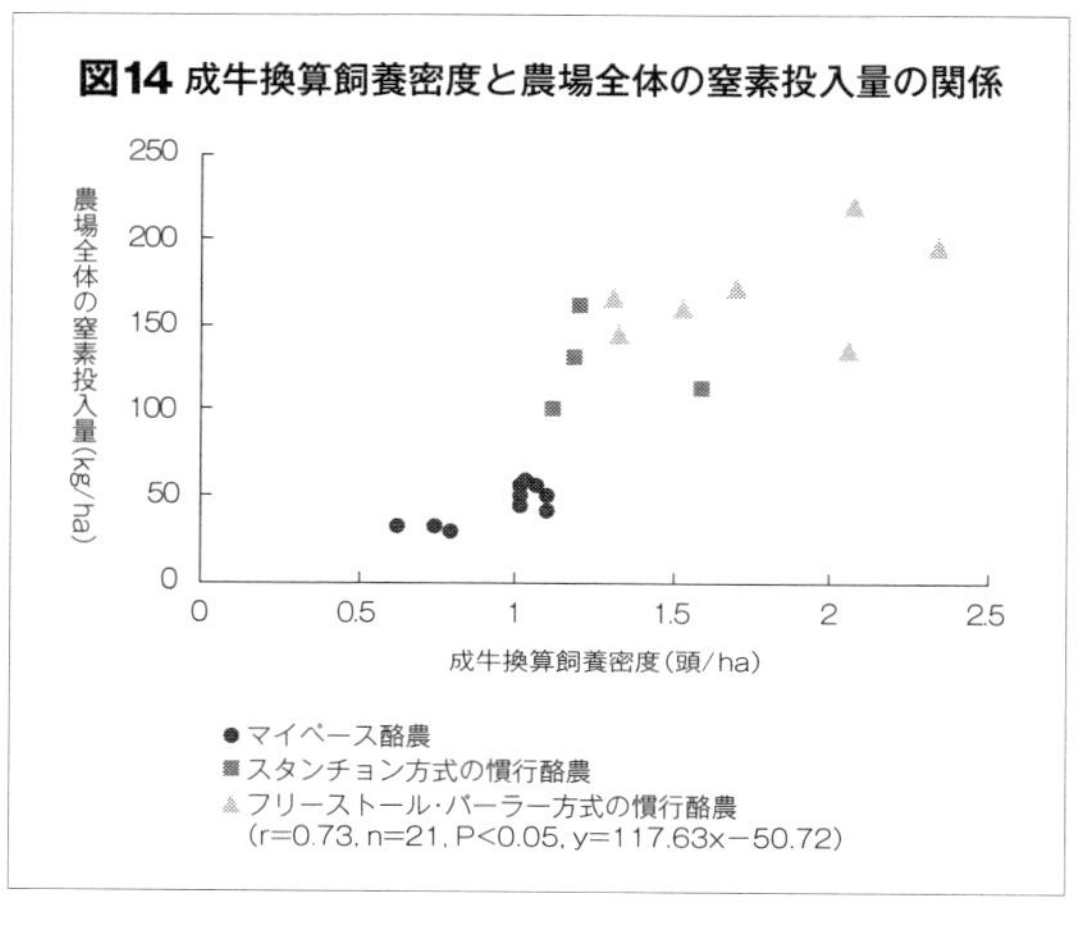

図14 成牛換算飼養密度と農場全体の窒素投入量の関係

素」の利用効率を考えることは、「化学肥料」と「配合飼料」の利用効率を考えることとほぼ同じである。そして「化学肥料」と「配合飼料」の利用効率は、生産コストにかなりストレートに影響する。「窒素の利用効率」を手がかりとして、「生産コスト」と「一haに牛を何頭飼っているか」との結びつきを考えてみよう。

「一haあたりの牛の頭数」が増えていくと、「化学肥料＋配合飼料」が酪農場に入ってくる量はどうなるか。図14を見てみよう。「一haあたりの牛の頭数」を「成牛換算頭数」という。農場に入ってくる「化学肥料＋配合飼料」を窒素に換算したものが「農場全体への窒素投入量」である。図14を見ると大まかな傾向として、「成牛換算頭数」が増えると「農場全体への窒素投入量」が増える、つまり一haあたりの牛の頭数が増えると「化学肥料＋配合飼料」が酪農場に入ってくる量が増えるということがわかる。このことは一haあたりの牛の頭数が増えると、その分「化学肥料＋配合飼料」という大きなコストの要因が増えているということを示している。では「化学肥料＋配合飼料」というコストをかけると何が起こるのか。

ポイントは、「かけたコストが有効に使われているか」という点にある。今述べた「(化学肥料+配合飼料として) 入ってくる窒素」が有効に使われているかどうかは、「(乳などの生産物として) 出ていく窒素」とのバランスがとれているかどうかによってわかる。「てんびん」で考えてみよう。一方に「入ってくる窒素」を載せ、もう一方に「出ていく窒素」を載せる。「入ってくる窒素」＝「出ていく窒素」ならば、てんびんは釣り合う。しかし現実にはそうならない。「入ってくる窒素」＞「出ていく窒素」となり、「入ってくる窒素」側にてんびんは傾く。出ていく窒素よりも入ってくる窒素が多いならば、必ず「余りの窒素」が発生する。そう、先述した「余剰窒素」である。式をもう一度思い出してみよう。

(入ってくる窒素) − (出ていく窒素) ＝ (余剰窒素)

農場全体の「余剰窒素」が少ないということは、農場全体の「投入窒素」が効率よく使われている、つまり「かけたコスト (化学肥料+配合飼料)」が有効に使われている」と言える。逆に、農場全体の「余剰窒素」が多いということは、農場全体の「投入窒素」が効率よく使われていない、つまり「かけたコスト (化学肥料+配合飼料)」が有効に使われていない」と言える。

さて、ここで図15を見てみよう。「一 haあたりの牛の頭数」が増えると「農場全体の余剰窒素」は増えていることがわかる。「余剰窒素」が増えることは、農場全体の「投入窒素」が効率よく使われていないことであるから、端的にいうと、牛が増えると「かけたコスト (化学肥料+配合飼料)」が有

図15 成牛換算飼養密度と農場全体の余剰窒素量の関係

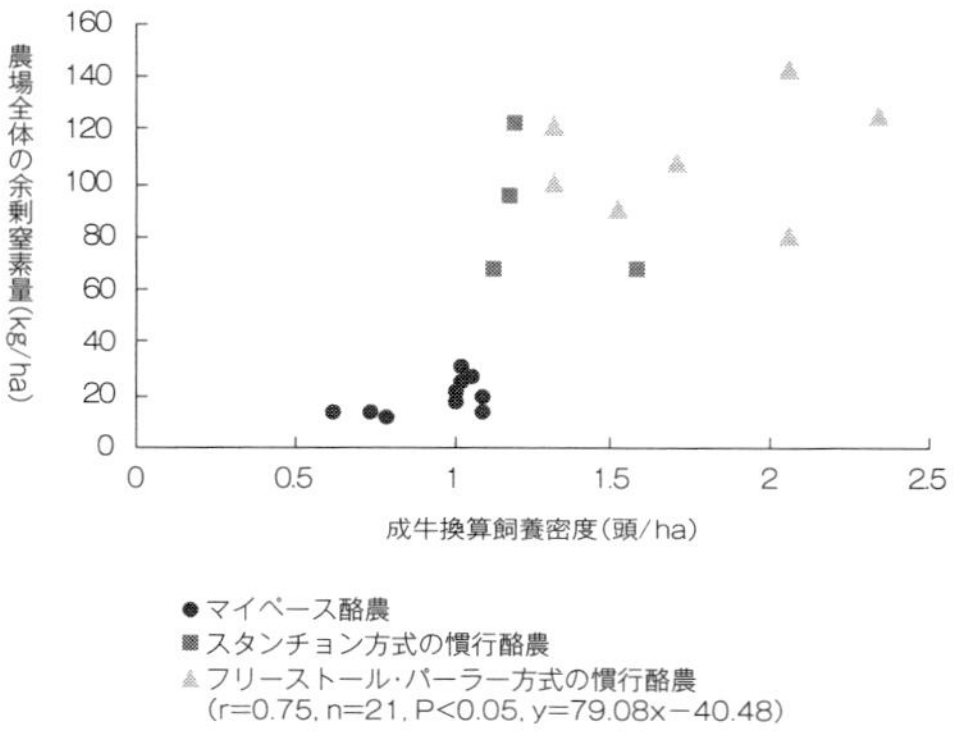

農場全体の余剰窒素量(kg/ha)
160
140
120
100
80
60
40
20
0
0 0.5 1 1.5 2 2.5
成牛換算飼養密度(頭/ha)

● マイペース酪農
■ スタンチョン方式の慣行酪農
▲ フリーストール・パーラー方式の慣行酪農
(r=0.75, n=21, P<0.05, y=79.08x−40.48)

効に使われていない」ことになる。

さらに別の視点で考えてみよう。図16を見てほしい。「一haあたりの牛の頭数」が増えると「農場全体の窒素利用率」は減少することがわかる。つまり牛が増えると農場全体の「化学肥料+配合飼料」の利用効率が落ちるのである。

ここまでの数値から見えてくることは、一haあたりの牛の頭数が増えると、効率が落ちる、具体的には化学肥料や配合飼料が有効に使えなくなる、ということである。しかも、「一haに牛一頭」という根釧地方で古くから語り継がれていた原則を越えると、急激に化学肥料や配合飼料の投入量が増え、同時に効率も落ちるのである。もっと言うと、コストをかけても無駄になっているのである。そして「一haに牛一頭」のラインは、かけたコストを有効に生かす限度を示すラインでもあったのである。

餌の視点からも「一ha一頭」を考えてみる。乳牛はおおざっぱに泌乳期には一日乾物で二〇kg程度の餌を必要とする。乾乳期で一日乾物で一〇kg程度である。泌乳期を年間で三〇〇日程度、乾乳期を六〇日程度と考えると、年間に必要な餌は牛一頭あたり六六〇〇kg程度である。一方、三友農場の草地の収量は乾物で一haあたり五五〇〇kg程度である。単純に考えると一一〇〇kg程度餌が足りない。これをビートパルプや配合飼料を一日一頭あたり乾物で四kg程度給与すると、ちょうど一二〇〇kgになる。一ha一頭でビートパルプや配合飼料を一日一頭あたり乾物で四kg程度給与すれば、だいたい餌もトントンになる。

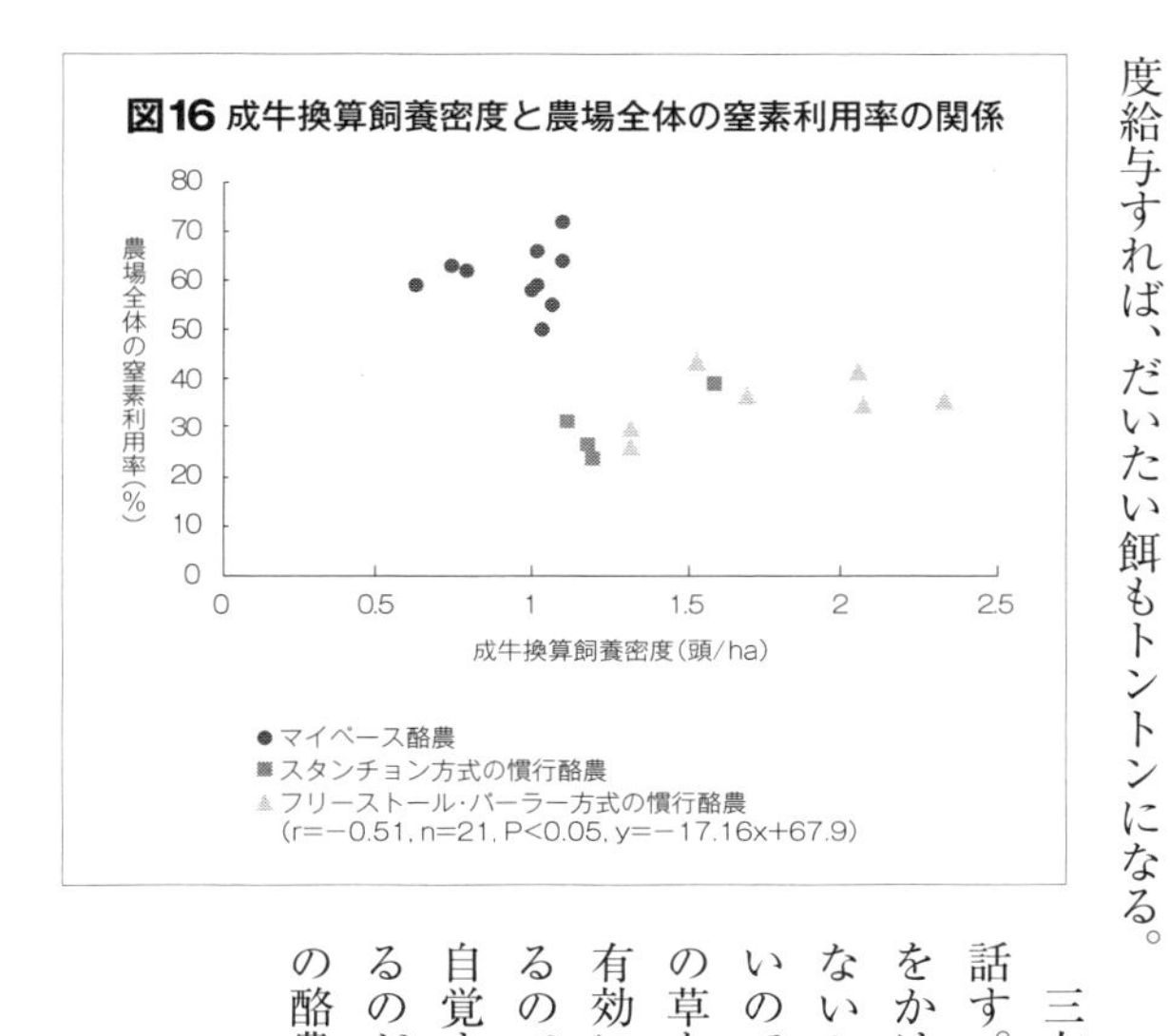

図16 成牛換算飼養密度と農場全体の窒素利用率の関係

三友氏はよく「農業としての効率」ということを話す。マイペース酪農は、餌から見る限り牛に負担をかけているわけではない。生産コストをかけていないからといって餌が足りないというわけではないのである。餌のメインは「草」なのであり、メインの草を生かす範囲で、少量の配合飼料や化学肥料を有効に使い、結果的に低い生産コストを実現しているのである。「草」で生きる、いや生かされることを自覚すること。それを先人の知恵として教えてくれるのが、たった三〇年間しかなかった根釧台地本来の酪農の姿、「一ha一頭」の原則なのである。

牛が多くなると？

しかし、マイペース酪農やその原点であるたった三〇年間しかなかった根釧台地本来の酪農がいくら効率がよく低コストだとは言っても、一頭あたりの年間乳量が六〇〇〇kg程度、農場全体でも年間二四〇t程度の乳生産量では我慢できないのが人情であろう。もっと乳生産量を上げたい。つまりもっと農業粗収入を上げたいと多くの酪農民は考えてしまうのである。乳生産量を上げる方法は二つあることは前に述べた。「牛の頭数を増やす」ことと「一頭あたりの乳生産量を増やす」ことである。

牛の頭数は「自然と」増える。牛はだいたい一年に一頭の子牛を産む。その半分は雌子牛だと考えても、四〇頭の牛群が毎年二〇頭ずつ増えることになる。事故や寿命で一〇頭の親牛が淘汰されていくと仮定しても、毎年一〇頭ずつ増えていく。牛の事故はいつ起こるかわからないし、育成した子牛を個体販売するとちょっとしたボーナスになる。そんなこんなの理由でどうしても牛を残してしまう。それゆえ、自然と牛は増えてしまうのである。

さて、三友農場の草地の収量は乾物で一haあたり五五〇〇kg程度である。だから「一ha一頭」の原則を崩すわけにはいかない。農場全体で成牛換算五〇頭程度の牛群を大きくするわけにはいかないのである。必然的に、果断に、農場の牛群として残す子牛を選び、余剰の子牛は販売しなければならない。三友農場で残す子牛は、草の喰い込みがよいことが絶対条件である。これに適合しない子牛は、果断に出す決断力が求められる。こうして、牛群の規模が大きくならないようにコントロールしているのである。

しかし、一般には逆に考えてしまうのである。牛が増えたから餌を増やさなければならないと。そしてこう考える。草地の収量が増加すれば牛がもっと飼えるはずだと。草地の収量をとりあえず増加させるのは簡単である。大正時代からあるもの――かの有名な宮沢賢治もせっせと普及した、「化学肥料」がそれである。

草地で、化学肥料の施用量を段階的に変化させて実験してみよう。実験した草地はチモシーが主体の草地と、シバムギが主体になってしまった草地である。窒素もリン酸もカリウムも同時に段階的に増やしているが、ここでは窒素に注目して考えてみる。図17を見てほしい。窒素の施用量を増やすと、チモシー主体草地は窒素施用量三〇kg／一〇a付近を境に低下するが、全体的に見れば乾物草量は増える。同じようにTDN収量も増えるし（図18）、粗タンパク質収量も増える（図19）のである。

農業粗収入にどうしても酪農家の目の焦点は合ってしまう。生産乳量が増え、入ってくるお金が増えると、心の安定が保たれるのである。それゆえ「農業粗収入の増大＝生産乳量の増大＝牛を増加させる」という図式がどうしても頭から離れないのである。牛を増加させれば、そのままでは餌が乾物レベルでもTDN収量レベルでも足りなくなる。草地からの収穫量を増やさなければならない。草地からの収穫量を増やしたい。そこで化学肥料の投入量が増えていく。化学肥料の投入量を増やせば草地からの収穫量が増え、牛を増やしても餌が足りるようになるのである。

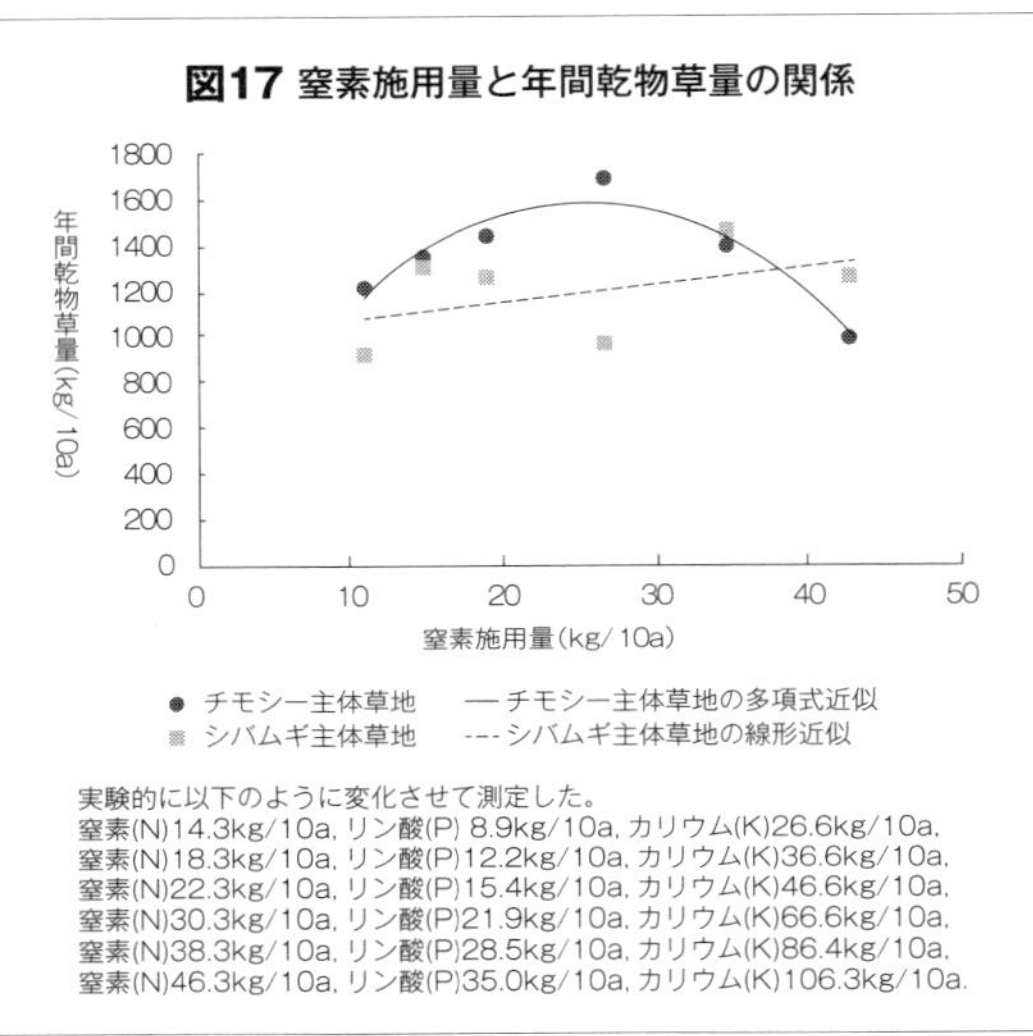

図17 窒素施用量と年間乾物草量の関係

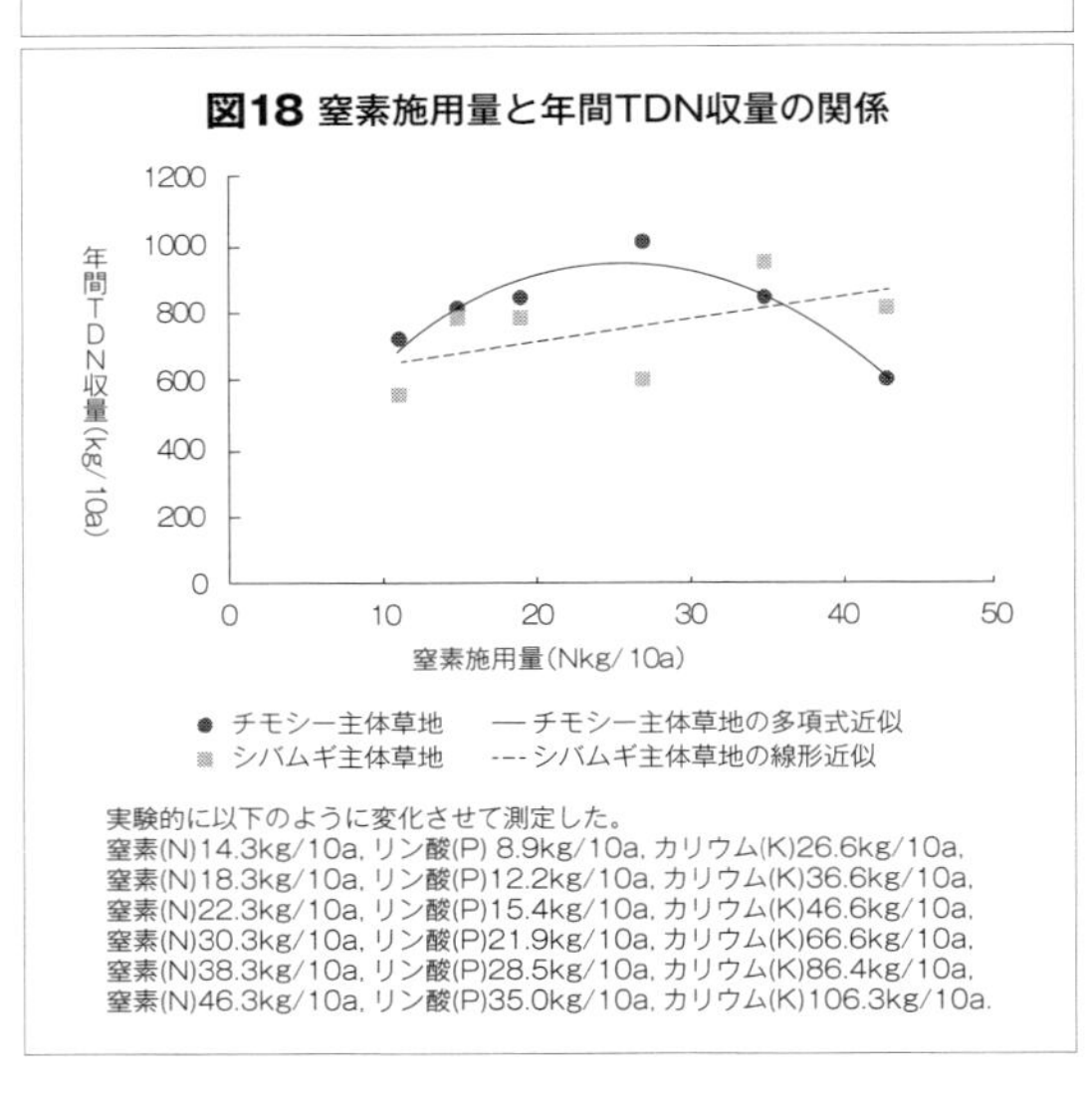

図18 窒素施用量と年間TDN収量の関係

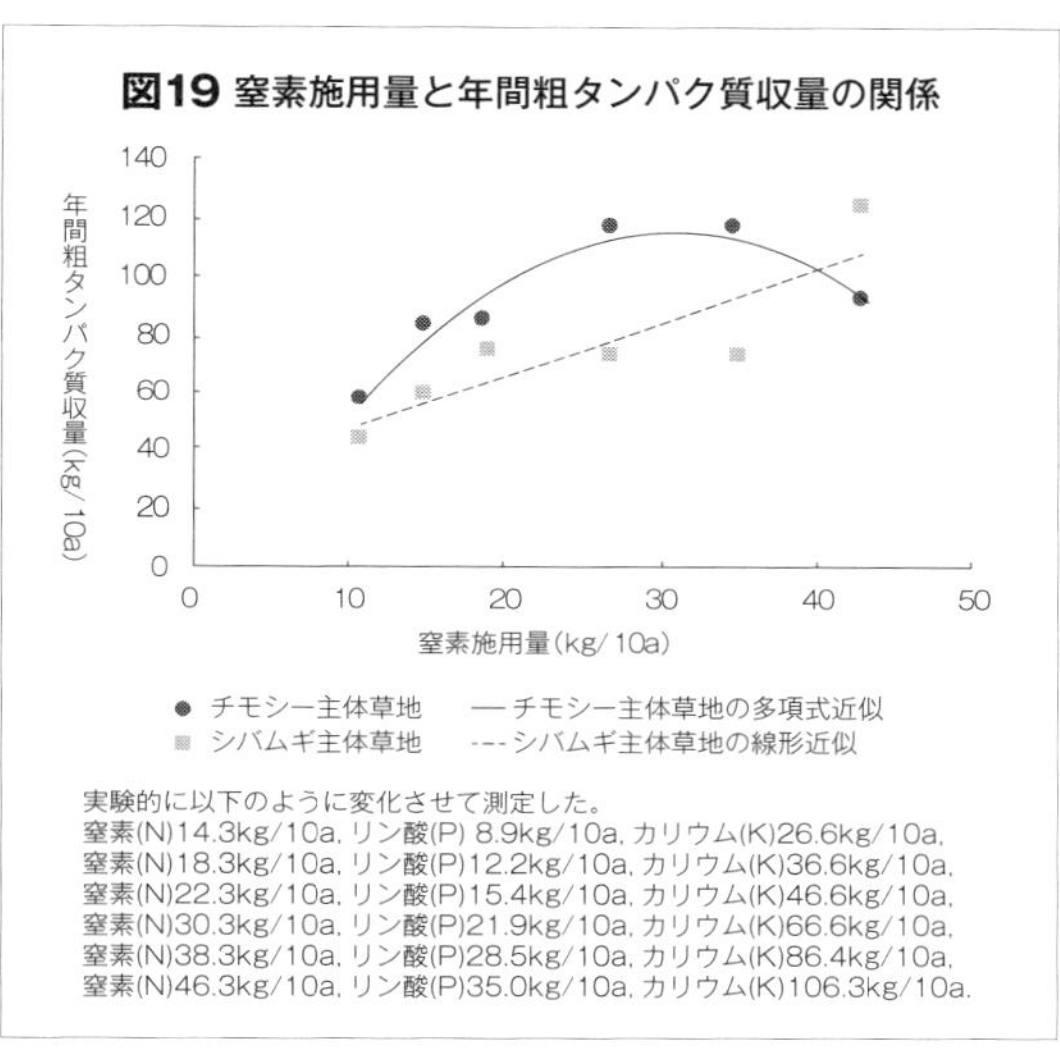

図19 窒素施用量と年間粗タンパク質収量の関係

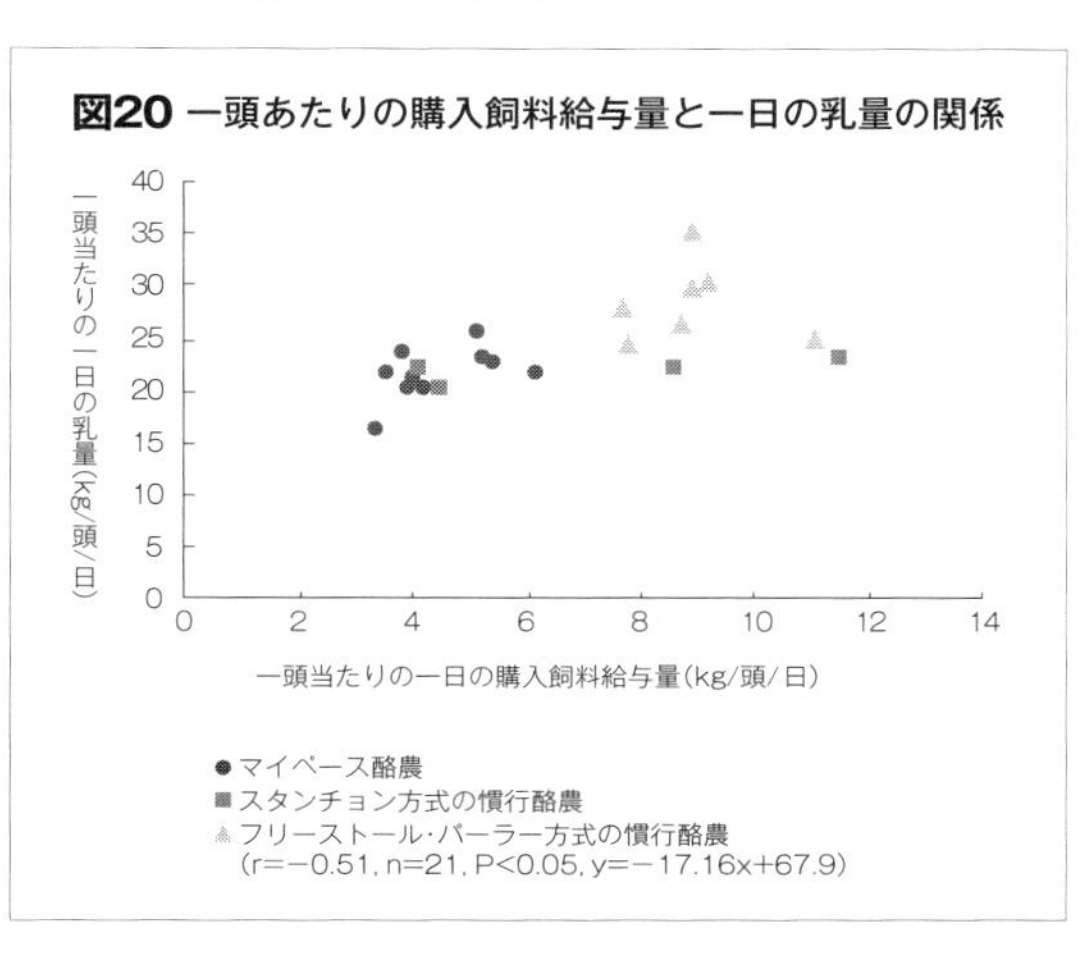

図20 一頭あたりの購入飼料給与量と一日の乳量の関係

さらに乳量が増加すると

しかし、どうしても人間欲が出てしまう。「借金を早く返したい」という思いがそれを強くする。さらなる「農業粗収入」の増加のためには、さらなる「生産乳量」の増加が必要であると考えてしまう。さらなる生産乳量の増加のためには「乳牛一頭あたりの年間生産乳量」を増加させるのが効果的である。

乳牛一頭あたりの年間生産乳量を、簡単に増加させられるものがある。それが「配合飼料」である。図20を見てみよう。配合飼料（購入飼料）の一日一頭あたりの給与量が四kg程度だと、乳牛一頭あたりの年間生産乳量は六〇〇〇kg程度である。しかし、配合飼料（購入飼料）の一日一頭あたりの給与量が九kg程度になると、乳牛一頭あたりの年間生産乳量は九〇〇〇kg程度にもなる。平均乳価を仮に一kg七〇円として考えてみよう。配合飼料を四kgしか給与しないと、乳牛一頭であげられる農業粗収入は四二万円。一方、配合飼料を九kg給与すると、乳牛一頭であげられる農業粗収入は六三万円になる。配合飼料を九kg給与した方が四kg給与するよりも、一・五倍の農業粗収入を得られるのである。

配合飼料をたくさん牛に喰わせると、乳牛一頭あたりの年間生産乳量を増やすことが可能であることが広く酪農家に知れ渡ったのは、一九七〇年代後半である。一九八〇年代には、ドル安・円高で輸入穀物の値段が下落し、配合飼料の入手が容易になった。乳牛一頭あたりの年間生産乳量を簡単に増やすことのできる「配合飼料」が安く手に入る。これは魅力的であった。「安い配合飼料をたくさん喰わせる＝乳牛一頭あたりの年間生産乳量が増加する＝農業粗収入が増える」という、いわゆる「配合多給路線」と呼ばれる酪農の形が、こうして定着していった。

コストを考えずとも

「農業粗収入」に注目する経営をするということは、「生産コスト」をあまり考えていないということにもなる。酪農経営における生産コストのかなりの部分が「化学肥料」と「配合飼料」で占められていることは前にも述べた。そして、乳量を増加させ農業粗収入を増加させたい一心で、「化学肥料」をたくさん草地に撒き、「配合飼料」をたくさん牛に喰わせた。たくさん使うことは、「生産コスト」を押し上げることになるが、ほとんど省みられることはなかった。生産コストをあまり考えなくとも今まで何とかなってしまった理由を考えなければならない。

ここで「乳価」がキーワードとして登場する。回り道になるが、「乳価」の一九八〇年代以降の動きをまず見ていくことにする。

一九八〇年代以降、日本全体の乳製品の消費量は低下しつつある。さらに、一九八五年には九〇円／ℓ台だった乳価が二〇〇〇年代には七二円／ℓ程度まで低下した。日本全体としてみれば、酪農家の収入は減少したことになる。

と、ここまでは平均的な乳価の話である。乳価にはおおざっぱに分けて「飲用乳向け乳価」と「加工乳向け乳価」がある。飲用向け乳価を九〇円／ℓ程度とすると、加工用乳価は五〇円／ℓ程度となる。都府県酪農は「飲用向け乳」が多く、「加工乳向け」が多かった北海道酪農よりも、乳による農業粗収入としては有利な状況にあった。加工乳とはほとんどの場合「脱脂粉乳」と「バター」、「クリーム」になる。これは北海道酪農の、「細菌数」という観点から見た乳質が都府県酪農よりも悪かった事情と、そもそも大消費地から遠く離れていて飲用乳の流通が難しかった、という理由による。

しかし、「飲用乳向け」が主体であった都府県酪農が一九七〇年代に比べ二〇〇〇年代には酪農家戸数が半減し、生産乳量自体も一〇％減少すると、北海道酪農にチャンスがやってきた。北海道酪農の「飲用乳向け」を拡大すべく、「細菌数」という観点から見た乳質の向上が叫ばれた。さらに「飲用乳」として流通させる体制も整えた。その結果「飲用乳向け」の割合が一九九〇年代では二一％だったのが二〇〇三年には二七％まで増加したのである。価格のよい飲用乳向けが増加したことにより、北海道酪農の平均的な乳価は二〇〇〇年には七三円／ℓ程度だったのが七四円／ℓ台までになった。都府県酪農の減産によって、北海道酪農の乳価は多少増加したのである。北海道酪農は、乳製品の高い輸入関税という国境障壁が存在し続けると仮定するならば、平均乳価は恐らくこの状態のまま推移するだろう。また生産調整がないと仮定するならば、乳生産量をいくらでも増やすことができるだろう。乳価が下落せず乳生産量をいくらでも増やすことができるならば、乳生産量を増やす方が農業粗収入は増加することになる。

生産コストをそんなに考えなくとも、農業粗収入に集中していればとりあえず何とかなる。それを支えているのは比較的安定した乳価と、生産調整が現在のところない、という幸運であったのである。

しかし二〇〇八年以降、配合飼料や化学肥料の単価が上昇を続けている。このことは自動的に生産コストの増加を意味している。否応なく、「生産コスト」を意識しなければならない時代に入っていることも事実であり、今までのように農業粗収入に焦点化した酪農経営は転換を迫られるだろう。

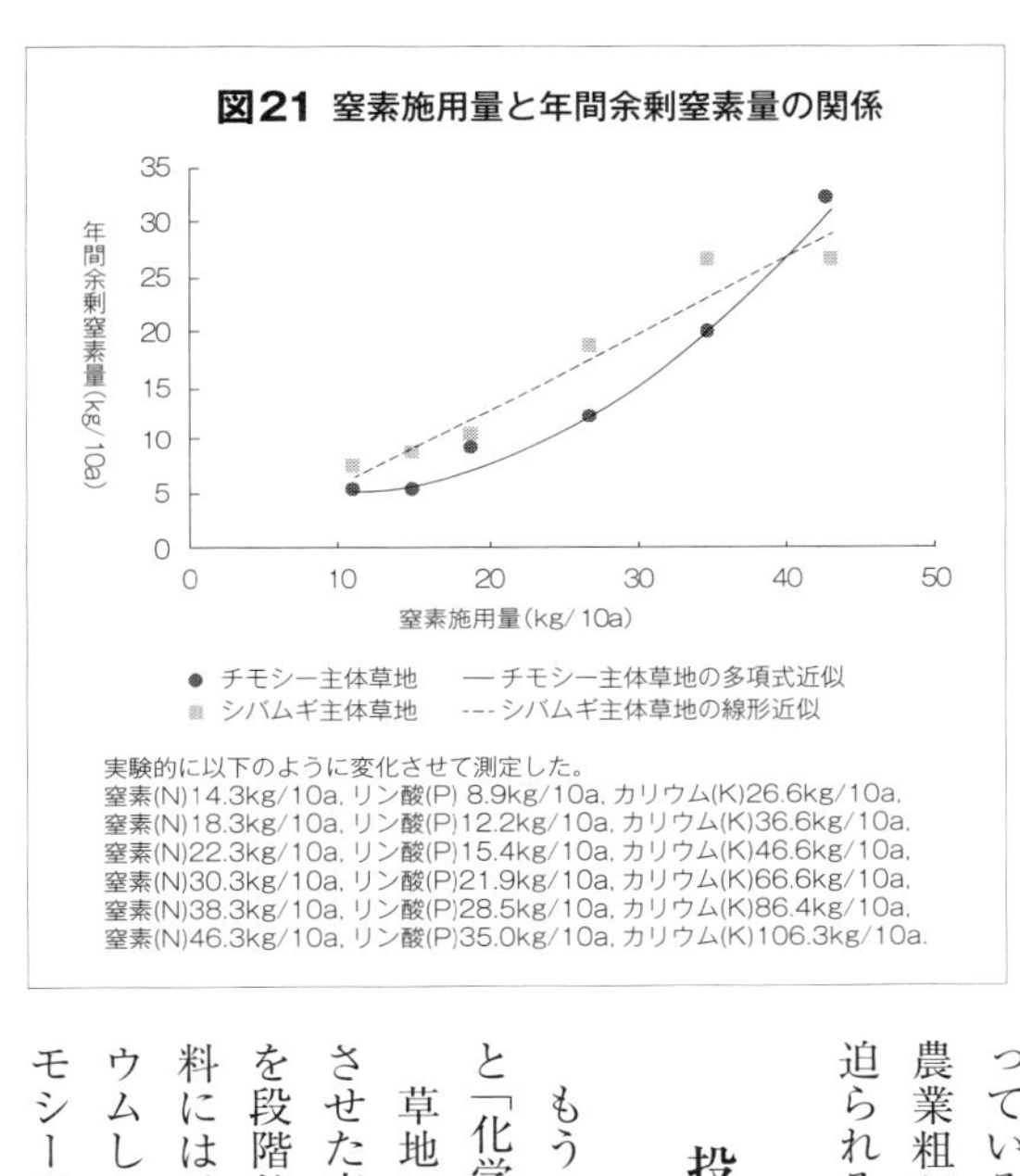

図21 窒素施用量と年間余剰窒素量の関係

投入物の増加は効率の低下

もう一度「生産コスト」である「配合飼料」と「化学肥料」について考えてみよう。草地で、化学肥料の施用量を段階的に変化させた実験をしてみた。つまり「生産コスト」を段階的に増やしていく実験である。化学肥料には、肥料成分としては窒素とリン、カリウムしか含まれていない。実験した草地はチモシーが主体の草地と、シバムギが主体になってしまった草地である。窒素もリン酸もカリウムも同時に段階的に増やしている。ここではまず窒素とリン、カリウムに注目して考えてみる。

まず窒素である。図21を見てほしい。窒素の施用量を増やすと牧草に吸収されず、余ってしまう窒素、つまり「余剰窒素」が増える。「余剰窒素」が増えると、図22が教えるように窒素の利用効率

図22 窒素施用量と年間窒素利用率の関係

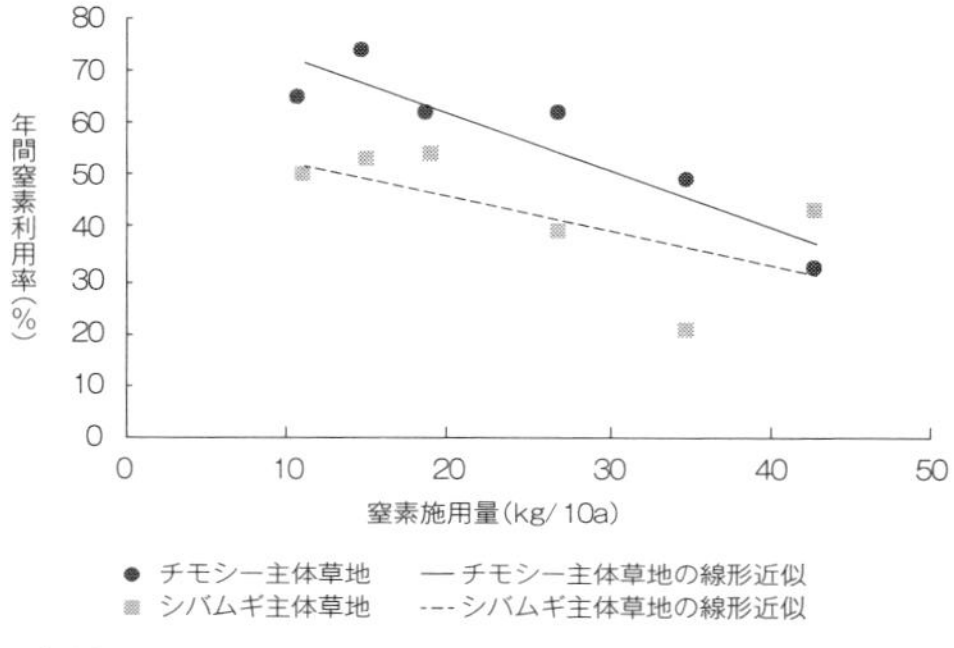

実験的に以下のように変化させて測定した。
窒素(N)14.3kg/10a, リン酸(P) 8.9kg/10a, カリウム(K)26.6kg/10a,
窒素(N)18.3kg/10a, リン酸(P)12.2kg/10a, カリウム(K)36.6kg/10a,
窒素(N)22.3kg/10a, リン酸(P)15.4kg/10a, カリウム(K)46.6kg/10a,
窒素(N)30.3kg/10a, リン酸(P)21.9kg/10a, カリウム(K)66.6kg/10a,
窒素(N)38.3kg/10a, リン酸(P)28.5kg/10a, カリウム(K)86.4kg/10a,
窒素(N)46.3kg/10a, リン酸(P)35.0kg/10a, カリウム(K)106.3kg/10a.

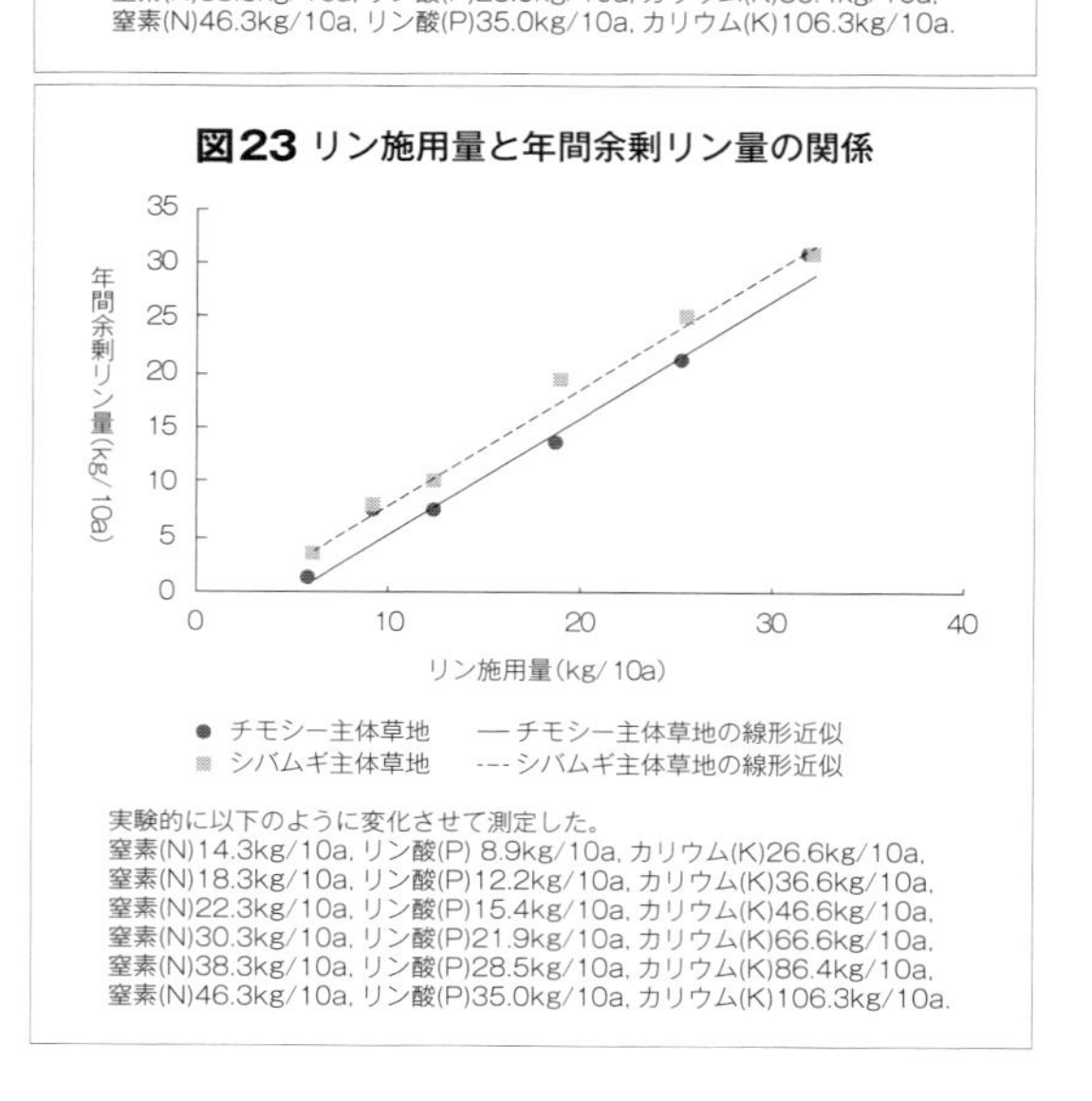

図23 リン施用量と年間余剰リン量の関係

実験的に以下のように変化させて測定した。
窒素(N)14.3kg/10a, リン酸(P) 8.9kg/10a, カリウム(K)26.6kg/10a,
窒素(N)18.3kg/10a, リン酸(P)12.2kg/10a, カリウム(K)36.6kg/10a,
窒素(N)22.3kg/10a, リン酸(P)15.4kg/10a, カリウム(K)46.6kg/10a,
窒素(N)30.3kg/10a, リン酸(P)21.9kg/10a, カリウム(K)66.6kg/10a,
窒素(N)38.3kg/10a, リン酸(P)28.5kg/10a, カリウム(K)86.4kg/10a,
窒素(N)46.3kg/10a, リン酸(P)35.0kg/10a, カリウム(K)106.3kg/10a.

は低下していく。窒素を増やせば増やすほど、収量は増えるかもしれないが利用効率は悪くなり、余りの窒素がどんどん増えていくのである。

リンも見てみよう。図23を見るとリンの施用量を増やすと牧草に吸収されず、余ってしまうリン、つまり「余剰リン」が増える。「余剰リン」が増えると、図24が教えるようにリンの利用効率も低下していく。リンを増やせば増やすほど、やはり利用効率は悪くなり、余りのリンもどんどん増えていくのである。

図24 リン施用量と年間リン利用率の関係

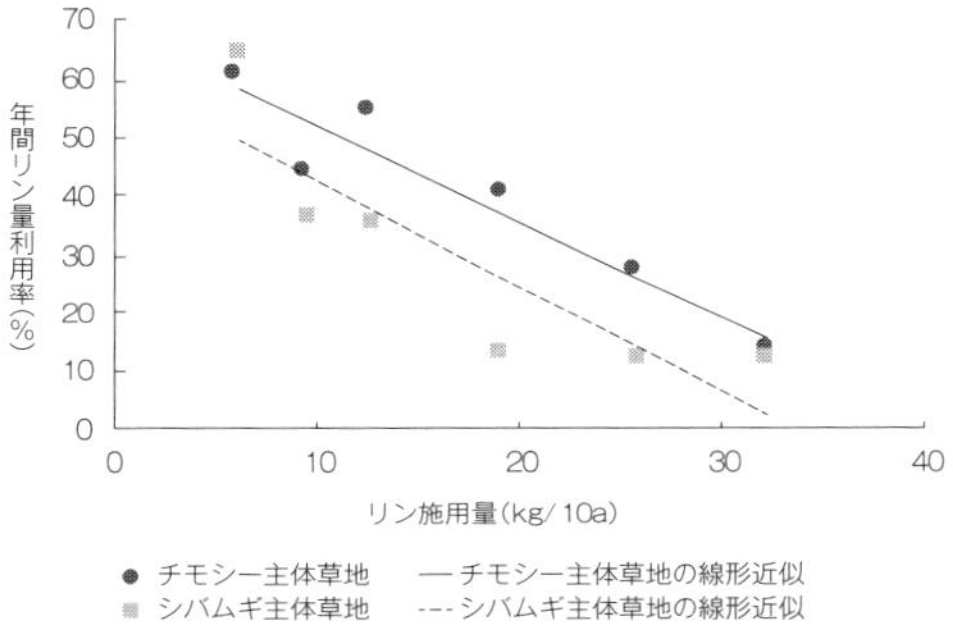

年間リン量利用率(%)
リン施用量(kg/10a)
● チモシー主体草地　— チモシー主体草地の線形近似
■ シバムギ主体草地　--- シバムギ主体草地の線形近似

実験的に以下のように変化させて測定した。
窒素(N)14.3kg/10a, リン酸(P) 8.9kg/10a, カリウム(K)26.6kg/10a,
窒素(N)18.3kg/10a, リン酸(P)12.2kg/10a, カリウム(K)36.6kg/10a,
窒素(N)22.3kg/10a, リン酸(P)15.4kg/10a, カリウム(K)46.6kg/10a,
窒素(N)30.3kg/10a, リン酸(P)21.9kg/10a, カリウム(K)66.6kg/10a,
窒素(N)38.3kg/10a, リン酸(P)28.5kg/10a, カリウム(K)86.4kg/10a,
窒素(N)46.3kg/10a, リン酸(P)35.0kg/10a, カリウム(K)106.3kg/10a.

さらにカリウムも見てみよう。図25を見るとカリウムの施用量を増やすと牧草に吸収されず、余ってしまうカリウム、つまり「余剰カリウム」が増える。「余剰カリウム」が増えると、図26が教えるようにカリウムの利用効率も低下していく。カリウムを増やせば増やすほど、やはり利用効率は悪くなり、余りのカリウムもどんどん増えていくのである。

窒素もリンもカリウムも、入れる量が多くなると「余る」部分が増え、利用効率は悪くなる。草地への投入物の増加は、生産量は増

図25 カリウム施用量と年間余剰カリウム量の関係

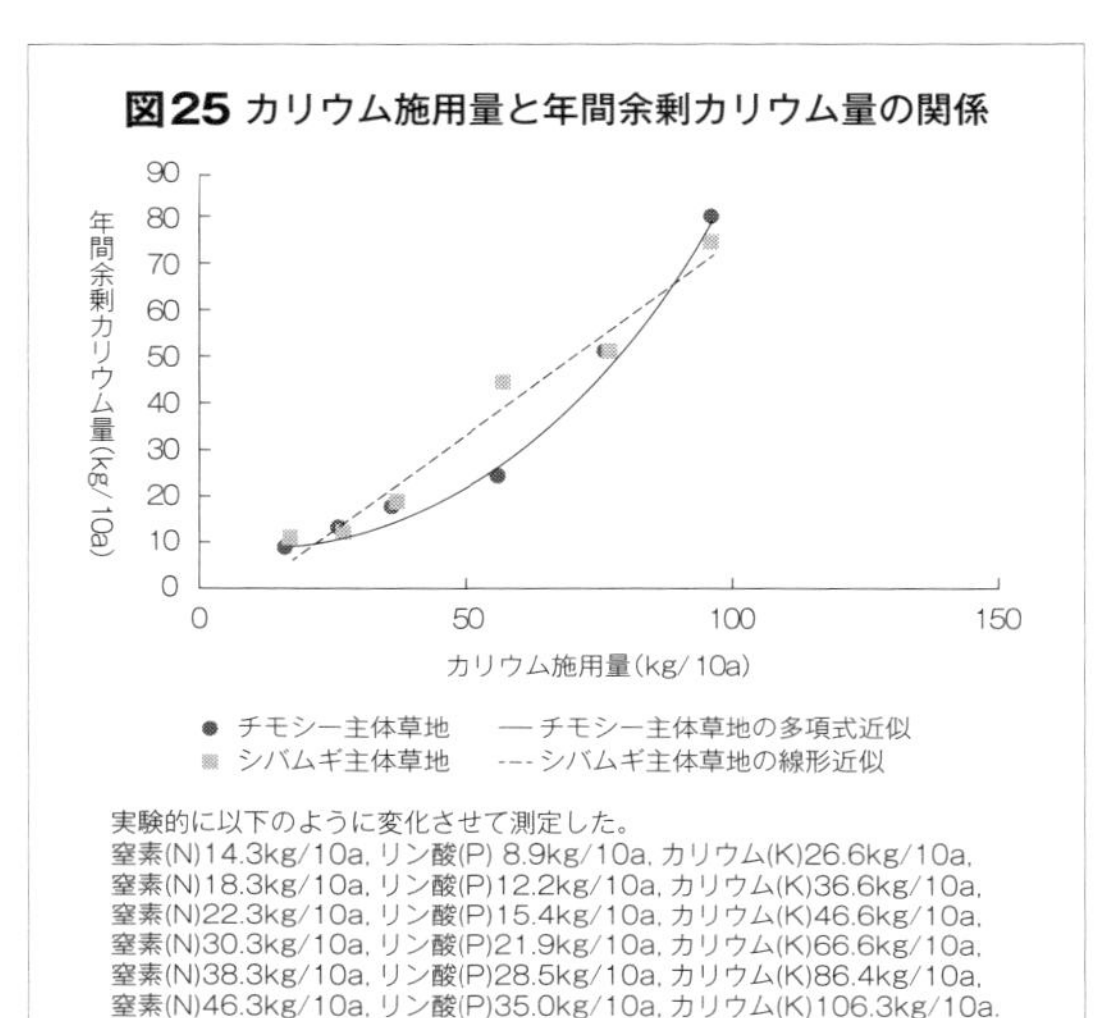

実験的に以下のように変化させて測定した。
窒素(N)14.3kg/10a, リン酸(P) 8.9kg/10a, カリウム(K)26.6kg/10a,
窒素(N)18.3kg/10a, リン酸(P)12.2kg/10a, カリウム(K)36.6kg/10a,
窒素(N)22.3kg/10a, リン酸(P)15.4kg/10a, カリウム(K)46.6kg/10a,
窒素(N)30.3kg/10a, リン酸(P)21.9kg/10a, カリウム(K)66.6kg/10a,
窒素(N)38.3kg/10a, リン酸(P)28.5kg/10a, カリウム(K)86.4kg/10a,
窒素(N)46.3kg/10a, リン酸(P)35.0kg/10a, カリウム(K)106.3kg/10a.

図26 カリウム施用量と年間カリウム利用率の関係

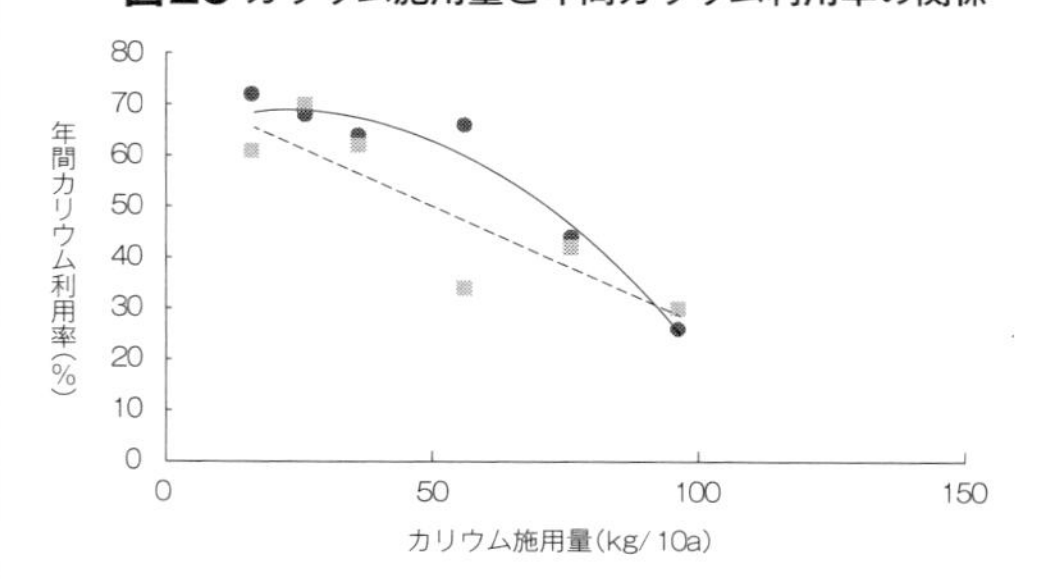

実験的に以下のように変化させて測定した。
窒素(N)14.3kg/10a, リン酸(P) 8.9kg/10a, カリウム(K)26.6kg/10a,
窒素(N)18.3kg/10a, リン酸(P)12.2kg/10a, カリウム(K)36.6kg/10a,
窒素(N)22.3kg/10a, リン酸(P)15.4kg/10a, カリウム(K)46.6kg/10a,
窒素(N)30.3kg/10a, リン酸(P)21.9kg/10a, カリウム(K)66.6kg/10a,
窒素(N)38.3kg/10a, リン酸(P)28.5kg/10a, カリウム(K)86.4kg/10a,
窒素(N)46.3kg/10a, リン酸(P)35.0kg/10a, カリウム(K)106.3kg/10a.

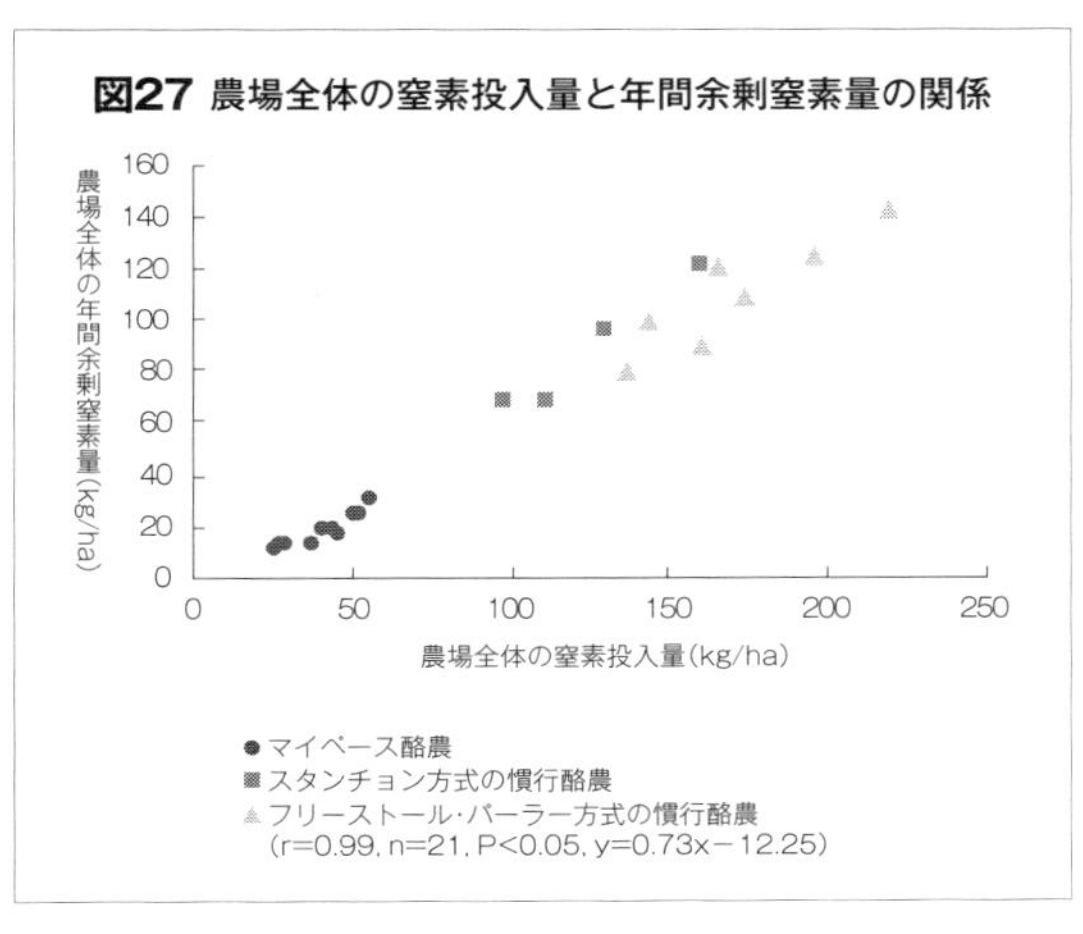

図27 農場全体の窒素投入量と年間余剰窒素量の関係

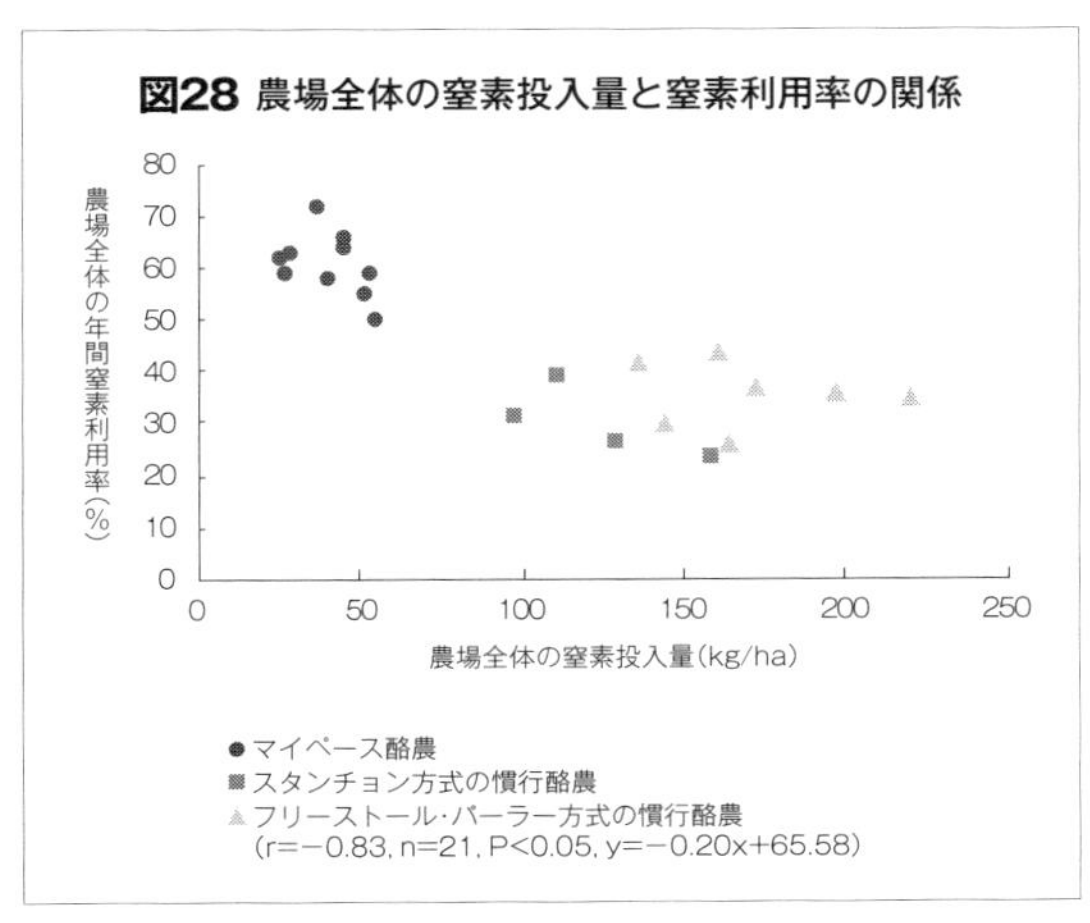

図28 農場全体の窒素投入量と窒素利用率の関係

えるのかもしれないが、投入物の利用効率は低下するのである。つまり、「化学肥料」という「生産コスト」をかければかけるほど、「生産コストの利用効率」は低下していくことが実験的にも確かめられた、ということになる。

酪農場の現場でもやはり同じ現象が見られるのである。図27を見てほしい。酪農場全体に入っ

図29 窒素施用量と年間カルシウム吸収量の関係

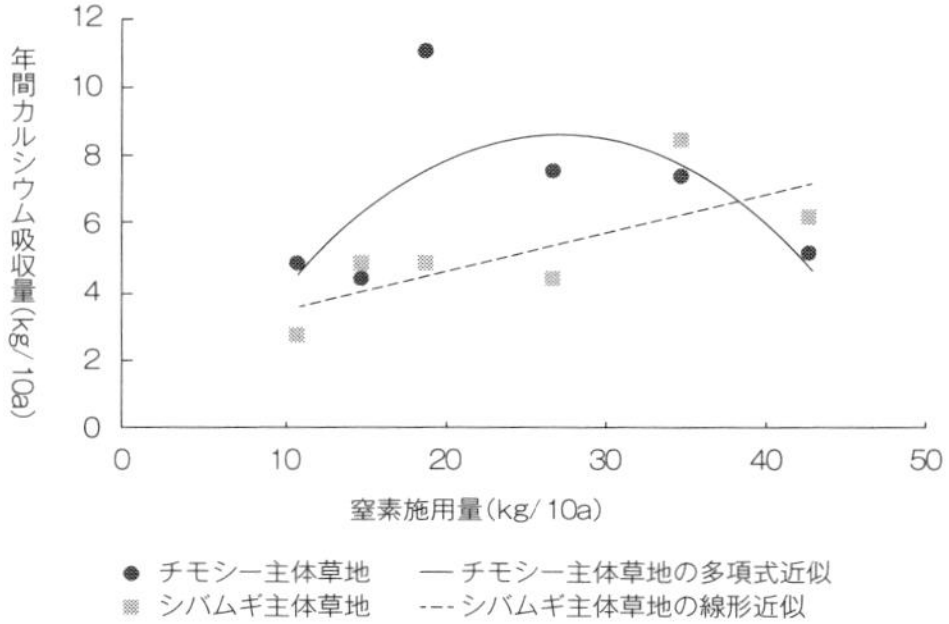

年間カルシウム吸収量(kg/10a)
12
10
8
6
4
2
0
0
10
20
30
40
50
窒素施用量(kg/10a)
● チモシー主体草地
■ シバムギ主体草地
— チモシー主体草地の多項式近似
--- シバムギ主体草地の線形近似

実験的に以下のように変化させて測定した。
窒素(N)14.3kg/10a, リン酸(P) 8.9kg/10a, カリウム(K)26.6kg/10a,
窒素(N)18.3kg/10a, リン酸(P)12.2kg/10a, カリウム(K)36.6kg/10a,
窒素(N)22.3kg/10a, リン酸(P)15.4kg/10a, カリウム(K)46.6kg/10a,
窒素(N)30.3kg/10a, リン酸(P)21.9kg/10a, カリウム(K)66.6kg/10a,
窒素(N)38.3kg/10a, リン酸(P)28.5kg/10a, カリウム(K)86.4kg/10a,
窒素(N)46.3kg/10a, リン酸(P)35.0kg/10a, カリウム(K)106.3kg/10a.

図30 窒素施用量と年間マグネシウム収量の関係

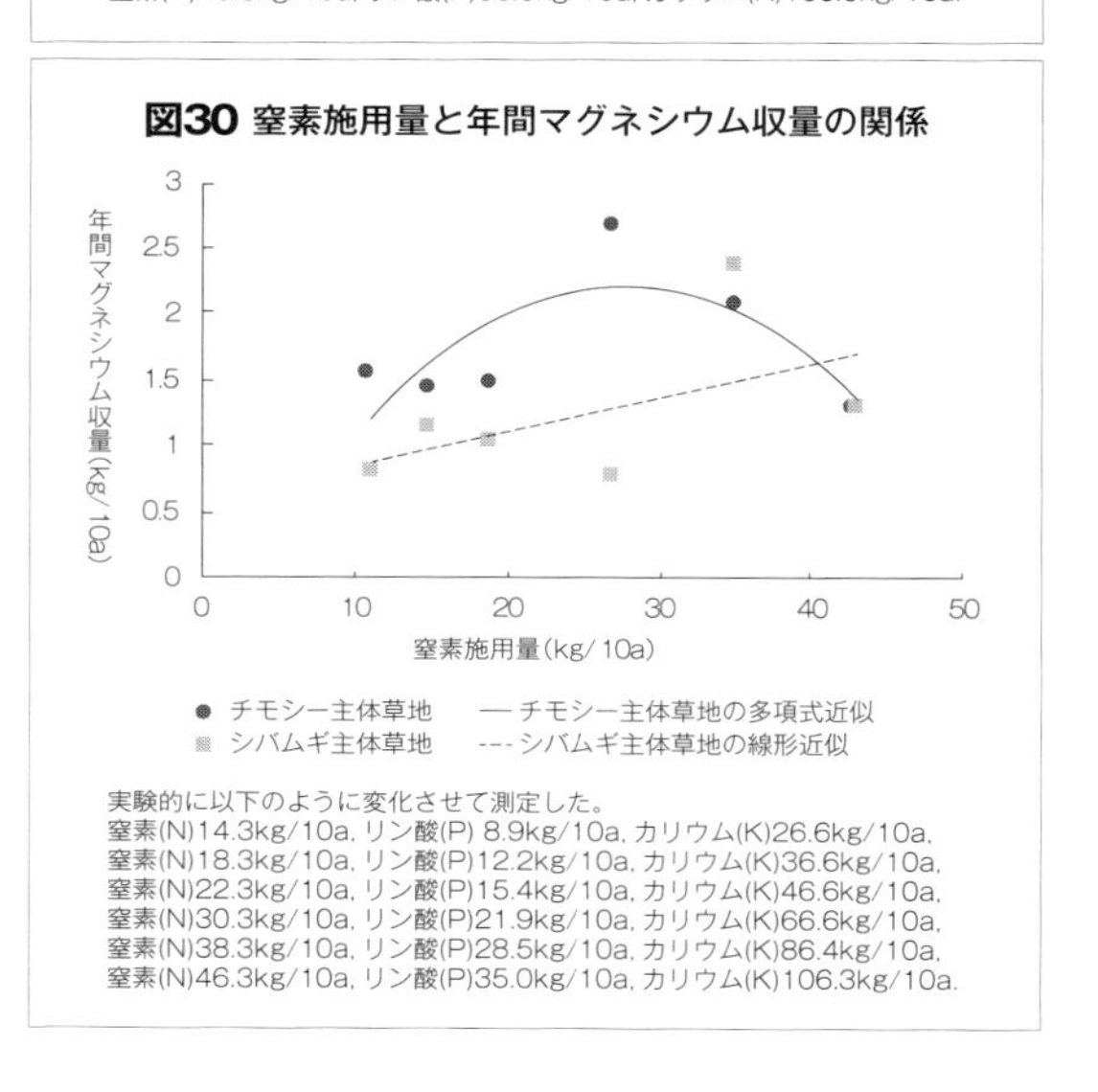

年間マグネシウム収量(kg/10a)
3
2.5
2
1.5
1
0.5
0
0
10
20
30
40
50
窒素施用量(kg/10a)
● チモシー主体草地
■ シバムギ主体草地
— チモシー主体草地の多項式近似
--- シバムギ主体草地の線形近似

実験的に以下のように変化させて測定した。
窒素(N)14.3kg/10a, リン酸(P) 8.9kg/10a, カリウム(K)26.6kg/10a,
窒素(N)18.3kg/10a, リン酸(P)12.2kg/10a, カリウム(K)36.6kg/10a,
窒素(N)22.3kg/10a, リン酸(P)15.4kg/10a, カリウム(K)46.6kg/10a,
窒素(N)30.3kg/10a, リン酸(P)21.9kg/10a, カリウム(K)66.6kg/10a,
窒素(N)38.3kg/10a, リン酸(P)28.5kg/10a, カリウム(K)86.4kg/10a,
窒素(N)46.3kg/10a, リン酸(P)35.0kg/10a, カリウム(K)106.3kg/10a.

てくる「化学肥料」＋「配合飼料」として入ってくる窒素の量が増えれば増えるほど無駄になる「余剰窒素」が多くなるのである。利用効率もまた同じである。図28を見るとそれがはっきりとわかる。「化学肥料」＋「配合飼料」として入ってくる窒素の量が増えれば増えるほど農場全体の窒素の利用効率は低下してしまう。

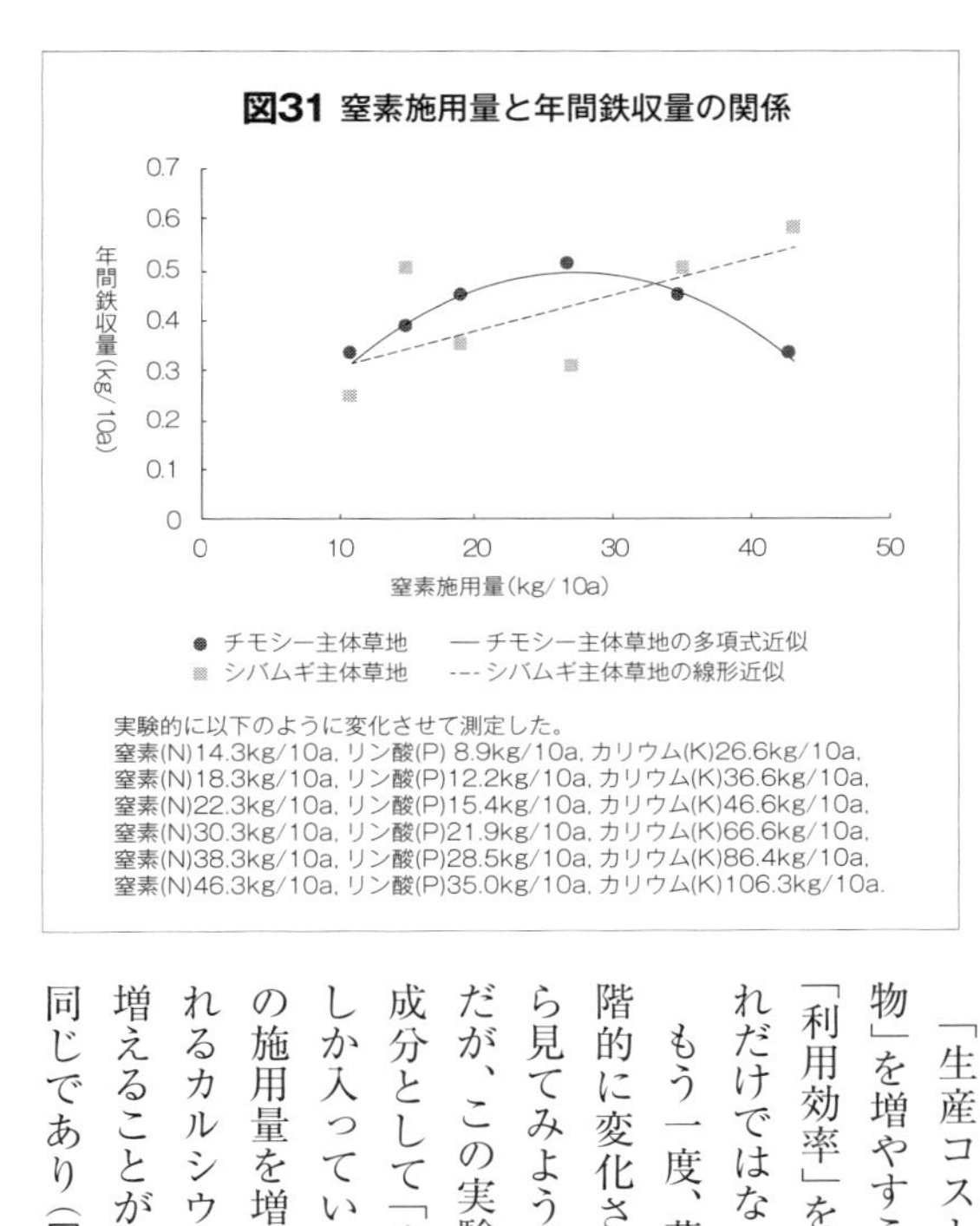

図31 窒素施用量と年間鉄収量の関係

「生産コスト」をかけて酪農場への「投入物」を増やすことは、かけた「生産コスト」の「利用効率」を低下させる。しかし、問題はそれだけではないのである。

もう一度、草地で、化学肥料の施用量を段階的に変化させた実験をさらに別の視点から見てみよう。何度も繰り返してくどいようだが、この実験で使用した化学肥料には肥料成分として「窒素」と「リン」と「カリウム」しか入っていない。図29を見ると「化学肥料」の施用量を増やすと、牧草として持っていかれるカルシウムの量が、おおざっぱにみても増えることがわかる。それはマグネシウムも同じであり（図30）、鉄もまた同じである（図

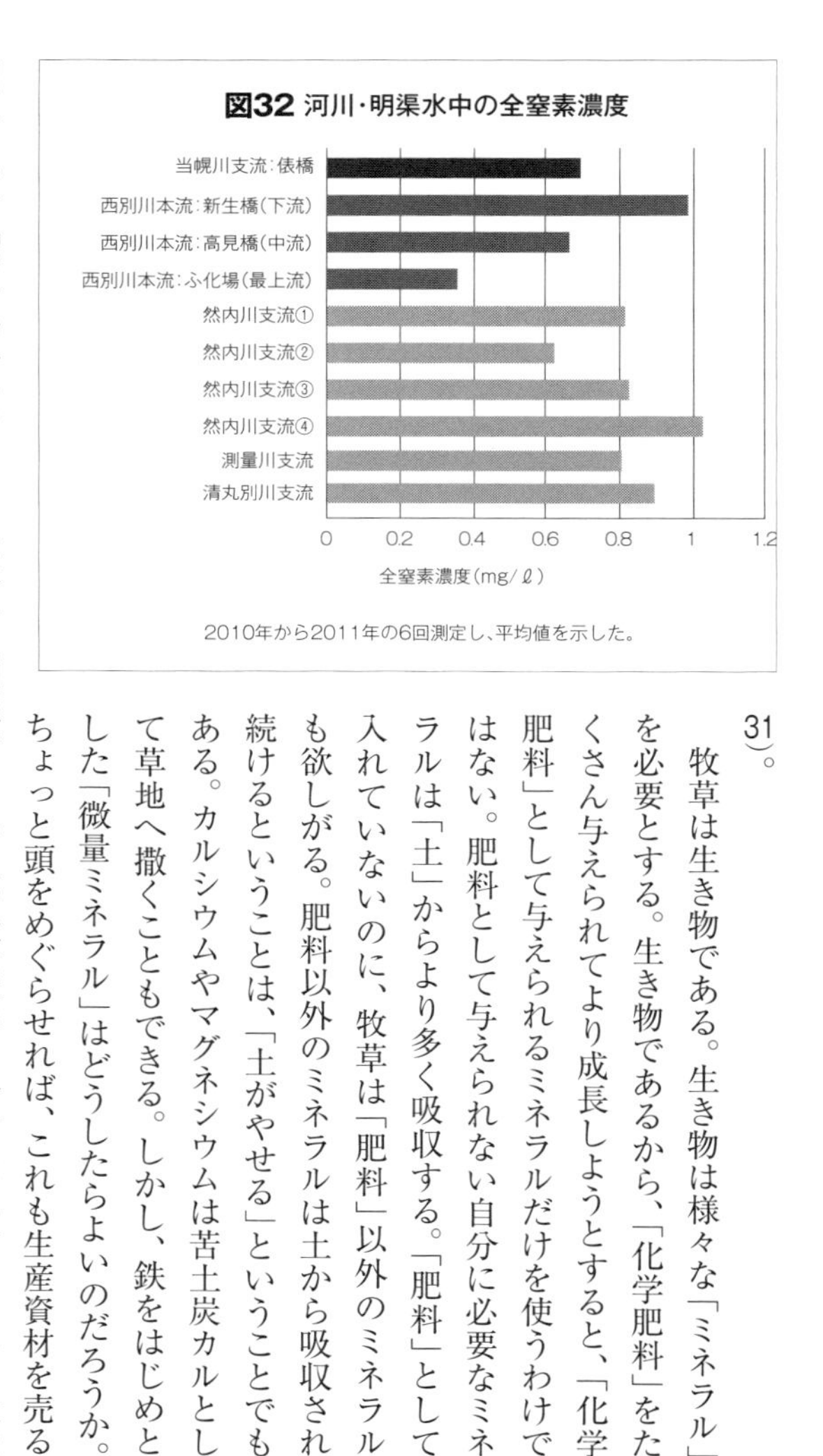

図32 河川・明渠水中の全窒素濃度

2010年から2011年の6回測定し、平均値を示した。

31）。

牧草は生き物である。生き物は様々な「ミネラル」を必要とする。生き物であるから、「化学肥料」をたくさん与えられてより成長しようとすると、「化学肥料」として与えられるミネラルだけを使うわけではない。肥料として与えられない自分に必要なミネラルは「土」からより多く吸収する。「肥料」として入れていないのに、牧草は「肥料」以外のミネラルも欲しがる。肥料以外のミネラルは土から吸収され続けるということは、「土がやせる」ということでもある。カルシウムやマグネシウムは苦土炭カルとして草地へ撒くこともできる。しかし、鉄をはじめとした「微量ミネラル」はどうしたらよいのだろうか。ちょっと頭をめぐらせれば、これも生産資材を売る側にとって「儲け話」になることは容易に想像できる。土の微量要素を分析して、何々という微量要素が少ないからこの微量要素入り土壌改良資材を買ってください、と。ここでも「生産コスト」をかければかけるほど、さらに新たな「生産コスト」が入り込む現象が見られるのである。

ここで少し頭の中を整理してみよう。酪農では、不思議なことにかけたコストの分だけ収益を回収できないのが普通である。それは単に「生産資材の購入コスト」だけではなく、生産資材を牛なり草地なりに与えた「時間」も含めてのコストということである。「コスト」と「時間」をかければかけるほど、農業としての効率は低下してしまうのである。

さらに、酪農が基盤としている大事な「土」もおかしくなる。「生産資材」を多くすればするほど、土から奪われるものが多くなる。ミネラル、特に微量ミネラルという「富」が失われていく。いわゆる地力収奪である。

図33 河川・明渠水中の全リン濃度

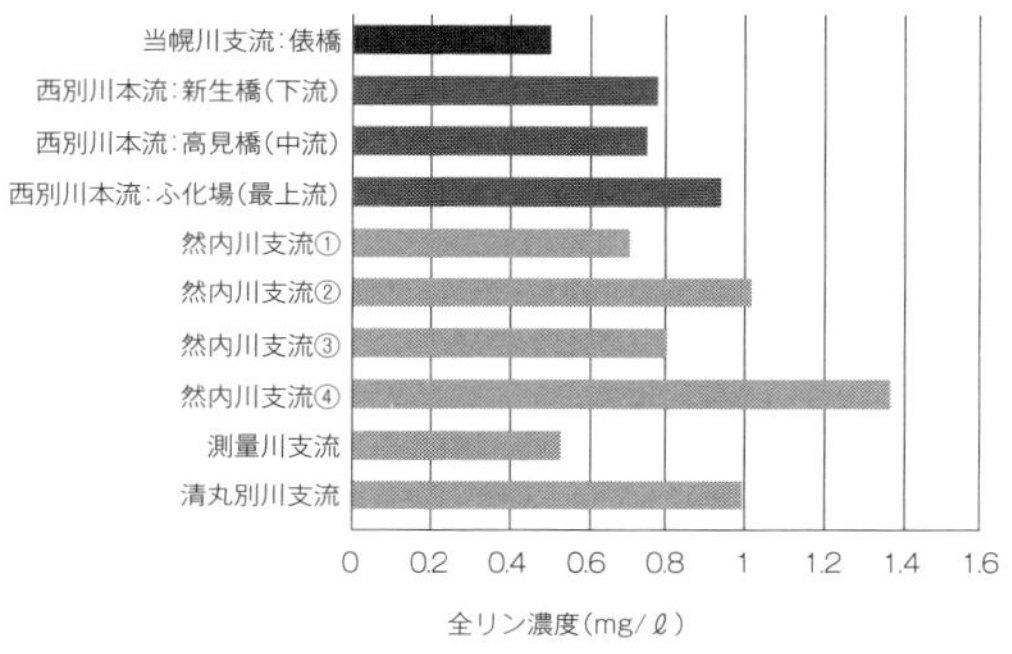

2010年から2011年の6回測定し、平均値を示した。

「一ha一頭」を維持すると、この「化学肥料」や「配合飼料」、そして「時間」というコストをかけなくても効率は上がるのである。つまり「一ha一頭」を維持すると、「生産コスト」は小さくなる。「化学肥料」や「配合飼料」をたくさん使わない。そうすることで土のミネラル、特に微量ミネラルも無駄に収奪することが少なくなる。「一ha一頭」は農業としての効率が非常によいのである。利用効率がよいと「生産資材の購入コスト」も「時間」もそんなにかけなくてすむから「ゆとり」ができることになる。農民にとって「ゆとり」は大事である。「考える」ための時

図34 河川・明渠水中の全カリウム濃度の結果

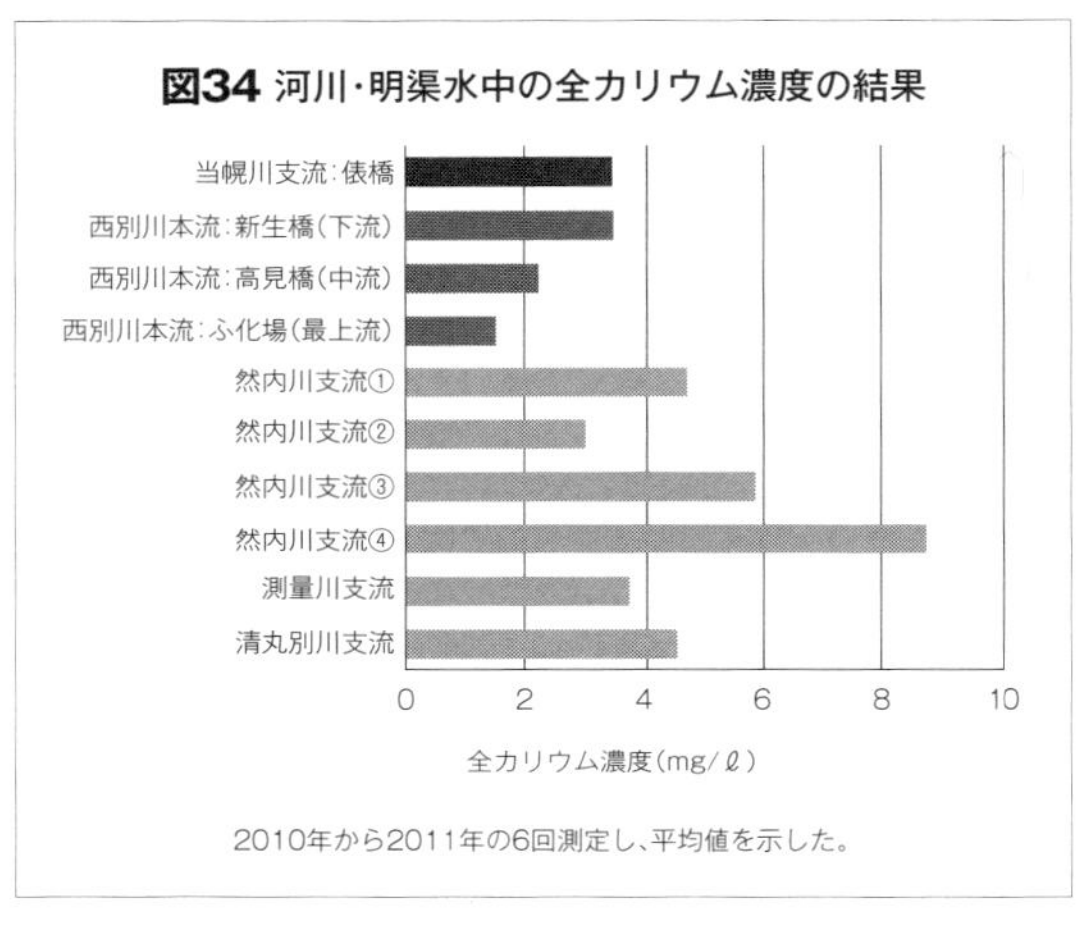

2010年から2011年の6回測定し、平均値を示した。

図35 河川・明渠水中の全カルシウム濃度

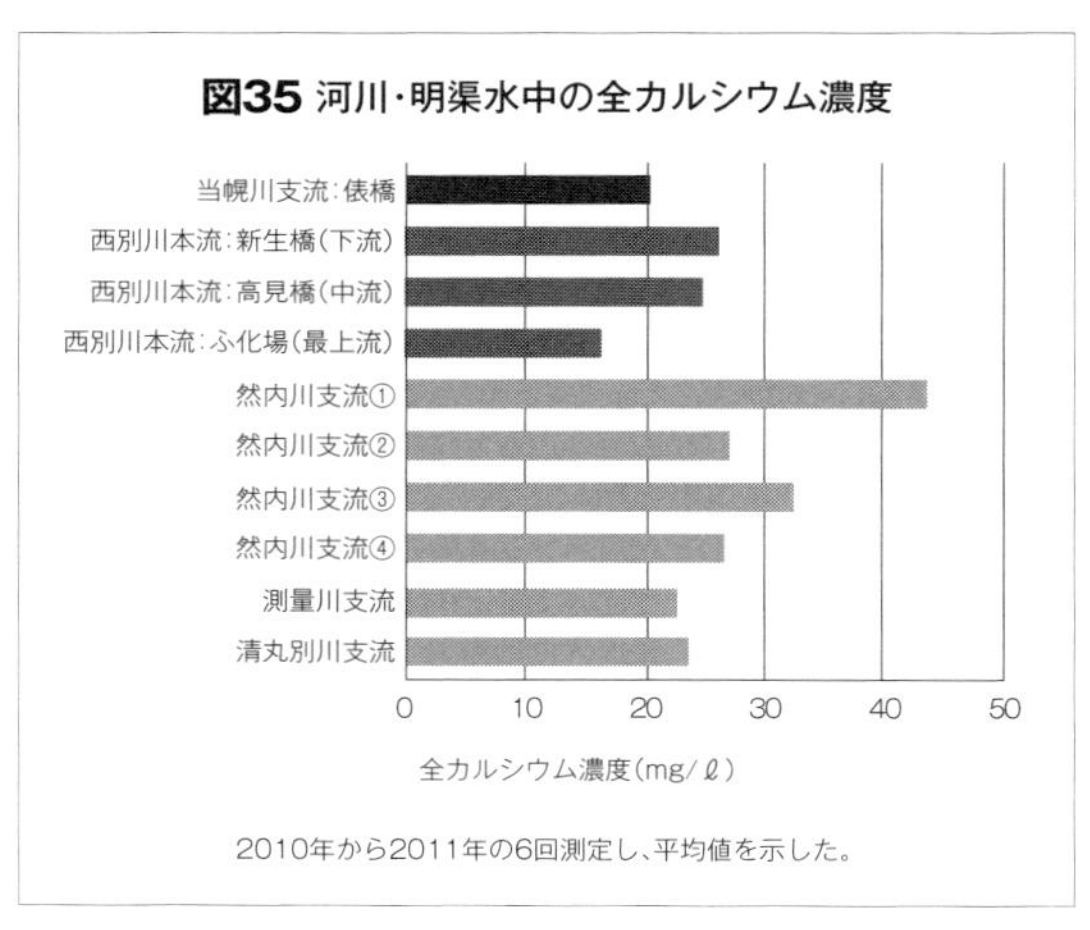

2010年から2011年の6回測定し、平均値を示した。

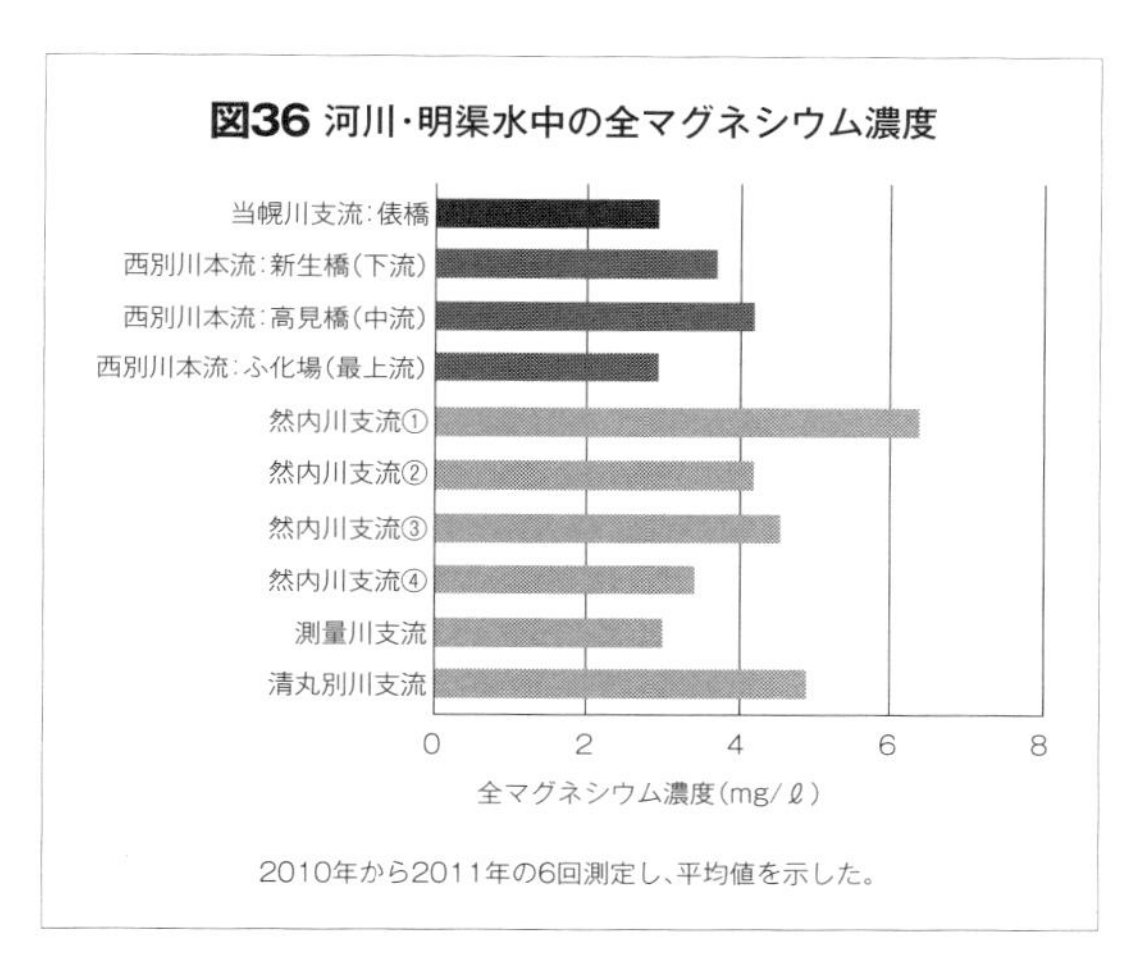

図36 河川・明渠水中の全マグネシウム濃度

2010年から2011年の6回測定し、平均値を示した。

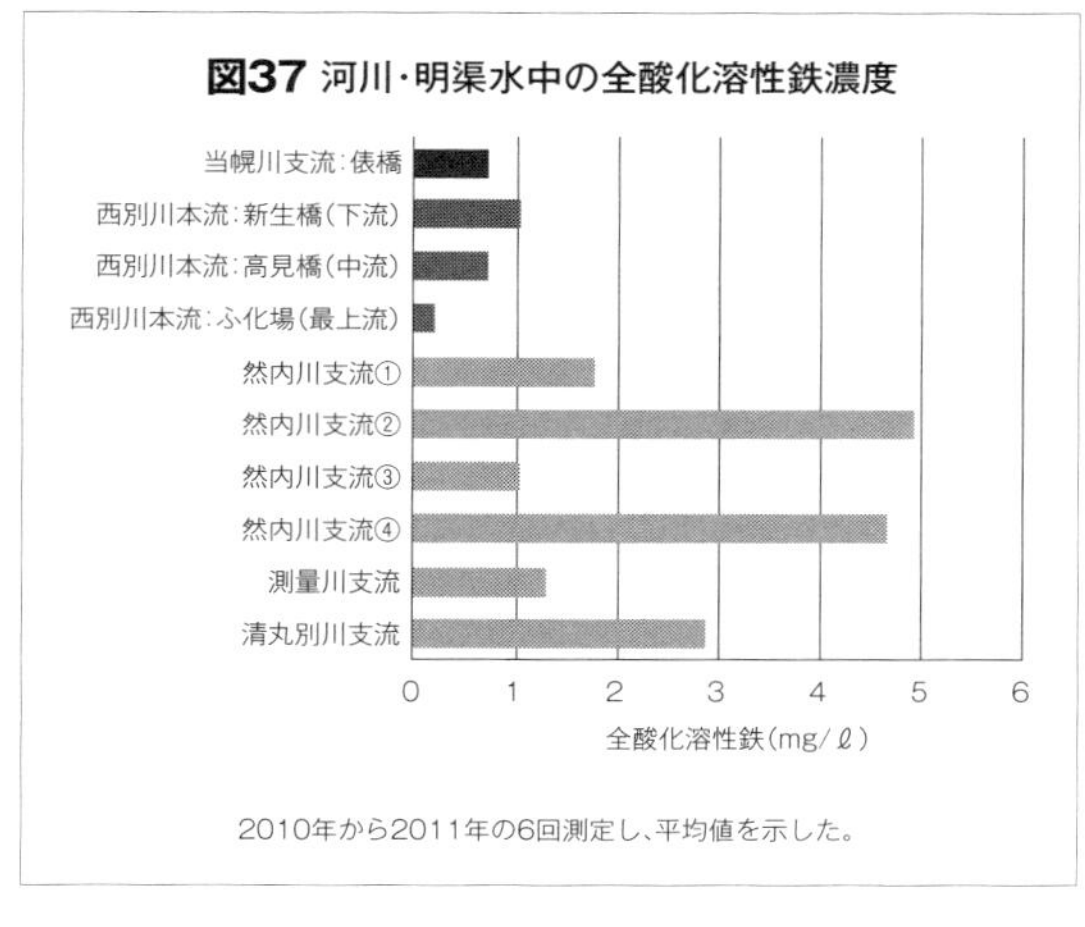

図37 河川・明渠水中の全酸化溶性鉄濃度

2010年から2011年の6回測定し、平均値を示した。

間と精神的余裕を確保できるからである。

さて、「考える」余裕が少しできたところで、生産資材をたくさん入れて利用効率が低下した結果として「余ってしまうミネラル」がどこにいくか、それも考えてみる。

図32から図37にそのヒントがある。横棒グラフの一番上は三友農場のメム、二番目から四番目は西別川の本流、五番目から一〇番目まではごく普通の「化学肥料」や「配合飼料」をたくさん与えている酪農家の西別川に流れ込む草地内の明渠である。西別川本流の最上流は「西別ふ化場出水口上」である。このふ化場の周辺は西別岳のふもとにあり、世界一、二の透明度を誇る摩周湖の伏流水である。ここを基準として考えてみよう。

最上流の「西別ふ化場出水口上」に比べて、西別川中流の「高見橋」、西別川中流の「新生橋」と下流に流れるにつれて、「リン」以外の「窒素」も「カリウム」も「カルシウム」も「マグネシウム」そして「鉄」も水の中の濃度が上昇している。上流から下流に流れるにつれて、これらのミネラルがどこからか流れ込んでいると考えた方が妥当である。

水が湧いているのは上流だけではない。中流でも下流でも湧いたり集まる水があって、そして川は大きくなっていく。中流や下流では、どこで水が湧いたり集まったりしているか。根釧地方ではそれは「草地」である。グラフの五番目から一〇番目までの西別川に流れ込む草地内の明渠を見てみると、最上流の「西別ふ化場出水口上」に比べて、おおざっぱに見ると、「窒素」も「リン」も「カリウム」も「カルシウム」も「マグネシウム」そして「鉄」も水の中の濃度が高い。やはり、西別川本流で上流から下流に流れるにつれて、これらのミネラルの水の中の濃度が高くなっているのは、草地内の明渠からの水と考えられるし、草地からミネラルが流出していると考えるのが妥当のようである。

グラフを見る限り、一番上は三友農場のメムからも、最上流の「西別ふ化場出水口上」よりも高い濃度のミネラルが検出される。しかし「カリウム」を除けば、その値はせいぜい西別川中流の「高見橋」と同じぐらいであり、五番目から一〇番目までの西別川に流れ込む草地内の明渠と比べてもおおむね低い。マイペース酪農として営農することは、川の環境や水産業にも影響が少ない。そんな可能性がある。

川の水の汚染も気になるが、問題は化学肥料や配合飼料として牛や草地に施されることの少ない「カルシウム」や「マグネシウム」、それにほとんど施されない「鉄」である。先に、「化学肥料」や「配合飼料」の量が増えると、牧草の収穫物として持っていかれる「カルシウム」や「マグネシウム」それに「鉄」が増えることを述べた。図35と図36、それに図37は、収穫物としてだけではなく草地から川に流出してしまう――つまり逃げてしまうミネラルの量もかなりの量になることを示している。三友農場のメムは逃げていくミネラルの量が比較的少ない。やはり、化学肥料や配合飼料が多くなると、草地からミネラルという「富」が流出するようである。

川の水の汚染だけではない。そして草地からの「富」の流出だけではない。もっと深刻な問題が実は静かに進行している。「広い意味での砂漠化」である。そのカギともなる現象が、静かに着実に進行している。次にこのことについて考えてみよう。

第八章　カギを握る「アルミニウム」

意外と分析されない「アルミニウム」

現在、根釧地方の草地は、長くて一〇年、短いと五年程度で「草地更新」してしまう。つまりプラウで土を掘り起こし、もとあった草を除草剤で皆殺しにして、新たに牧草の種を撒くことで草地は更新されてしまう。この「草地更新事業」には、一昔前は国の助成金が、そして現在は中山間交付金が使われる。まったく自分の資金だけで行なう「自力更新」に挑戦している酪農家も存在するが、大部分は助成金でやりくりしている。草地更新は一度に何haも実施する。それゆえなかなか「自力更新」では資金繰りが厳しくなる。そのような事情が助成金による草地更新の背景にある。

そもそも現実問題として、なぜ「草地更新」を行なうのか。それは、草地の年数が経過すると「シバムギ」「リードカナリーグラス」「エゾノギシギシ」といった「雑草」と呼ばれている草が増えるためである。図38を見てほしい。「シバムギ」「リードカナリーグラス」といった「イネ科雑草」が増えると、チモシーやオーチャードグラスといった「イネ科牧草」は減る。TDN含量や粗タンパク質含量——つまり栄養価——は、チモシーやオーチャードグラスの方が高く、シバムギやリードカナリーグラスは低い。栄養価の低下は、乳量の低下を招き、乳量の低下は農業粗収入の低下を招く。農業粗収入に焦点をあてた経営をしていると、草地の栄養価の低下は我慢ならないこととなる。農業粗収入を増やすためには、より高い栄養価の草を収穫し、より多くの牛乳を牛に生産してもらわなければならない。このような意識が、酪農家を草地更新に駆り立てる。

しかし、四〇年以上も草地更新をしていないのに、「シバムギ」「リードカナリーグラス」「エゾノギシギシ」だらけになっていない草

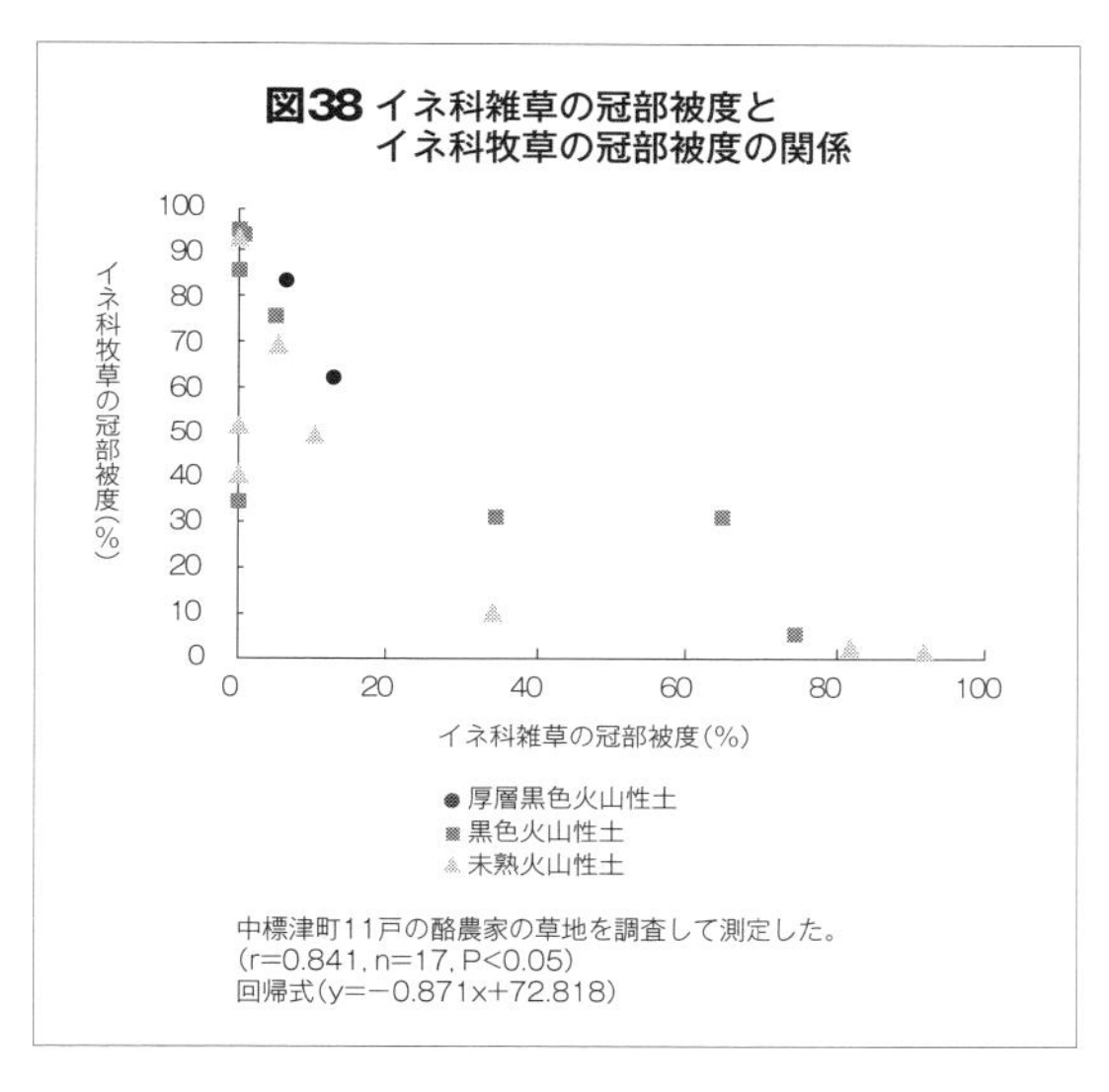

図38 イネ科雑草の冠部被度と イネ科牧草の冠部被度の関係

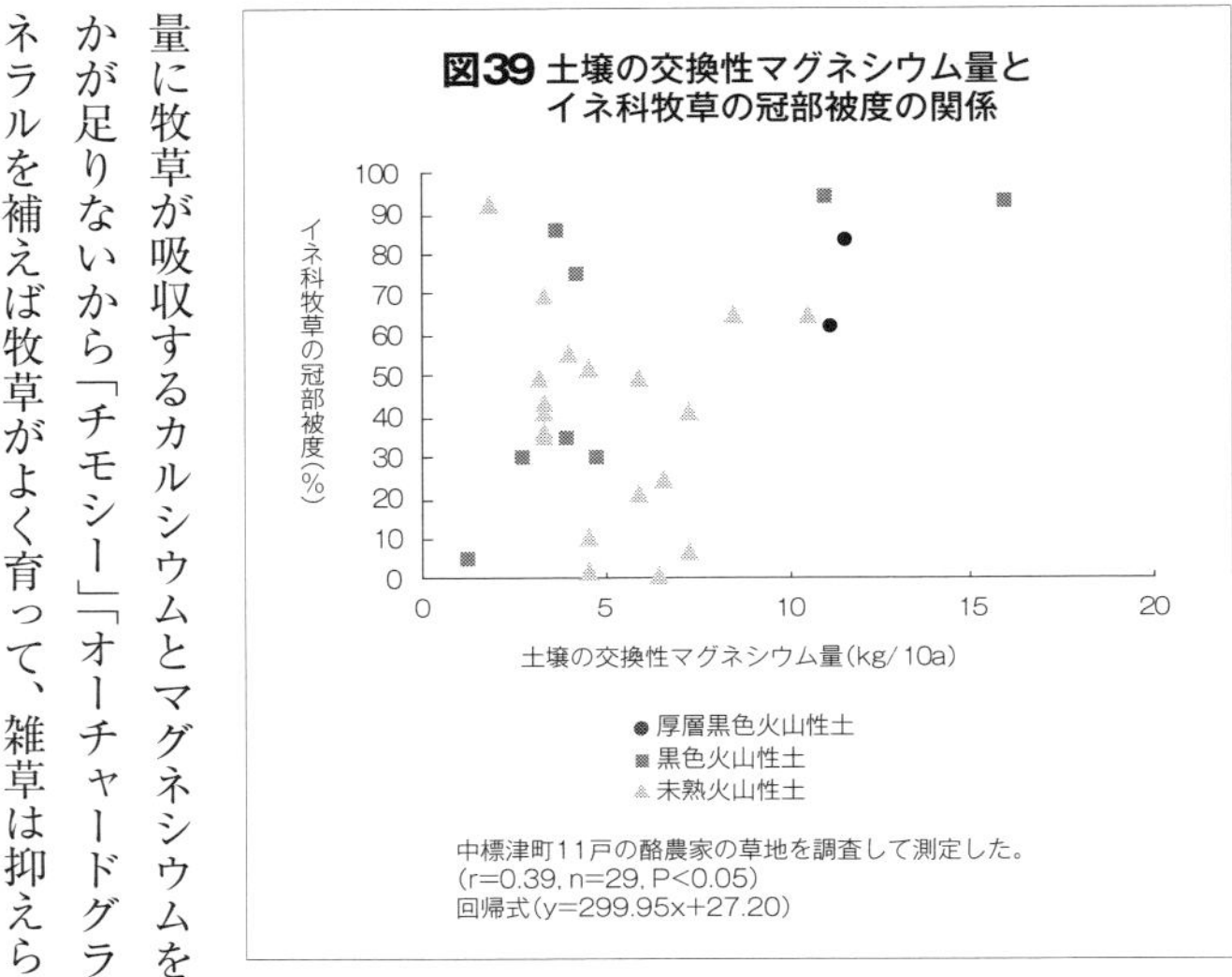

地が存在するのも事実である。「雑草」と呼ばれる草がなぜ増えるのか。この理由を探るための調査が、農業試験場でも行なわれている。農業試験場の調査では、「土壌」に注目している。土壌を何とかすると、植生がよくなる、つまり「シバムギ」「リードカナリーグラス」「エゾノギシギシ」だらけにならないのではないかと考えているわけである。

このことは特段間違っていることではない。調査されているのは、土壌のpHとリン酸、カリウム、カルシウム、マグネシウムといったミネラルの含有量である。窒素が抜けているのが気になるが、とにかく肥料の三要素と呼ばれるリン酸とカリウム、そしてかなり多量に牧草が吸収するカルシウムとマグネシウムを調査しているのは妥当だと思う。要するに、何かが足りないから「チモシー」「オーチャードグラス」といった牧草がよく育たない。足りないミネラルを補えば牧草がよく育って、雑草は抑えられるはずだ、という発想である。これは一面当たっていて、実際、私の調査データでも、土壌中にマグネシウムが増えると「チモシー」「オーチヤードグラス」といったイネ科牧草の割合は増えている（図39）。

しかし、北海道で、根釧地方で「草地造成」をするときに、強調されながらも現在では忘れられている事実がある。北海道は低すぎるpH、つまり強酸性の土壌が多く分布している。強酸性の土壌では牧草がうまく育たなかった。それは「牧草」と呼ばれている草が、中央アジアからヨーロッパという、比較的乾燥して中性に近い土壌が原産であることに関係している。強酸性の土壌に多く含まれるミネラル――それが水に溶けたアルミニウムなのである。水溶性のアルミニウムが土壌にたくさん存在すると、牧草の根にべったりと鎧のように張り付き、牧草にとって必要なミネラル――特にリン酸――が吸収できなくなり、うまく草が生育しない。図40を見てほしい。土壌中の水溶性（交換性）アルミニウムが増えると、「チモシー」「オーチャードグラス」といったイネ科牧草は減ってしまうのである。

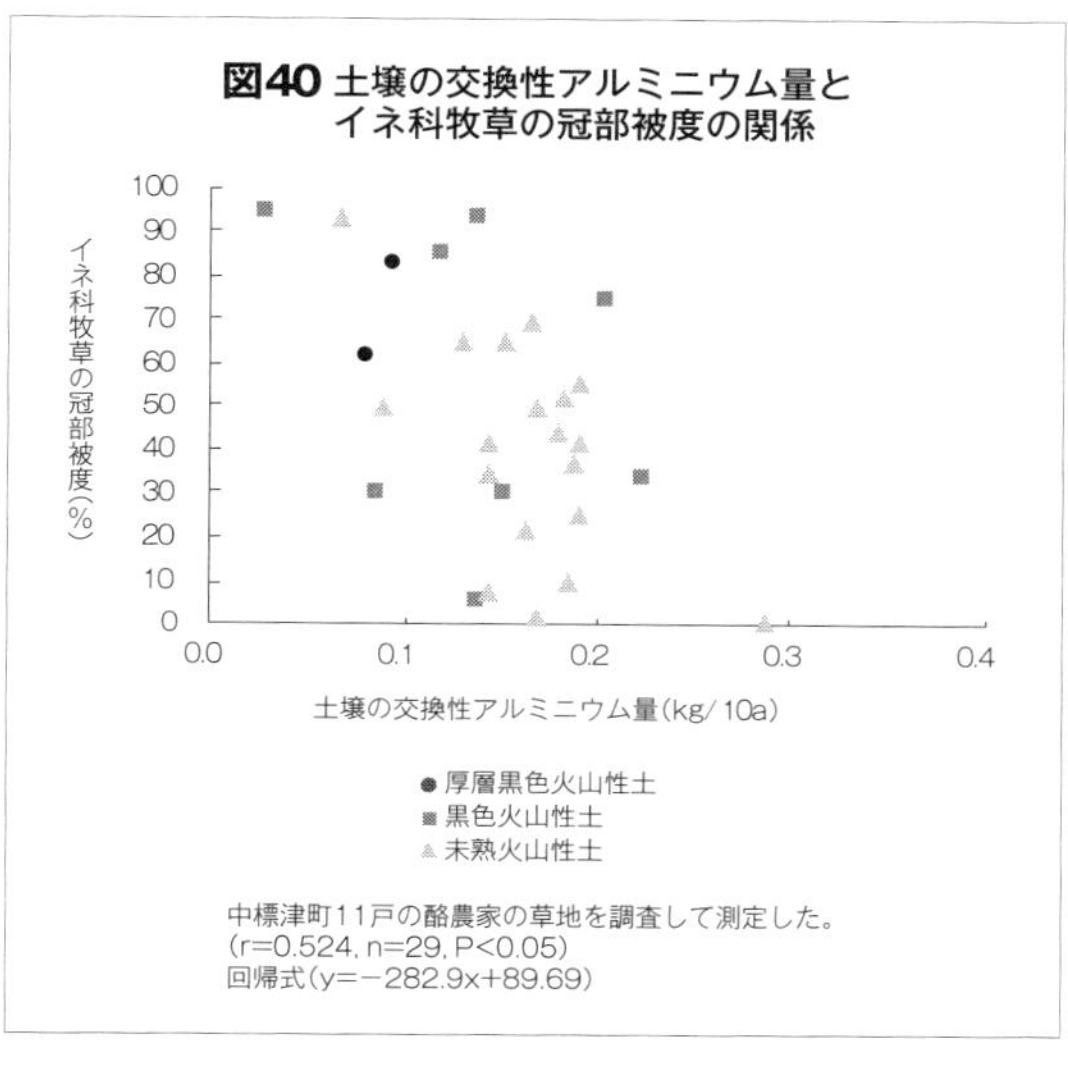

図40 土壌の交換性アルミニウム量とイネ科牧草の冠部被度の関係

アルミニウムは通常、土壌分析の項目にはあまり入ってこない。アルミニウムは分析に手間がかかり、費用もかかるためである。アルミノン発色法やオキシン法では、試薬の値段が高い。原子吸光光度法では——アセチレンガスを燃やした炎で炎色反応を起こすことによってミネラルを測定する方法であるが——通常圧縮空気による高温炎でカルシウムやマグネシウムなどのミネラルは測定できるが、アルミニウムの分析はより高温の炎が必要なために亜酸化窒素を使う。亜酸化窒素は高価な上、バックファイヤによる爆発の危険もある。そんな理由で、アルミニウムの分析は避けられる傾向にある。

そのかわり注目されているのが、土壌のpHである。通常、強酸性の土壌だと水溶性(交換性)アルミニウムが増える。逆に言えば、土壌pHが弱酸性(pH五・五〜六・五)になれば、水溶性(交換性)アルミニウムは減るはずである。土壌pHさえコントロールできれば、アルミニウムの害は防ぐことができる。このように考えられているし、農業高校の教科書にもかつては書かれていたことである。土壌pHをコントロールするために使われる資材、それが炭酸カルシウム(炭カル)と溶性燐肥(ヨウリン)である。

炭カルとヨウリンの散布がアルミニウムを抑える?

土壌pHを炭カルとヨウリンでコントロールして、水溶性(交換性)アルミニウムを減少させることができるか。天北農業試験場のデータでは確かにそうなっている。強酸性の土壌に炭カルやヨウリンといった「土壌改良資材」を散布すると、土壌pHは上がり弱酸性となり、土壌中の水溶性(交換性）アルミニウムは減少する。そのような圃場実験のデータがある。このようなデータを元にして技術指導者は「炭カルやヨウリンを入れて、土壌改良をして、土壌pHを上げて弱酸性にせよ」と言っているのである。

しかし、残念ながらそれは必ずしも現場では当てはまらない。図41を見てほしい。土壌pHを上げて弱酸性にしてもアルミニウムは減るとは決して言い難いし、土壌pHが五・〇～五・二という比較的酸性が強い土壌でも、アルミニウムが少ない例も見られる。

図41 土壌水の水素イオン濃度と土壌の交換性アルミニウム量の関係

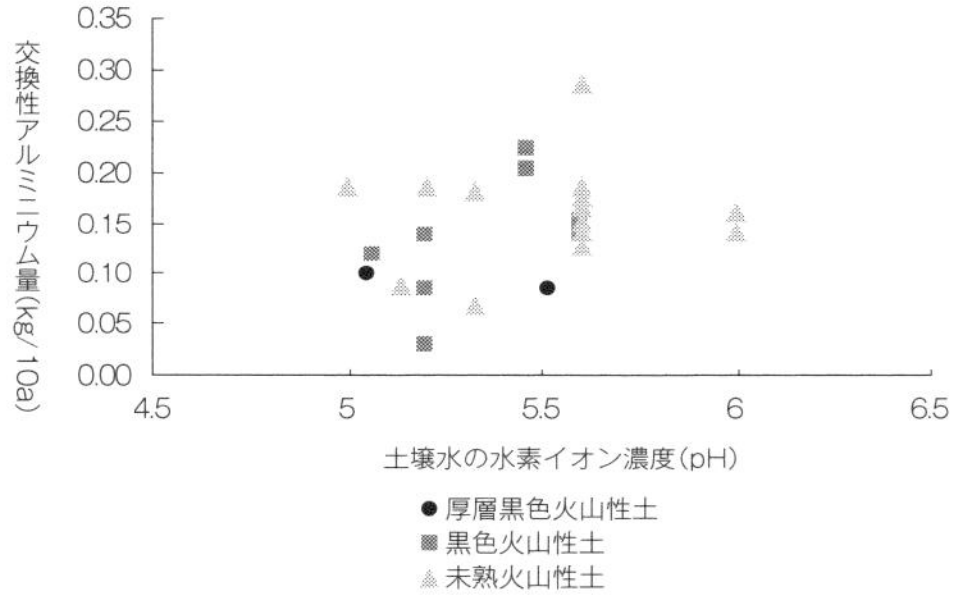

中標津町11戸の酪農家の草地を調査して測定した。
r=0.340, n=29, P>0.05

かつて札幌丘珠のタマネギ畑を調査した「野菜博士」の故・相馬暁先生は、炭カルやヨウリンの散布が直ちに水溶性（交換性）アルミニウムを減少させていないことを指摘している。炭カルやヨウリンを五年から一〇年にわたって少しずつ入れ続けないと土壌pHが上がって弱酸性にならないし、水溶性（交換性）アルミニウムも減少しない。つまりタイムラグがあるということを指摘している。さらに、堆厩肥を入れていかなければ効果が薄いことも指摘している。

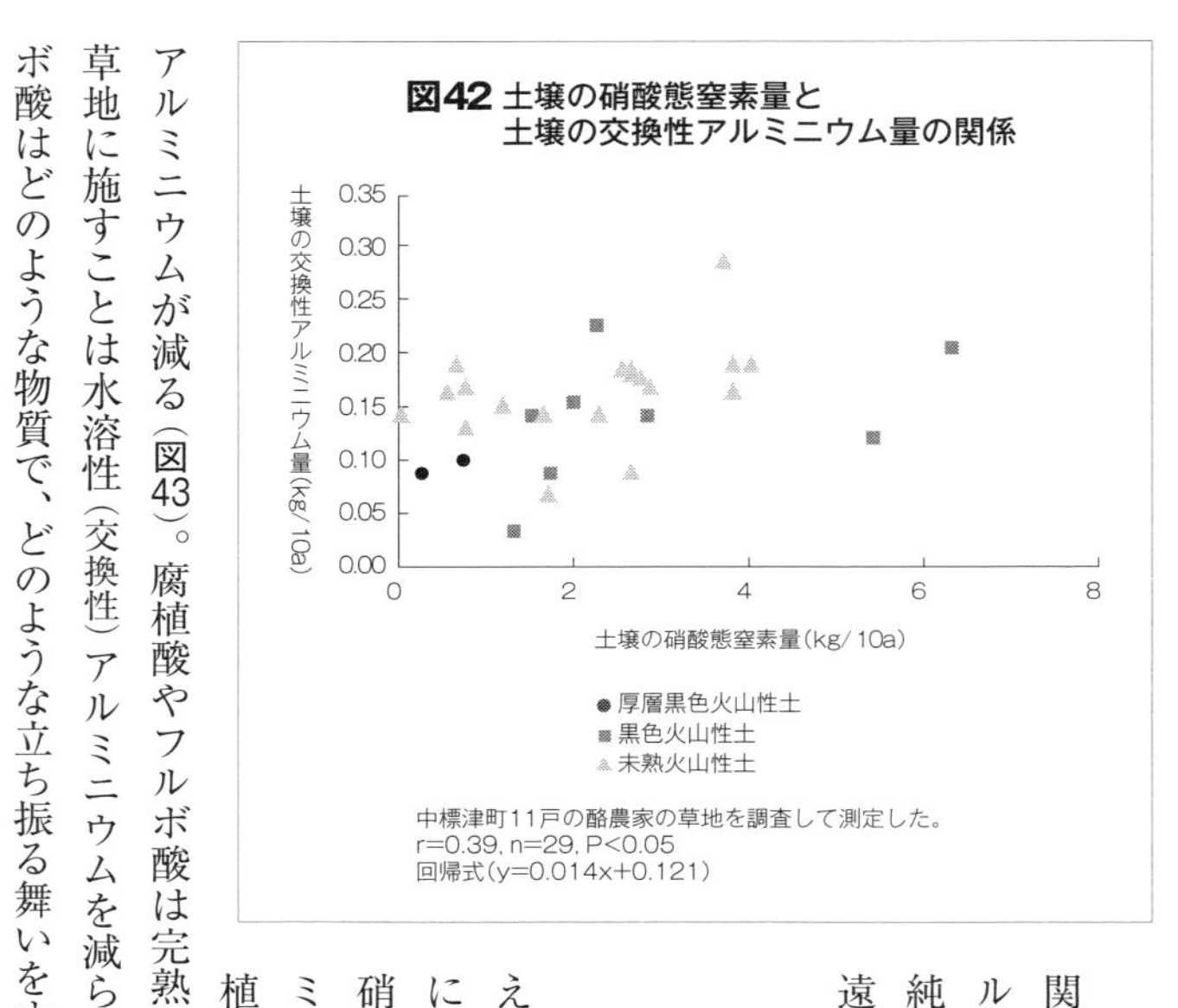

図42 土壌の硝酸態窒素量と土壌の交換性アルミニウム量の関係

中標津町11戸の酪農家の草地を調査して測定した。
r=0.39, n=29, P<0.05
回帰式（y=0.014x+0.121）

土壌pHと水溶性（交換性）アルミニウムとの関係は単純ではない。土壌pHさえコントロールすれば、アルミニウムの害は防げる、と単純に思い込むのは実際問題の解決とはほど遠いものである。

意外な立役者、窒素

水溶性（交換性）アルミニウムはどうして増えるのか。それを探っていくと、意外な事実に突き当たる。図42を見てほしい。土壌中の硝酸態窒素が増えると、水溶性（交換性）アルミニウムが増えるのである。逆に土壌中の腐植酸＋フルボ酸が増えると、水溶性（交換性）アルミニウムが減る（図43）。腐植酸やフルボ酸は完熟堆肥にたくさん含まれている。完熟堆肥を草地に施すことは水溶性（交換性）アルミニウムを減らすことに有効かもしれない。腐植酸やフルボ酸はどのような物質で、どのような立ち振る舞いをするのかについては後に述べたいと思う。

さて、土壌中の硝酸態窒素がどうして水溶性（交換性）アルミニウムを増やすのか、についてははよくわからない。しかしとにかく土壌中にアルミニウムは莫大にあるということだけは押さえておきたい。土壌中にアルミニウムは莫大にあるのはなぜか。土壌のおもな構成物質は砂と粘土、それに腐植物質である。この粘土の主成分がケイ酸とアルミニウムなのである。粘土として結晶化しているアルミニウムはなんら悪さをしない、どころかミネラルを保持するという大事な役割がある。結晶化しているアルミニウムが溶け出して水溶性（交換性）アルミニウムになることが問題なのである。硝酸態窒素はその名の通り「硝酸」であり硝酸イオンとして土壌溶液中に溶けている。この硝酸イオンが粘土の中に結晶化しているアルミニウムを溶かし出している。そういう可能性が現場では考えられるということである。

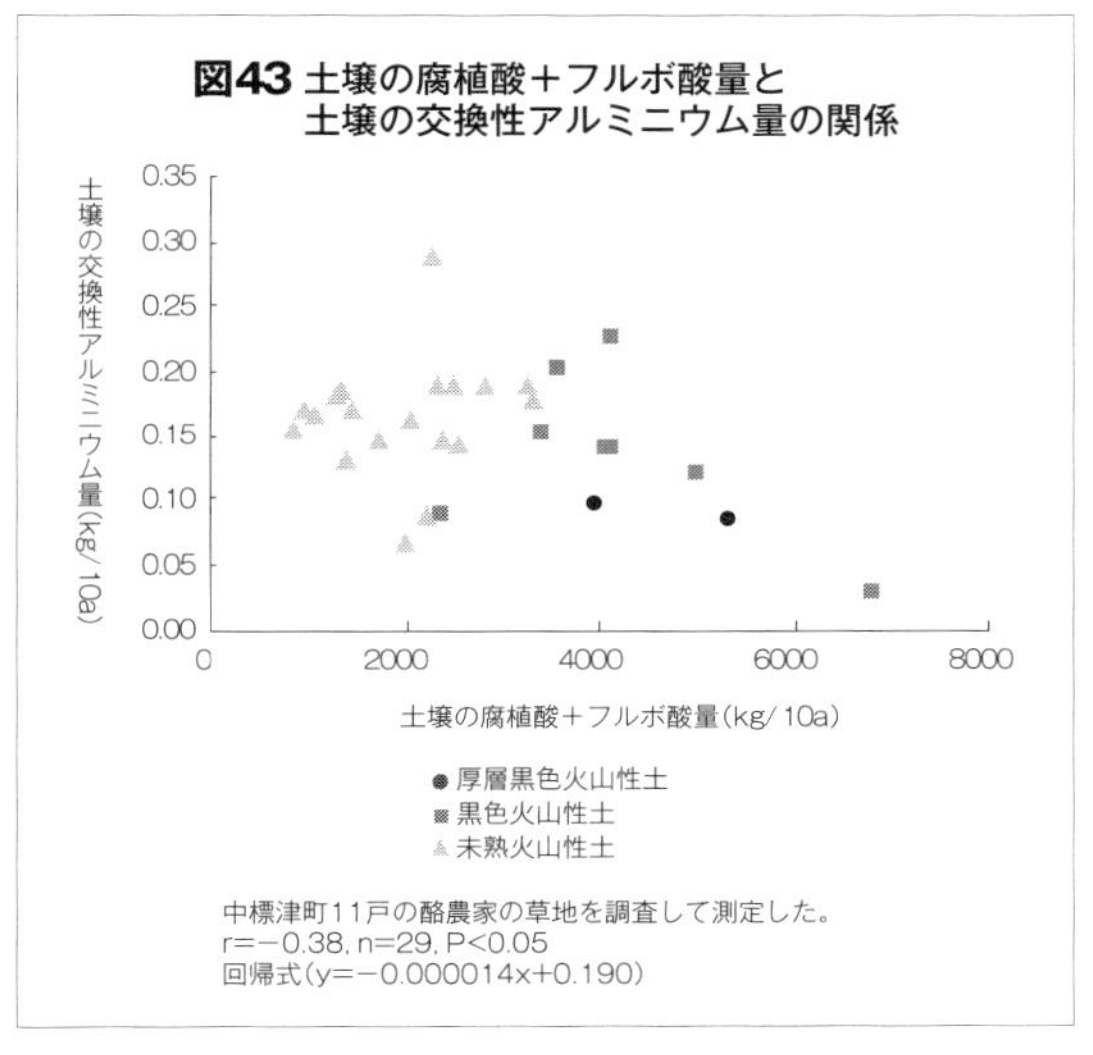

図43 土壌の腐植酸＋フルボ酸量と土壌の交換性アルミニウム量の関係

「水溶性（交換性）アルミニウム」が「硝酸態窒素」によって増えるということを考えた上で、次に考えなければならないのが、なぜ土壌中の硝酸態窒素が増えるのか、ということである。図44を見てほしい。土壌中の窒素には、すぐに水に溶ける窒素と水に溶けづらい

図44 土壌の無機態窒素量と硝酸態窒素量の関係

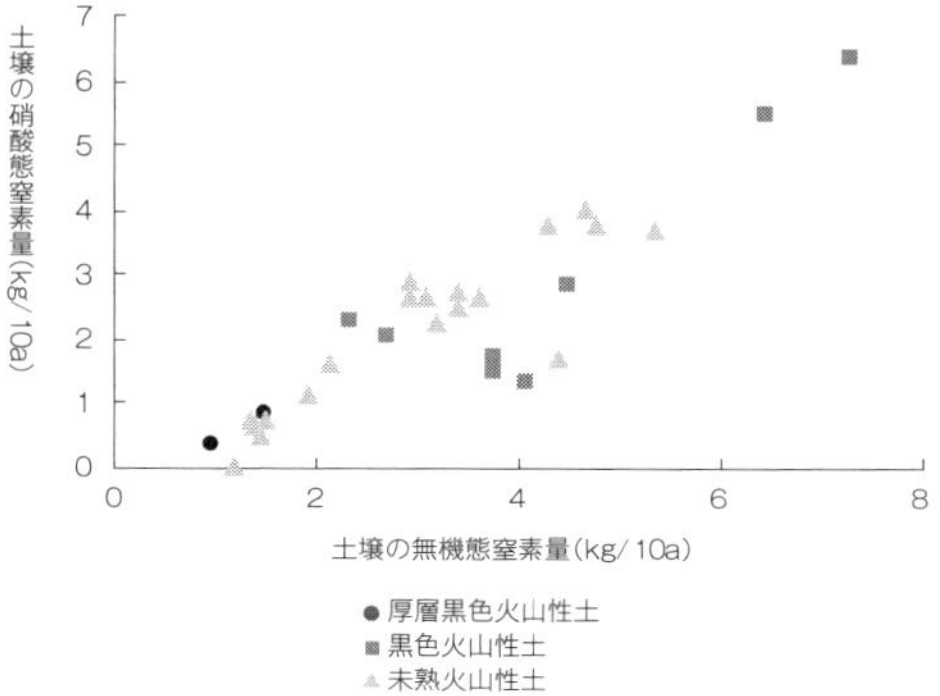

中標津町11戸の酪農家の草地を調査して測定した。
r=0.90, n=29, P<0.05
回帰式（y=0.85x−0.50）

窒素がある。水に溶けやすい窒素は、「硝酸態窒素」と「アンモニア態窒素」である。水に溶けやすい窒素が増えると、硝酸態窒素は増える。それでは、「水に溶けやすい窒素」はなぜ増えるのだろうか。

　草地には、主に二つのルートで窒素が入ってくる。一つは「化学肥料」、もう一つは牛のおなかを通る「配合飼料」である。草地にどれぐらい窒素が入るかは、「化学肥料」と「配合飼料」を押さえておけば、大方わかることになる。図45を見てほしい。「化学肥料」「配合飼料」として入ってくる窒素を合計したものが「草地への窒素投入量」である。草地への窒素の投入量が増えると「硝酸態窒素＋アンモニア態窒素」、すなわち「水に溶けやすい窒素」が増えるのである。

「化学肥料」と「配合飼料」がなぜ増えるのか。それは、牛が増え乳量が増えたことによって、たくさんの餌が必要になったためである。

　これまでのことをまとめてみよう。牛が増え乳量が増えるとたくさん餌が必要になる。そうすると「化学肥料」と「配合飼料」がたくさん必要になり、草地への窒素を入れる量が多くなる。一時的に草地からの粗飼料の収穫量は多くなる（図46）。しかし、土壌中の硝酸態窒素を増やしてしまう。硝酸態窒素は粘土の中のアルミニウムを溶かし出し、土壌中の水溶性（交換性）アルミニウムを増やしてしまう。結果としてイネ科牧草が減少し、草地更新を余儀なくされるのである。

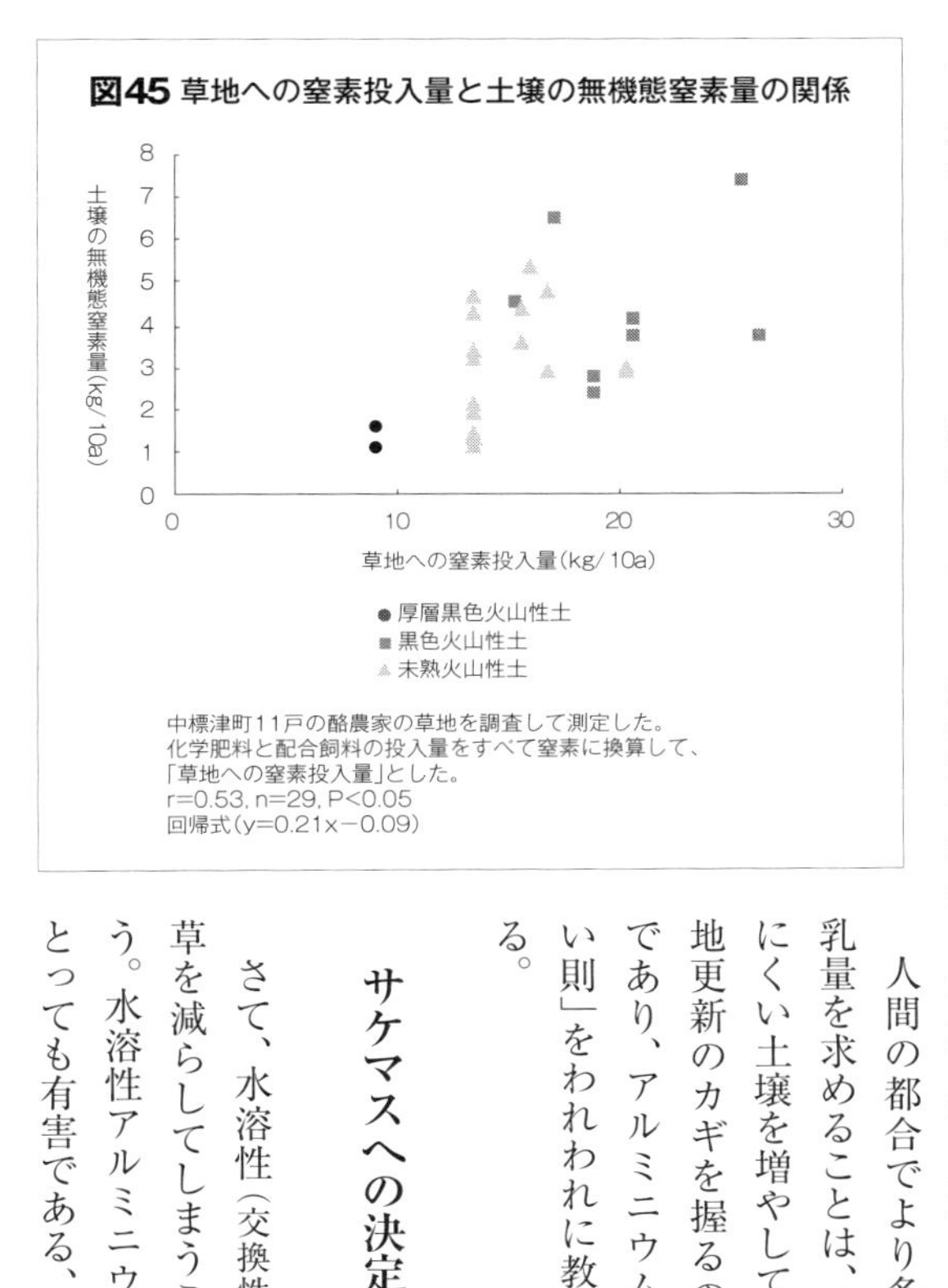

図45 草地への窒素投入量と土壌の無機態窒素量の関係

中標津町11戸の酪農家の草地を調査して測定した。
化学肥料と配合飼料の投入量をすべて窒素に換算して、
「草地への窒素投入量」とした。
r=0.53, n=29, $P<0.05$
回帰式（y=0.21x−0.09）

人間の都合でより多くの牛のより多くの乳量を求めることは、結果として牧草の育ちにくい土壌を増やしてしまうことになる。草地更新のカギを握るのはアルミニウムなのであり、アルミニウムは、「超えてはならない則」をわれわれに教えてくれているのである。

サケマスへの決定的かもしれない影響

さて、水溶性（交換性）アルミニウムは、牧草を減らしてしまうことは理解できたと思う。水溶性アルミニウムは、様々な生き物にとっても有害である、という事実から目をそ

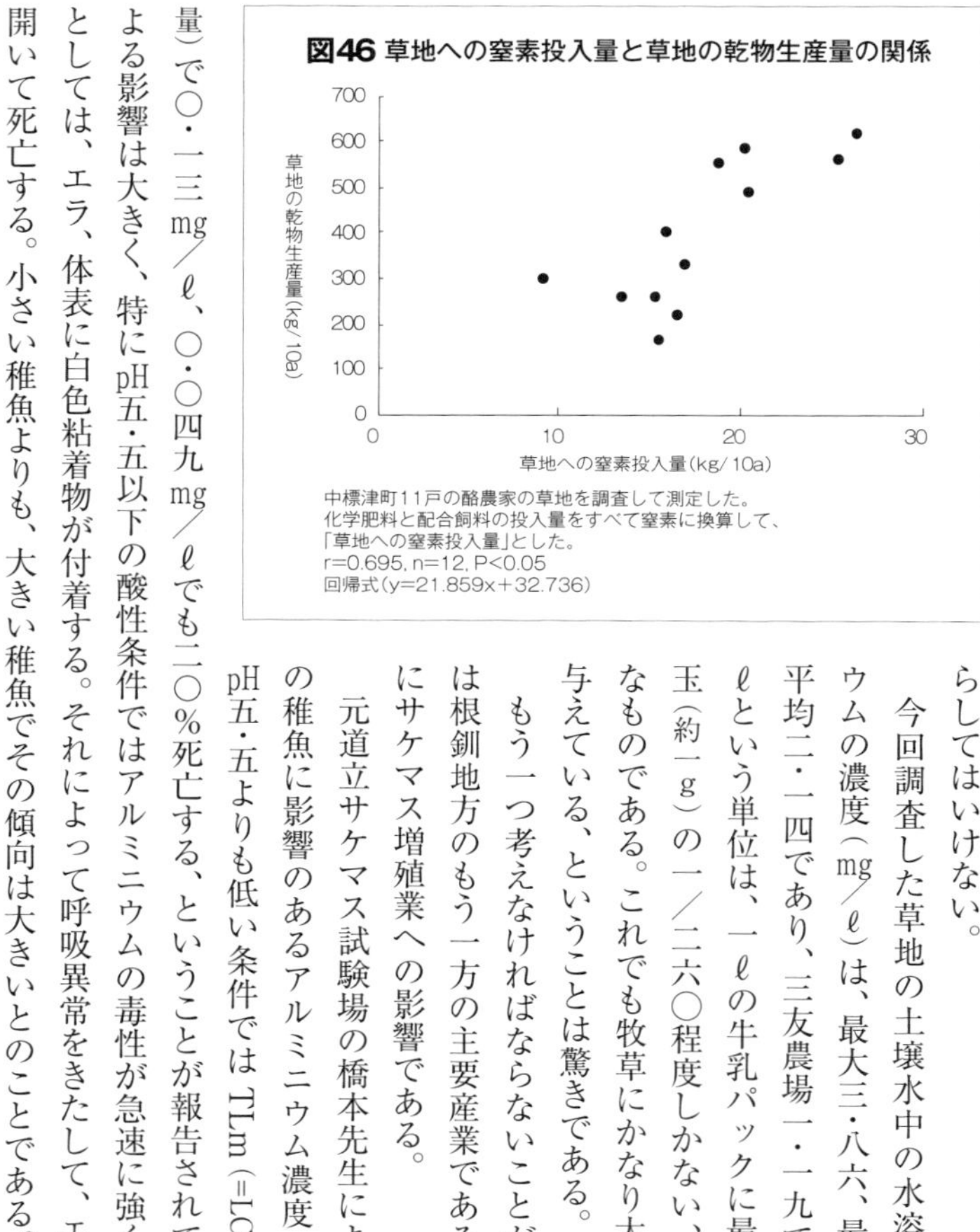

図46 草地への窒素投入量と草地の乾物生産量の関係

中標津町11戸の酪農家の草地を調査して測定した。
化学肥料と配合飼料の投入量をすべて窒素に換算して、
「草地への窒素投入量」とした。
r=0.695, n=12, P<0.05
回帰式（y=21.859x+32.736）

らしてはいけない。

今回調査した草地の土壌水中の水溶性アルミニウムの濃度（mg／ℓ）は、最大三・八六、最小〇・四二、平均二・一四であり、三友農場一・一九である。mg／ℓという単位は、一ℓの牛乳パックに最大でも一円玉（約一g）の一／二六〇程度しかない、という微量なものである。これでも牧草にかなり大きな影響を与えている、ということは驚きである。

もう一つ考えなければならないことがある。それは根釧地方のもう一方の主要産業である水産業、特にサケマス増殖業への影響である。

元道立サケマス試験場の橋本先生によると、サケの稚魚に影響のあるアルミニウム濃度（mg／ℓ）は、pH五・五よりも低い条件ではTLm（=LC50：半数致死量）で〇・一三mg／ℓ、〇・〇四九mg／ℓでも二〇%死亡する、ということが報告されている。pHによる影響は大きく、特にpH五・五以下の酸性条件ではアルミニウムの毒性が急速に強くなる。症状としては、エラ、体表に白色粘着物が付着する。それによって呼吸異常をきたして、エラを大きく開いて死亡する。小さい稚魚よりも、大きい稚魚でその傾向は大きいとのことである。

面倒だが数値を比較してみてほしい。草地の土壌水の水溶性アルミニウムは平均二・一四mg／ℓであり、サケの稚魚が半分死んでしまう水溶性アルミニウムの濃度は〇・一三mg／ℓである。草地土壌水の水溶性アルミニウムの方がサケの稚魚が半分死んでしまう水溶性アルミニウムの濃度よりも一六倍も高いのである。

図47 河川・明渠水中のアルミノン発色アルミニウム濃度

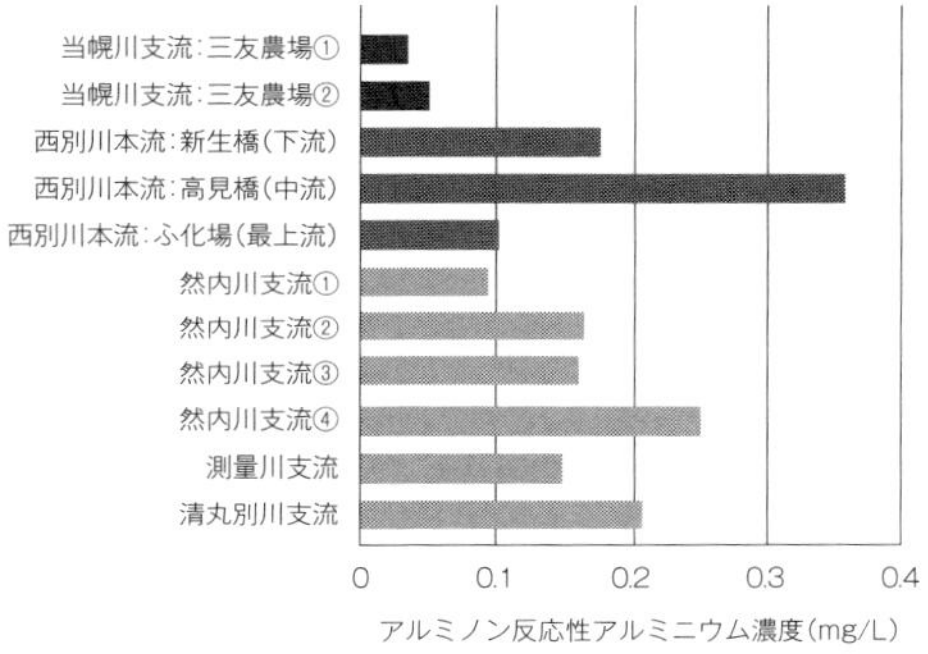

2010年から2011年の6回測定し、平均値を示した。

草地の土壌水がそのまま河川に流れ込むとは考えにくいし、河川水中のpHが五・五よりも低くなるということはあまりないかもしれない。しかし、草地の土壌水の水溶性アルミニウムの濃度が上昇すると、河川の水溶性アルミニウム濃度が上がる可能性があることは、容易に想像できる。図47を見てほしい。その先が森林地帯しかない西別川最上流の河川水中の全アルミニウム（水溶性アルミニウム＋不溶性アルミニウム）が〇・一mg／ℓ程度なのに比べ、周辺が酪農地帯で草地の中を流れる西別川下流は〇・三五mg／ℓ程度にもなる。草地が源流の西別川支流の然内川、測量川、清丸別川も〇・一mg／ℓから〇・二五mg／ℓにもなる。このことからも、草地からアルミニウムが流れ出している可能性があるのである。一方、草地土壌の水溶性（交換性）アルミニウムが少なかった三友農場の明渠水（当幌川支流）は、〇・〇三から〇・〇四mg／ℓ程度である。草地土壌に水溶性（交換性）アルミニウムを増やさないマイペース酪農は、川のアルミニウムも増やさない可能性がある。

近年、サケが西別川に遡上しにくい、ということが言われている。糞尿のにおいが川の水に混じっているせいではないかとも言われている。もちろんその影響も無視できないだろう。しかし、年々サケ資源が減少している原因の一つが、草地から流出するアルミニウムの慢性中毒によるサケ稚魚の減少にあるとしたら、これは本腰を入れて考えなければならない。

草地土壌中の水溶性アルミニウムを増やしてしまうような酪農のやり方は、草も育たず、サケも育たない、いわば根釧台地で生きる糧を徐々に蝕んでいく可能性がある。このままでは根釧地方の二大産業が崩壊する。そうなってしまう前に、この土地で、草とサケで生きていく覚悟、それを固めなければならないだろう。

第九章　春施肥の意味

牧草を生き物として考える

根釧台地の冬は、太平洋に面しているために晴天が多く、雪が比較的少ない。年によるが、積雪が一ｍを越えることは少ない。さらに根雪になるのも一二月以降である。しかし寒さは厳しい。一一月から最低気温はマイナスになり始め、地面はシバレていく。「シバレ」るとは北海道の言葉で「凍り付く」という意味である。凍り付くのは表面だけではない。地下に向かって「シバレ」は進んでいく。

北海道では雪は一種の「断熱材」である。雪が深いとマイナスの気温が地面まで届かないからだ。根釧台地のように根雪になるのが遅く、積雪自体が少ない土地では、土壌凍結、つまり地下へのシバレが深くなる。シバレるところでは地下五〇㎝を越えることもある。

冬の間、草地の牧草たちは雪の下になる。しかしただ眠っているわけにはいかない。地中は凍り付いている。水は凍ると膨張する。土の水が凍るということは、土が膨張する、ということである。土が膨張すると、牧草の根が切れる。この「断根」に耐えられる牧草しか冬を越すことはできない。

根釧地方の春は遅い。桜が咲くのは五月中旬過ぎである。根雪が消えても土のシバレが抜けるまで草地にトラクターは入れない。中途半端にシバレが抜けている草地に重いトラクターが入ると、その重さであなぼこだらけとなる。

五月の連休あたりにはほぼシバレが抜ける。シバレが抜けると、一斉にトラクターが草地を走り出す。そのトラクターにはブロードキャスターがついている。化学肥料を撒くためである。

しかし牧草はその頃やっと萌芽を開始したところである。牧草は地際の茎に糖分をため込み、その糖分で冬をじっと耐える。そしてシバレが抜けるのを待って新しい葉を出し、根を伸ばし始める。牧草はまだ必死に、太陽の光を受け止める準備を、そして土の水やミネラルを吸収する準備をしているのである。シバレが抜けたからといって、牧草はミネラルを吸収できる準備ができているわけではない。しかし多くの酪農家は、シバレが抜けたと同時に化学肥料を撒く。

牧草がミネラルを吸収できる状態になるタイミングと、酪農家が「化学肥料」というミネラルを草地に撒くタイミングはずれている。牧草がミネラルを吸収できる状態になる前に、「化学肥料」を撒いているのである。

牧草がミネラルを十分に吸収できるようになるには、地温が上がり根が十分に張らなければならない。それは根釧地方では五月中旬以降である。「化学肥料」を撒く時期と、牧草がミネラルを十分に吸収できる時期には、半月の「タイムラグ」がある。この「タイムラグ」が気になるところだ。

せっかく撒いた「化学肥料」が、半月の間、牧草にさほど吸収されもせずに、草地の表面に置き去りにされている。この間に雨も降る。牧草に吸収できなければ「化学肥料」というミネラルは流れ出してしまう。何度もいうが、「化学肥料」は「生産コスト」のかなりの部分を占める。この「タイムラグ」によって、せっかくかけた「生産コスト」と化学肥料を撒くという「時間」の一部が無駄になっているのである。

牧草は生き物である。生き物であるから、生き物としての都合がある。農作業は、生き物としての都合を考えなければ無駄な作業になってしまう。「春に草地に施肥をする」という農作業も、牧草を生き物として考えると、また違った視点が見えてくる。放牧地では話が複雑になるので、採草地でこの視点から考えてみよう。

ここでもまた「窒素」というミネラルに注目する。「窒素」は過剰でもいけないし、少なすぎてもいけない収穫量を大きく左右するミネラルである。収穫量を多くするためには、牧草が必要な時期に窒素を十分吸収できるような状態にすることが必要である。

根釧地方で、採草地の牧草が窒素を最も欲しがる時期は六月中旬の伸長期である。この時期に牧草が十分に窒素を吸えるように施肥時期を考えなくてはならない。

飼料作物は一般に、葉茎野菜のように茎葉の収穫が最大に、つまり多くの穂数と茎数を確保す

表12 ドカン肥の生育ステージ

	イネ	チモシー
出穂までの生育日数	120日	63日
止葉枚数	16～12枚	6～8枚
ドカン肥葉数（幼穂形成期直前）	11～8枚	3～5枚
ドカン肥までの生育日数	約80日	約18日 （ただし萌芽から）

チモシーの葉数が3～5枚になるのは、根釧地方では5月20日頃である。

ることを考えて栽培される。また、牧草のTDN%を高めるために六月下旬頃の出穂期に一番草を収穫する。

六月下旬には刈り取るため、茎の数を早い時期に増やさなければならない。そのため五月上旬の萌芽直後に多くの窒素を効かせることが必要となる。こう考えると、五月上旬の萌芽直後に「化学肥料」を撒くのは理にかなっているように思える。しかし、施肥した「化学肥料」は、牧草の根が吸収できる準備が整わないうちに撒かれるため、牧草による窒素の吸収が追いつかずに土壌から流出してしまう恐れがあることはすでに述べた。

そこで三友農場の兼用地（採草地）一番草では、主力草種のチモシーをあえて実取り――つまり種を取るように育てることを目標にしていることに注目してみたい。注目すべきポイントは二つある。一つは「結実期まで置いておけること」、もう一つは「茎の数ではなく、茎一つ一つが充実して重くすることを重視していること」である。この育て方は、宮城県の稲作農家、井原豊氏が提唱した「穂数」よりも一本一本の「穂の充実」を目標とする「への字稲作」に非常によく似ている。

「への字稲作」は、元肥ゼロ、疎植、生育中期のドカン肥（化学肥料）を施肥することで、穂数ではなく穂重を増やし多収する栽培技術である。慣行稲作に劣らない収量を確保し、化学肥料の投入量を一／三程度と大幅に減らし、病害虫の発生も少ない技術として注目されている。

への字稲作と三友農場兼用地との共通点を探る上でカギとなるのが「生育中期のドカン肥」である。への字稲作の場合、ドカン肥の時期はイネの草丈が急速に伸び始める幼穂形成期の直前となる。

さて、イネをチモシーに置き換えた場合のドカン肥の時期を考えてみた。チモシーの幼穂形成期は五月下旬であり、この直前の時期は、チモシーの葉数が三～五枚の時、季節的には根釧地方で五月二〇日前後と推定される（表12）。実際、三友農場の春施肥は、例年五月二〇日前後に化学肥料では窒素二kg／一〇aと施肥標準の一／四程度で行なわれており、その時の三友農場のチモシーの葉数は平均五枚であった（写真1）。見事に三友農場の兼用地の施肥管理と、への字稲作の施肥管理は一致している。三友農場では、少量のチッソを牧草が一番ほしいときに与え、一番草収穫時期は、穂と茎が重くなる七月下旬から八月上旬という草地管理を実施している。ところが、これは結実期に刈ることを意味しているので、当然TDN％は五五％程度しかない（慣行酪農の出穂期早刈ではTDNは六〇％以上）。この意味については後ほど

写真1 春施肥（への字稲作ではドカン肥）直前の兼用地チモシーの状態（三友農場2006年5月13日）

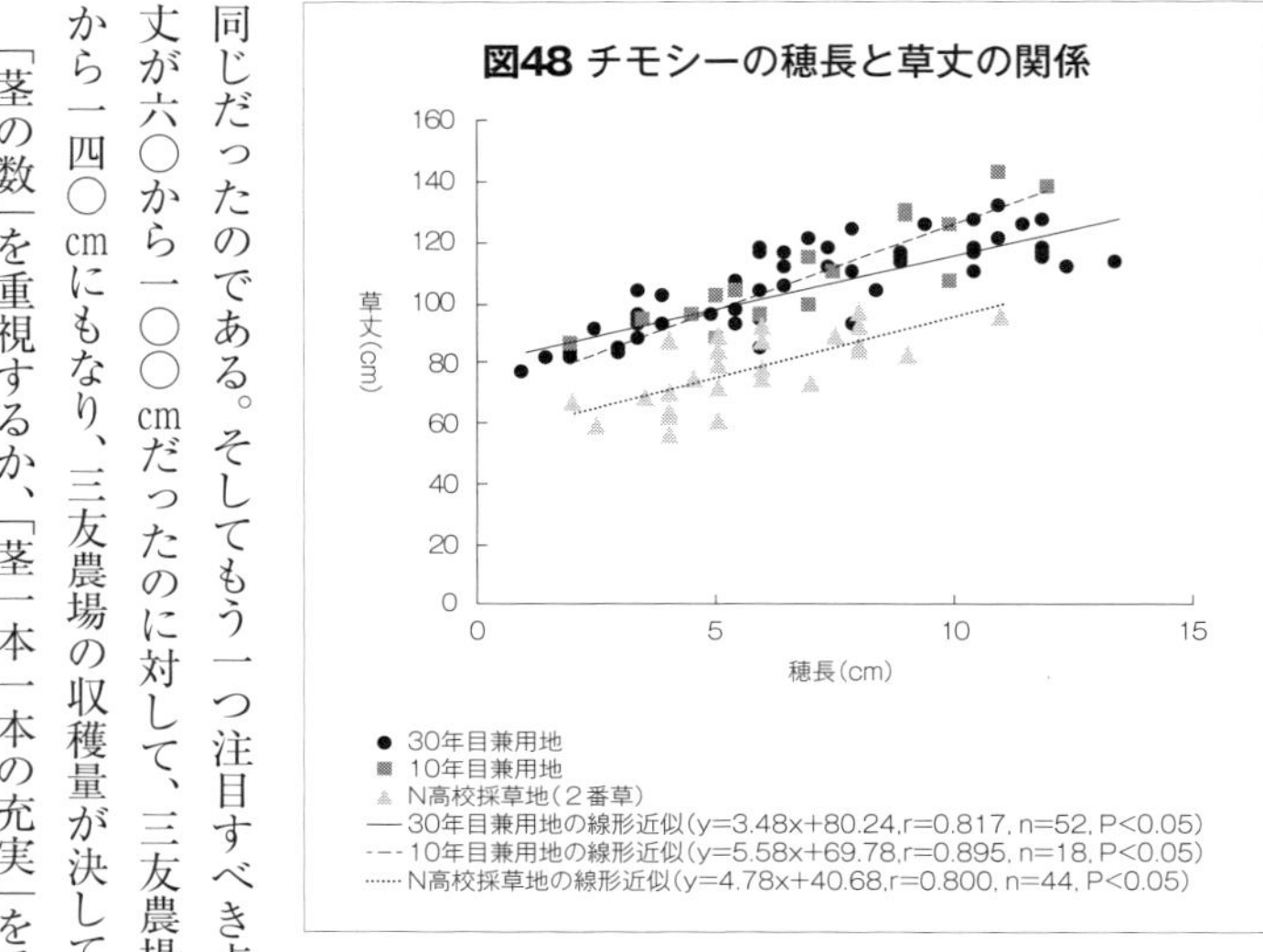

図48 チモシーの穂長と草丈の関係

改めて考えてみる。

さて、「茎の数」ではなく、「茎一本一本の充実」する育て方で、果たして収穫量はどうなるのか。三友農場の七月下旬、一番草刈り取り直前の様子を写真2に写真として載せてみた。チモシーは出穂し、穂は長く充実している。穂が大きいということは、「茎一本一本の充実」していることの裏返しでもある。収量に深い関係がある「草丈」と「穂の長さ」の関係を図48に示した。穂が長くなると草丈は長くなる、つまり穂が長くなると収量も多くなる可能性がある。それは晩生である三友農場のチモシーだけではない。図49に示したように、早生のN高校採草地のチモシーもまた同じだったのである。そしてもう一つ注目すべき点は、N高校採草地の早生であるチモシーの草丈が六〇から一〇〇cmだったのに対して、三友農場の兼用地の晩生であるチモシーの草丈が八〇から一四〇cmにもなり、三友農場の収穫量が決して少なくないことがうかがわれるのである。

「茎の数」を重視するか、「茎一本一本の充実」を重視するかで、草地への春施肥のやり方は違ってくる。人間の都合である「高いＴＤＮ％の草を大量に」という欲望は、六月下旬には刈り取るために、牧草に「茎の数」を早めに増やすことを要求する。しかし、それは牧草の生き物としての都合に沿ったものではない。生き物の都合に沿わないやり方は、結果として「生産コスト」の無駄を招く。逆に言えば、牧草の生き物としての都合に沿って、茎一本一本が充実できるように人間が手立てをすることは、加えた「生産コスト」を無駄にしない結果を生むのである。

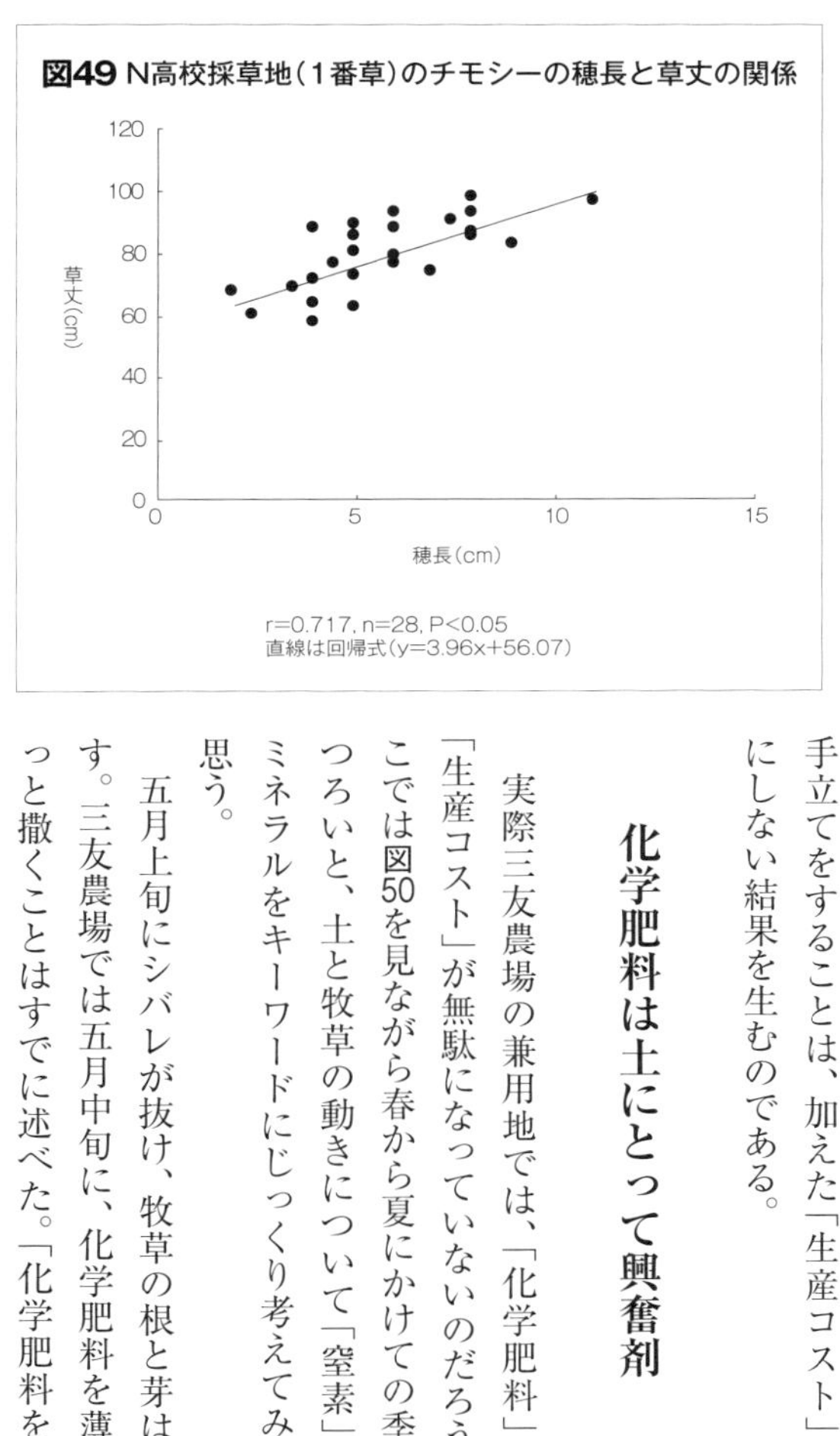

図49 N高校採草地(1番草)のチモシーの穂長と草丈の関係

化学肥料は土にとって興奮剤

実際三友農場の兼用地では、「化学肥料」という「生産コスト」が無駄になっていないのだろうか。ここでは図50を見ながら春から夏にかけての季節のうつろいと、土と牧草の動きについて「窒素」というミネラルをキーワードにじっくり考えてみたいと思う。

五月上旬にシバレが抜け、牧草の根と芽は動き出す。三友農場では五月中旬に、化学肥料を薄くぱらっと撒くことはすでに述べた。「化学肥料を薄くぱ

図50 三友農場兼用地（1番草）までのチモシーの窒素吸収量と土壌の窒素無機化量の推移

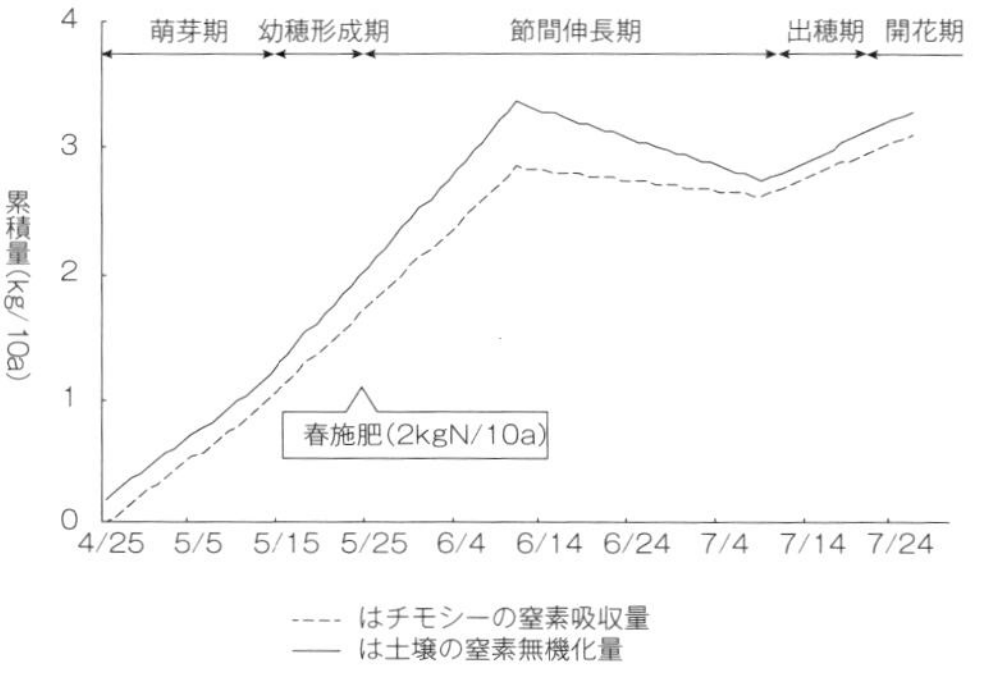

萌芽期　幼穂形成期　節間伸長期　出穂期　開花期

累積量(kg/10a)

4/25　5/5　5/15　5/25　6/4　6/14　6/24　7/4　7/14　7/24

春施肥(2kgN/10a)

---- はチモシーの窒素吸収量
—— は土壌の窒素無機化量

らっと撒く」ことによって、土壌はどんな反応をするか。

「窒素」というのは、動きをつかむのにちょっと苦労するミネラルである。土壌中の窒素は様々な形があるため、一筋縄ではいかないのである。おおざっぱに分けると植物に利用されにくい「有機態窒素」と、植物に利用されやすい「無機態窒素」がある。「無機態窒素」はさらに「アンモニア態窒素」と「硝酸態窒素」に分けられる。「無機態窒素」は水に溶けやすい窒素でもある。その中でも「硝酸態窒素」は特に水に溶けやすい。この窒素の形をすべて追跡するのは大変なので、植物に利用されやすく水に溶けやすい「無機態窒素」に絞って表13を見ながら考えてみよう。

春先の四月下旬、土壌中に「硝酸態窒素」は〇・六mg／一〇〇g乾土とごく少ない。しかし、五月中旬に「化学肥料を薄くぱらっと撒く」ことによって六月中旬には九・四mg／一〇〇g乾土にも増加する。しかしその後は、七月下旬にかけて春先と同じような〇・五mg／一〇〇g乾土と減少していく。「アンモニア態窒素」も基本的には同じような動きをしている。しかし、春先から夏にか

表13　三友農場兼用地土壌中のアンモニア態窒素・硝酸態窒素の推移

	4月25日 萌芽始め期	5月13日 萌芽期	6月11日 伸張期	7月9日 出穂・開花期	7月26日 結実期
アンモニア態窒素 (mg/100g乾土、以下同)	5.5	2.5	6.3	2.6	4.7
硝酸態窒素	0.6	3.0	9.4	1.2	0.5
アンモニア態窒素 (Nkg/10a、以下同)	0.18	0.08	0.20	0.08	0.15
硝酸態窒素	0.02	0.10	0.30	0.04	0.01
土壌無機態窒素合計	0.20	0.18	0.51	0.12	0.17

容積重を0.65g/cm^{3}として、地下50cmまでとした。
易有効態窒素合計は、アンモニア態窒素＋硝酸態窒素とした。

けて硝酸態窒素よりも高い濃度で推移している。これは、土壌中の「有機態窒素（腐植やタンパク質が主体と考えられている）」が土壌中の微生物に少しずつ利用され分解されて排泄物として「アンモニア態窒素」となるからである。また「アンモニア態窒素」はプラスの静電気を持ち、土壌中の粘土はマイナスの静電気を持つ。プラスとマイナスはくっつくため、微生物がせっせと排泄した「アンモニア態窒素」は粘土にくっついた状態になる。粘土にくっつくと簡単には水に流されない。こうして粘土にくっついた「アンモニア態窒素」は土壌中で硝酸態窒素よりも比較的高い濃度を保つと考えられるのである。

「硝酸態窒素」と「アンモニア態窒素」が植物に利用されやすい「無機態窒素」である。一〇aあたりどれぐらいの量が、季節によってどうなるのか。表13にあるように春先の四月下旬、土壌中に「無機態窒素」は〇・二〇kg／一〇aしかない。しかし、五月中旬に「化学肥料を薄くぱらっと撒く」ことによって六月中旬には〇・五一kg／一〇aまで増加する。しかしその後は、七月下旬にかけて春先と同じような〇・一七kg／一〇aへと減少していく。ざっくりと言えることは、五月中旬に「化学肥料を薄くぱら

表14　三友農場兼用地の牧草窒素含量・牧草乾物収量・窒素収量の推移

	4月25日 萌芽始め期	5月13日 萌芽期	6月11日 伸張期	7月9日 出穂・開花期	7月26日 結実期
牧草窒素含量（%）	−	1.4	1.2	0.7	0.6
牧草乾物収量 （Nkg/10a、以下同）	−	69.3	239.7	383.9	505.3
牧草窒素収量	−	0.96	2.85	2.62	3.11

っと撒く」ことは、六月中旬に「無機態窒素」の量を増やす、ということである。先ほどチモシーが最も窒素がほしい時期は、六月中旬の伸張期であるとした。チモシーが最も窒素がほしい時期に土壌も「無機態窒素」が多くなっている。五月中旬に「化学肥料を薄くぱらっと撒く」ことは、チモシーの欲求にマッチした春施肥のやり方・時期であることがわかる。

チモシーが窒素をどのようにほしがるか、表14を見ながら考えてみよう。チモシーは若く草丈が短い方が窒素含量（タンパク質含量と言い換えてもよい）が高く、草丈が長くなって花が咲き種子が実るとガクッと低くなる。このため「穂が見えたら刈れ」とよく言われるのである。

チモシーは五月上旬から中旬の「萌芽期」から六月中旬の「伸張期」にかけて窒素含量は一・四%から一・二%と比較的高い。窒素含量が高いこの時期に牧草は急速に成長する。五月中旬の萌芽期に乾物で六九・三kg／一〇aだった状態から、六月中旬の伸張期では二三九・七kg／一〇aと、実に三倍以上に成長する。このため、チモシーが窒素を吸収する量も、五月中旬の萌芽期の〇・九六kg／一〇aから、六月中旬の伸張期では二・八五kg／一〇aと、これもまた三倍程度窒素の吸収量が増える。やはりチモシーがもっとも窒素をほしがるのは、六月中旬の伸張期であることがこのことからもうかがえるのである。

写真２　１番草収穫直前の兼用地チモシーの状態（三友農場2004年7月24日）

写真３　三友農場兼用地土壌表層の状態（2006年10月7日採取）

写真４ Ｎ高校採草地土壌表層の状態（2006年10月30日採取）

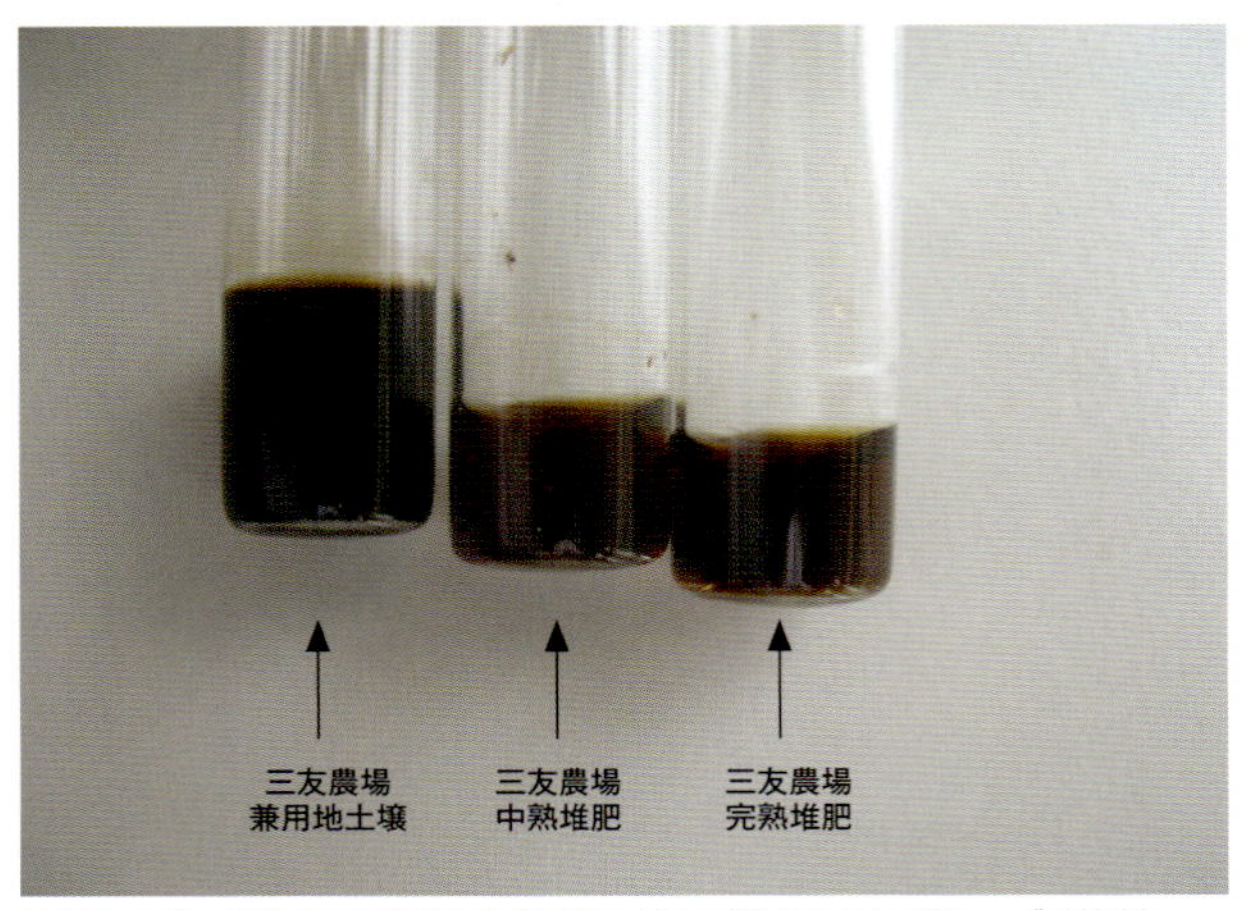

写真５ 土壌・堆肥から抽出された腐植酸＋フルボ酸（ピロリン酸ソーダで抽出）

写真６ 三友農場兼用地のＬ層（上から見た写真）

写真７ 三友農場兼用地のＦ層（上から見た写真。Ｌ層の形のはっきりした枯草を取り除いた状態）

写真８ 三友農場兼用地のＨ層（上から見た写真。Ｆ層のルートマットとボロボロになった枯草を取り除いた状態）

写真９ 三友農場兼用地のＡ層（上から見た写真。Ｈ層の黒っぽい粉状になった枯草を取り除いた状態）

写真10 N高校採草地の地下5cmまでの土壌断面（草地更新から4年）

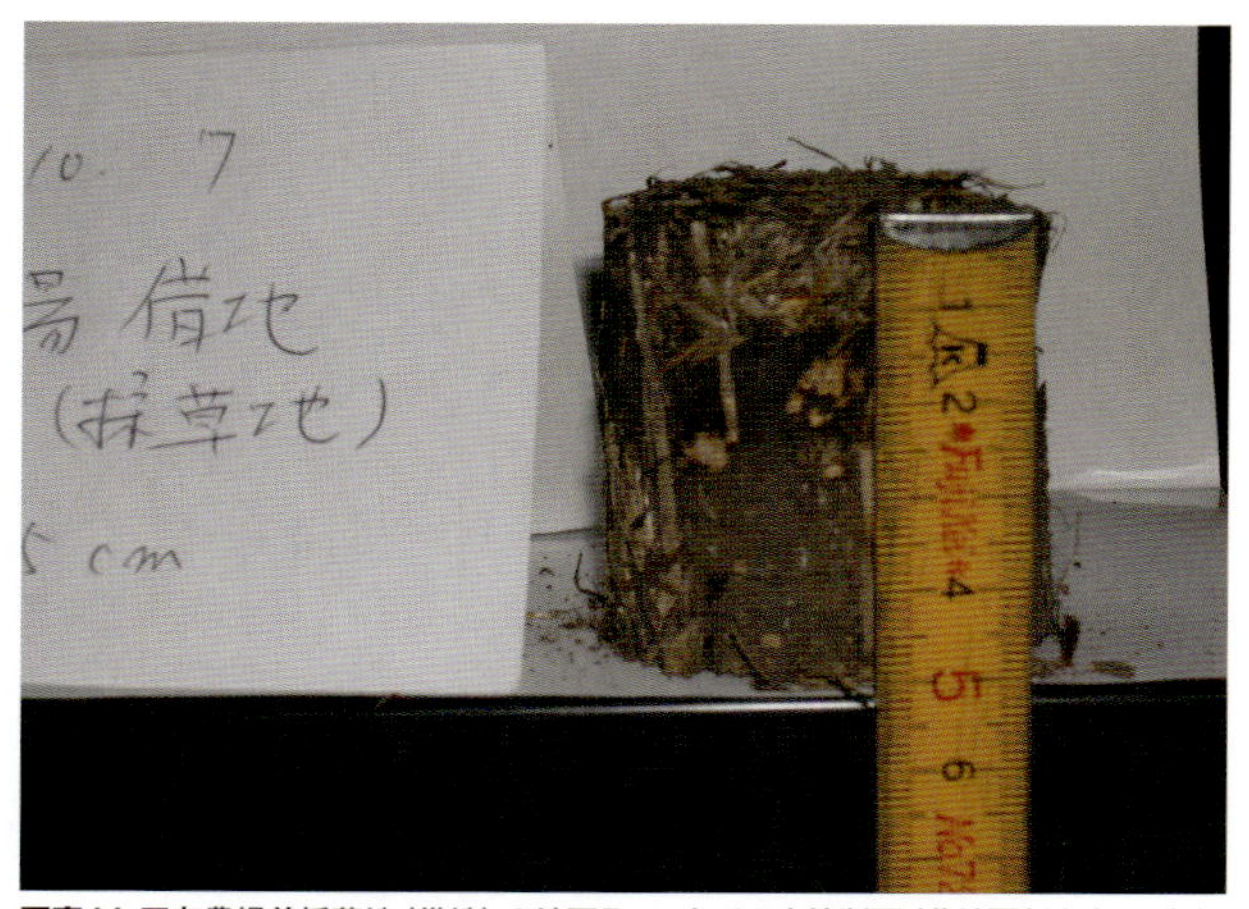

写真11 三友農場兼採草地（借地）の地下5cmまでの土壌断面（草地更新から15年）

写真12 三友農場兼用地の地下5cmまでの土壌断面（草地更新から40年）

写真13 三友農場放牧地の地下5cmまでの土壌断面（草地更新から40年）

表15　三友農場兼用地の土壌易有効態窒素・牧草窒素吸収量・土壌窒素無機化量の推移（Nkg/10a）

	4月25日 萌芽始め期	5月13日 萌芽期	6月11日 伸張期	7月9日 出穂・開花期	7月26日 結実期
土壌易有効態窒素合計	0.20	0.18	0.51	0.12	0.17
牧草窒素吸収量	−	0.96	2.85	2.62	3.11
土壌窒素無機化量	0.20	1.14	3.36	2.74	3.27

土壌窒素無機化量は易有効態窒素＋牧草窒素吸収量とした。

しかしである。六月中旬の「伸張期」から七月下旬の「結実期」にかけては、大きさとしては大きく成長する、つまり六月中旬の伸張期に乾物で二三九・七kg／一〇aだった状態から、七月下旬の「結実期」では五〇五・三kg／一〇aと、二倍程度に成長するにもかかわらず、窒素を吸収する量は六月中旬の伸張期期の二・八五kg／一〇aから、七月下旬の結実期では三・一一kg／一〇aと、一・一倍程度しか増えない、というよりもほとんど増えないのである。

ここからわかることは、チモシーは五月中旬の「萌芽期」から六月中旬の「伸張期」までは窒素をたくさん必要とするが、それ以降の七月下旬の「結実期」にかけてはあまり必要ない、ということである。土壌中の「無機態窒素」の動きと一致しているのである。

さてここで、「チモシーの窒素吸収量」と「土壌中の無機態窒素の量」、それぞれの季節による動きを合わせて考えてみる必要があろう。それには一工夫がいる。「土がどれぐらいチモシーに使える窒素――つまり無機態窒素――を与えたか」がわからなければならない。表13で述べた「無機態窒素」の動きは、あくまで「その季節に、土壌中にどれぐらい無機態窒素が残されているか」ということに過ぎない。「土がどれぐらいチモシーに使える窒素――つまり無機態窒素――を与えたか」を表わしてはい

表16　三友農場兼用地のL層、F層、H層、A層、B層の厚さ（cm）

L層	F層	H層	A層	B層
1.2±0.3	2.3±0.3	0.5±0.0	42.8±2.8	7.4±1.5

2006年8月13日計測、いずれも平均±標準偏差。

表17　三友農場兼用地のL層、F層、H層、A層の pH(H2O)、T-C、T-N、C/N、アンモニア態窒素(NH4-N)、硝酸態窒素(NO3-N)

	（%）				（mg/100g乾土）	
	pH（H_2O）	T-C	T-N	C/N	NH_4-N	NO_3-N
L層	5.2	35.1	1.4	25.3	1.4	9.2
F層	4.7	17.0	0.9	18.8	9.2	3.2
H層	4.7	12.1	0.6	19.5	3.6	3.0
A層（10cm）	5.6	9.9	0.4	28.7	1.4	3.2
A層（25cm）	5.6	9.2	0.3	33.1	1.7	1.4
A層（50cm）	5.6	9.0	0.3	32.4	1.8	1.2

2006年8月13日測定。

ないのである。

　土がどれぐらい「無機態窒素」を放出したか。それはその季節その時期の土壌中の「無機態窒素の量」と「牧草が吸収した窒素の量」を足し合わせた量となる。それを表15に示してみた。数字だけではイメージがつかないのでグラフにしたのが図50である。土壌は四月下旬の萌芽始め期から徐々に「無機態窒素」を放出するが、五月中旬の春施肥以降「無機態窒素」の放出量がどんどん大きくなっていく。一方、チモシーも五月中旬の春施肥以降、窒素吸収量がぐんぐん多くなる。そして、六月中旬以降、土壌の無機態窒素放出量は頭打ちになると同じように、チモシーの窒素吸収量も頭打ちになる。土壌の無機態窒素放出量の方がやや多く推移するものの、「土壌の無機態窒素放出量」と「チモシーの窒素吸収量」はほぼ一致して推移している。チモシーの肥料と土壌から放出される無機態窒素利用効率は約九五％になる。化学肥料という「生産コスト」を無駄にしない、使い切るチモシーの育て方。これが三友農場の低コスト経営と低い環境負荷の一つのカギなのである。

さて、五月中旬の春施肥が土壌の無機態窒素を増加させることがわかった。しかし、六月中旬以降、なぜ土壌の無機態窒素が増加しないのか、がこのままではよくわからない。

春施肥をすると、土壌は興奮状態になったかのように無機態窒素を多く放出することは前に確認した（表13）。これには草地の土壌表層の窒素と炭素のバランス、C／N比が関係している。この値が高い、つまり窒素よりも炭素が多いと土壌は無機態窒素をあまり放出しない。逆にこの値が低下する、つまり炭素よりも窒素が多いと無機態窒素が多く放出される。無機態窒素が多く放出される境目は、C／N比で一七前後である。

三友農場兼用地の土壌表層には、枯れ草をはじめとした四cm程度の有機物の層がある（表16・写真3）。これはN高校の採草地には見られないものである（写真4）。この違いについては後々述べることにして、今は草地表層のC／N比に集中しよう。

三友農場の兼用地表層の春先のC／N比は約二五か

表18　三友農場兼用地の根群分布

	根の出現数	根の出現頻度（%）
0～10cm	315	35.8
10～20cm	139	15.8
20～30cm	159	18.1
30～40cm	117	13.3
40～50cm	81	9.2
50～60cm	43	4.9
60～70cm	21	2.4
70～80cm	4	0.5
80～90cm	0	0.0
90～100cm	0	0.0

2003年10月5日計測。

ら一八である（表17）。この状態では土壌はあまり無機態窒素を放出しない。ところが五月中旬に兼用地表層に化学肥料が散布されると、表面のわずか三〜四㎝のC／N比は一七以下と、大きく低下する。これが春施肥によって多くの無機態窒素が放出される理由である。そして、ちょうどそのころ、チモシーは多くの窒素を必要としているのである（図50）。

ところが六月中旬以降になると、放出された無機態窒素がチモシーに吸収されると同時に、牧草の根が少なくなる地下二〇〜五〇㎝に流出する（表18）。この深さのC／N比は約二八から三三であり、微生物にとっては窒素が少ない状態である。流れてきた無機態窒素は微生物に取り込まれ、無機態窒素放出量が減少・抑制される。そして、ちょうどそのころ、チモシーの窒素吸収量は鈍るのである（図50）。

これが、土壌の無機態窒素の放出量とチモシーの窒素吸収量はほぼ一致するメカニズムであり、化学肥料という「生産コスト」を無駄にしないあり方なのである。春施肥の時期一つとっても、たった半月の差ではあるが、大事なポイントが隠されていたということである。

第一〇章　遅刈り、しかし適期刈り

早刈りは適期刈りか

春先に施肥をして以降、酪農家は「採草地」にあまり足を運ばなくなる。そして、六月は二〇日も過ぎた頃から再び「採草地」に行くようになる。草（チモシー）の穂が出る時期だからだ。現在一般的な刈り取り適期は「出穂期」、すなわち「穂が見えたら刈る」である。この時期になるとチモシーの穂が出ているか出ていないか、そして天気が気になるようになる。

このとき、酪農家はだいたい「栄養価の高い草を、たくさん取りたい」と考えてしまう。豊かさとは農業粗収入の増大であり、農業粗収入の増大のためには生産乳量を増加させなければならないのだから、生産乳量の増加のためにはどうしても「栄養価の高い草を、たくさん取ら」なければ

表19　三友農場兼用地の乾草とN高校採草地の乾草の比較（%）

	刈り取り時期	粗灰分	糖度	硝酸態窒素	ADF	粗タンパク質
三友農場兼用地	結実期（7月下旬）	8.2	12.0	0.005	45.2	3.8
N高校採草地	出穂期（6月下旬）	7.6	4.0	0.019	39.7	10.1

2003年10月5日計測。

ならないと考えてしまうのである。

実際に出穂期の栄養価は高い。N高校で実際に収穫された「出穂期」刈り取りの乾草の栄養価は、粗タンパク質で一〇・一%、ADF（繊維含量）から推定したTDN（可消化養分総量）で五八・三%になる（表19）。花が咲き実がなってしまう「結実期」に比べて、乾物の収穫量は八割から九割程度となるが、栄養価が高いために、「TDN収量」や「粗タンパク質収量」といった栄養成分としての収穫量は逆に多くなる。農業粗収入の増大のため、生産乳量の拡大のために栄養価の高い草をたくさん取る、という目的からすると、「出穂期」である六月下旬に一番草の収穫を行なうのは理にかなっている。

しかしである。根釧地方では「六月下旬」というのは、好天に恵まれない季節でもある。この時期、北海道の北東側に冷たい空気を持つオホーツク海高気圧が勢力を伸ばしている。本州以南ではまだ梅雨前線が発達している時期であり、天気は不安定である。「乾草」にするためには好天が三日続くことが必要である。天気が不安定であれば、好天が三日も続くことは難しい。一番草を刈り倒して「乾草」にするために草地に草をおいておくこの三日間に、雨が降ればタンパク質などは流れてしまい「栄養価」はぐっと落ちてしまうし、カビが生える危険性も高くなる。それはサイレージにする選択をするとしても、多少リスクは少なくなるが同じことである。

好天に恵まれない季節に「収穫作業」をする――このこと自体が「生産コスト」を引き上げる原因の一つでもあることは指摘した。収穫作業を速くするためにより大型の機械、乾草ではなくサイレージにするために大量のビニール資材と様々なサイレージ発酵促進添加剤など、生産資材が入り込む「隙」をつくる。逆に「好天に恵まれる」季節に「収穫作業」をすると、「生産資材」をより少なくする「乾草」という収穫の方法が選択できる。

根釧地方で好天に恵まれるようになるのは、太平洋高気圧が発達する七月下旬以降である。年によってはそれが八月にずれ込むこともある。七月下旬にはチモシーは花が咲き種子が実る「結実期」になっている。「結実期」になってしまうと、葉が枯れ上がって「乾草」というよりも「枯れ草」を収穫することになるのではないか。そんな不安が頭をよぎるかもしれない。実際はどうなのかまずそこを見てみたい。

水稲をはじめとして作物栽培では、肥料をうまく吸収できているかどうかを判断するために、葉の色を見る。葉の色が薄ければ「肥料不足」、濃すぎれば「肥料過剰」と判断する。色の薄い濃い、これを数値化したものが「カラースケール」である。牧草用のカラースケールが手に入らなかったので、水稲用のカラースケールで季節変化を調べた結果が図51である。N高校放牧地や採草地のチモシーが六・〇から三・五で推移している。三友農場兼用地のチモシーは五・五から四・五である。施肥量が三友農場の方が少ないにもかかわらず、三友農場のチモシーの葉の色は「落ちない」のである。しかも、N高校採草地の収穫時（六月下旬・出穂期）のカラースケールが四・二に対して、三友農場兼用地の収穫時期である七月下旬・結実期のカラースケールは四・五である。三友

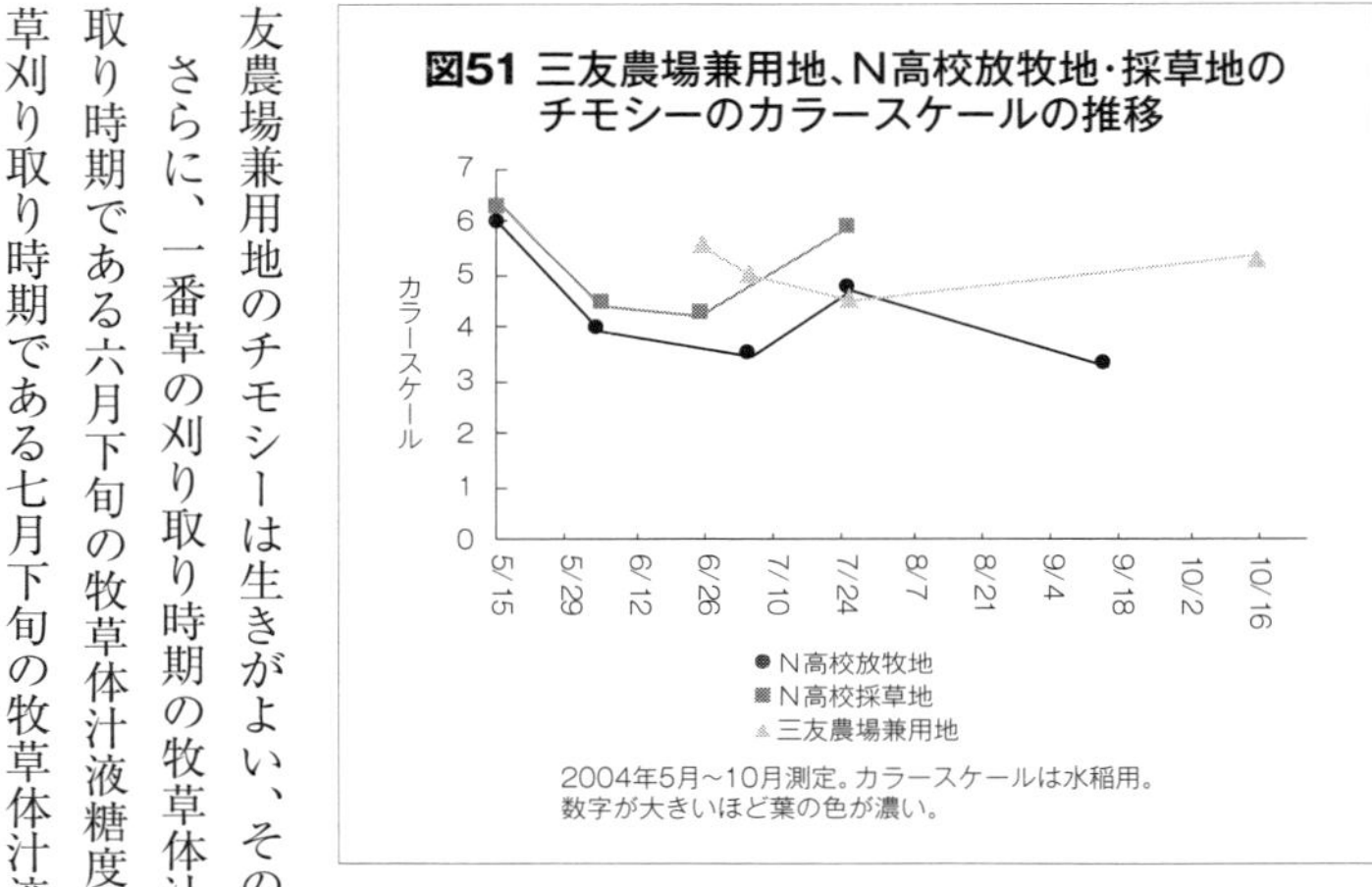

図51 三友農場兼用地、N高校放牧地・採草地のチモシーのカラースケールの推移

2004年5月～10月測定。カラースケールは水稲用。数字が大きいほど葉の色が濃い。

農場の兼用地のチモシーは、七月下旬・結実期には枯れ上がって「枯れ草」になっているわけではない。結実期ではあっても、収穫する直前まで葉の色はのっているのである。

「結実期」でもチモシーの生きがよいことを示すもう一つのデータがある。作物の生育診断の一つとして植物体の汁液の糖度を計る、というものがある。作物ごとに最適な植物体汁液糖度の値があり、一般的には糖度が高い方が作物の生育がよい、とされている。図52を見てみよう。これはチモシーの汁液糖度を測定してみた結果である。N高校採草地でも放牧地でも二・一から五・〇程度であるのに対して、三友農場の兼用地は六・〇から一八・〇になる。葉の色だけではなく、牧草体汁液糖度から見ても三友農場兼用地のチモシーは生きがよい、そのことがうかがえる。

さらに、一番草の刈り取り時期の牧草体汁液糖度に注目してみる。N高校採草地の一番草刈り取り時期である六月下旬の牧草体汁液糖度は三・八である。それに対して三友農場兼用地の一番草刈り取り時期である七月下旬の牧草体汁液糖度は一八・〇にもなり、四倍以上も高いのである。

牧草は地際の茎に糖分をため込んで、葉や根を出すエネルギー源にしていることは述べた。刈り取られた後、糖分をため込んでいる方が根や葉を再生しやすいと考えると、三友農場兼用地の方がチモシーの再生がよい、と考えることができる。

牧草体汁液糖度から見ても、六月下旬の「出穂期」に一番草を刈り取るよりも七月下旬の「結実期」に一番草を刈り取る方が理にかなっている。「結実期」の方が圧倒的に糖度が高いのである。逆に「出穂期」に刈ってしまうと、チモシーは十分に糖分をため込むことができない。結果的に「出穂期」刈り取りはチモシーを弱らせてしまい、シバムギなどの雑草が進入する隙をつくる。「結実期」の刈り取りは、チモシーが十分に糖分をため込んで地下に「コーム」と呼ばれる球根をつくり、雑草よりもチモシーの方がより繁茂できる。糖度計がなくとも、チモシーを掘り取ってみてラッキョウのような「コーム」ができていれば生きのよい証拠である。

このように、チモシーにとっては、「結実期」に刈り取られることは最も負担が少なく、生き物としての理にかなっている。逆に「出穂期」に刈り取られ

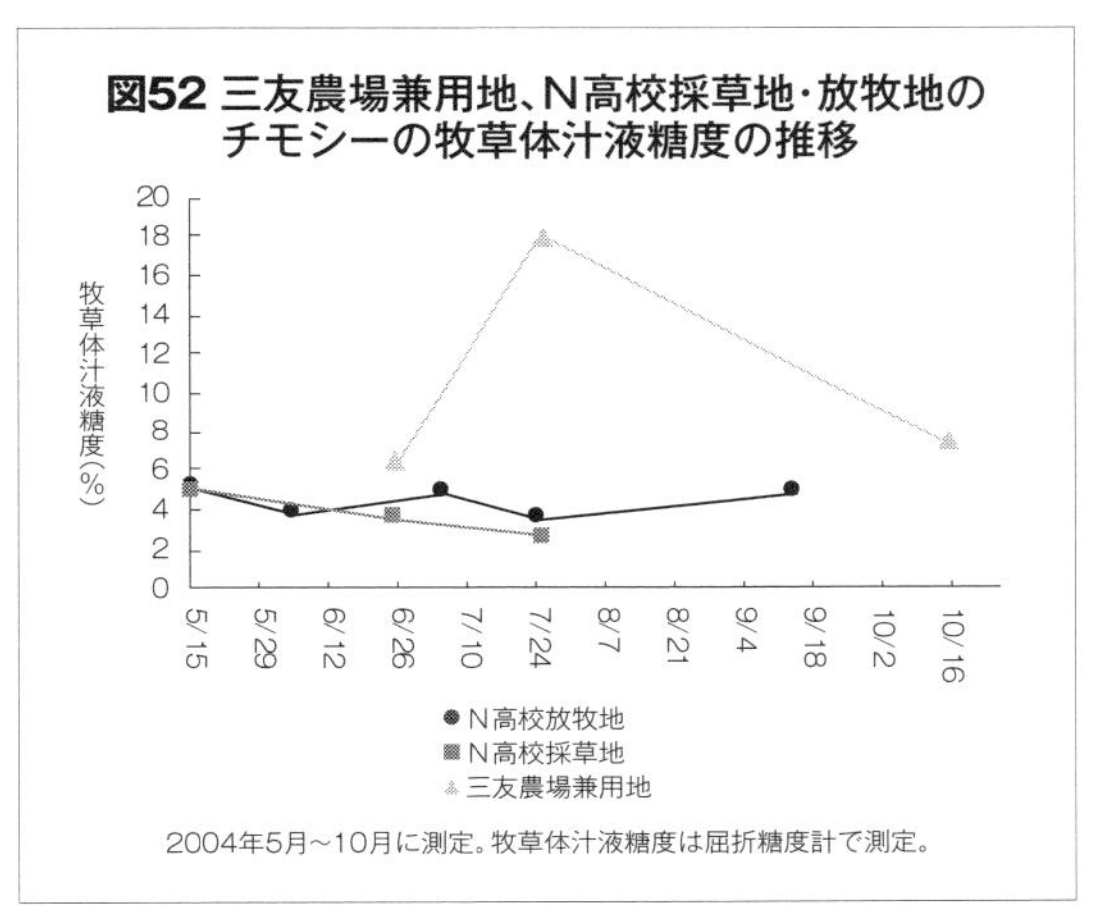

2004年5月〜10月に測定。牧草体汁液糖度は屈折糖度計で測定。

図53 三友農場兼用地、N高校放牧地・採草地のチモシーの牧草体汁液硝酸態窒素の推移

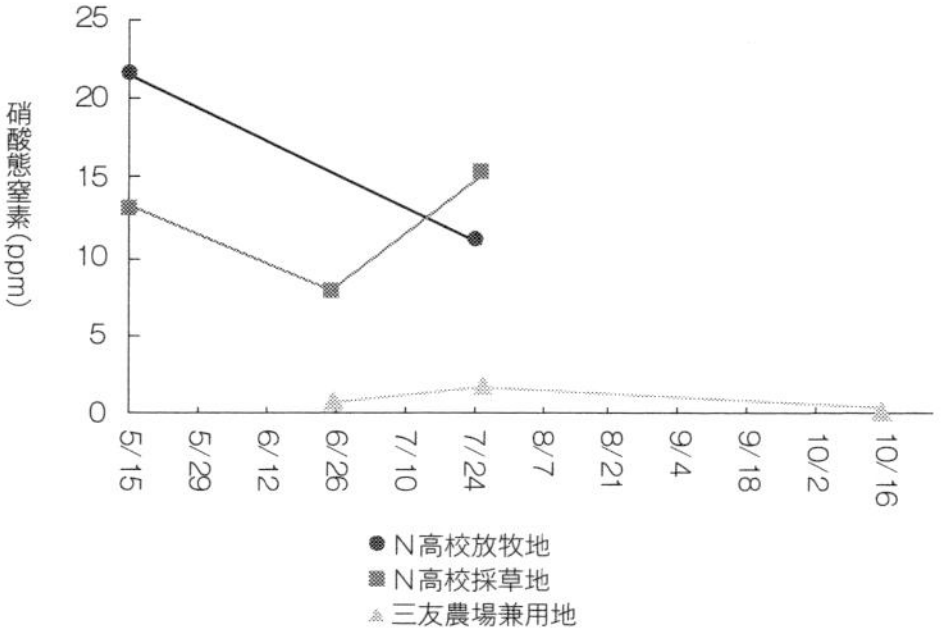

硝酸態窒素（ppm）

25
20
15
10
5
0

5/15 5/29 6/12 6/26 7/10 7/24 8/7 8/21 9/4 9/18 10/2 10/16

● N高校放牧地
■ N高校採草地
▲ 三友農場兼用地

2004年5月～10月に測定。牧草体汁液硝酸態窒素はRQフレックスで測定。

ることは、チモシーにとってはこれからというときに人間によって強制的にストップをかけられることであり、生き物としての理にかなっていないのである。

「結実期」収穫、言い換えると「実取りをするように、草を育てて収穫すること」はチモシーの生き物としての理にかなっているが、その結果収穫される「乾草」の餌としての質はどうなのだろうか。次にそれを考えてみたい。

もう一度表19を見てみよう。「実取りをするように、草を育て」た結果、乾草のTDNは五四・三%程度となってしまった。このことの意味を考えてみたい。

表19は、N高校採草地の乾草と三友農場兼用地の乾草を比較している。三友農場の乾草は、N高校採草地に比べて灰分（ミネラル）、糖度（これが高いと一般にビタミン類が高い）は高く、硝酸態窒素は低い傾向がある。また、結実期に採草利用するため、ADF（難分解性繊維が中心）は高く、CP（粗タンパク質）は低い傾向がある。ADFが高くタンパクが低いことはTDN%が低いことを意味する。つまりN高校採草地の乾草のTDN%が

五八・三％であるのに比べて三友農場兼用地の乾草はＴＤＮ％は五四・三％と低く、乳生産量を抑制する。しかし、ミネラルが多く糖度が高く、硝酸態窒素が少ないという特徴がある。牧草体汁液の硝酸態窒素濃度は、Ｎ高校の採草地・放牧地では八～二一ｐｐｍなのに比べて三友農場兼用地は〇～一ｐｐｍとほとんど検出されないに等しい（図53）。高濃度（約二〇〇〇ｐｐｍ以上）であれば急性中毒の危険があるが、低濃度でも牧草に硝酸態窒素が多いことは慢性中毒になり、乳牛の健康を徐々に蝕むことになる。

三友農場兼用地の乾草の特徴は、乳生産量を低下させるが、乳牛疾病を減少させる可能性がある。このことは、「治療費」というコストの削減を実現するだけではなく、乳房炎乳として廃棄しなければならない牛乳が減る――つまり生産物が無駄にならないことも意味する。実際に三友農場では、乳牛が必ずといってよいほど患ってしまう乳房炎はほとんど見られない。第四胃変位などの病気の発生もほとんどない。乳牛が健康にきっちり働いてくれるおかげで、三友農場の生産コストは低下し、所得率は向上し、経営は安定するのである。

乾草の役割は「餌」だけではない

三友農場では冬期間、対頭式スタンチョン牛舎に乾草をあふれるばかりに給与する。対頭式なので飼槽が牛舎の中央線となる。幅二ｍ弱の飼槽に、人間の腰よりもやや低い程度まで乾草を与える。牛舎には四〇頭ほどの牛が寝起きしている。発汗や呼吸により牛舎内の湿度は上がる。牛

表20　三友農場兼用地の放牧草・乾草・糞・堆厩肥の炭素・窒素含量と炭素／窒素比

	炭素含量（%）	窒素含量（%）	炭素／窒素比
放牧草	52.6	1.9	30.2
乾草	53.9	0.6	101.1
乳牛糞	48.1	2.1	23.4
新鮮堆厩肥（推定）	51.0	1.3	37.9
2年目中熟堆肥	51.0	1.3	37.9
3年目完熟堆肥	9.1	0.5	18.9

2005年、2006年測定。

床の湿度が上がることは望ましくない。乳房炎の原因となる細菌が繁殖しやすくなる。乾草は空気中の水蒸気を吸収し、湿度を下げる効果がある。

あふれんばかりに与えた乾草は、さすがに牛たちは食べ残す。食べ残した乾草を、乾いた面が出るようにフォークでひっくり返してやると、牛たちはまた食べてくれる。しかし、それでもかなりの量の乾草を食べ残す。食べ残した乾草は牛床にふかふかのベッドになるように広げる。こうして牛床は乾燥化する。乾燥化は乳房炎対策に有効な手段となるわけである。酪農を行なう以上は、牛を拘束する。その分、人間は牛にとって快適な環境を整える義務がある。乾草は単に「餌」としての価値だけではなく、牛舎内、牛床の乾燥化という価値も持っている。

もう一つ重要なことが、三友農場の乾草は「結実期刈り」のため「ADF（難分解性繊維が中心）は高く、CP（粗タンパク質）は低い」ということである。この乾草を乳牛にたっぷりと採食させ、配合飼料の給与量を制限すると、乳生産量は抑制される。しかし、タンパク質に対して繊維が多い糞尿を生産することになる。この糞尿にさらに食べ残しの乾草を混ぜ合わせると、さらに繊維が多くなる。

繊維が多くタンパク質が少ない糞尿、これはこのように言い換えることができる。繊維の主成分は炭素（C）であり、タンパク質の主成分は（N）である。つまり三友農場の糞尿は炭素が多く、窒素が少ないと予想される。このことは炭素窒素比（C／N比）が高いことを意味する。

一般的な乳牛糞尿のC／N比は約一一である。これだけで堆肥をつくろうとすると、水分が多すぎるのはもちろんであるが、繊維に対して窒素が多い状態であり、いわゆる「元気型堆肥」となる。「元気型堆肥」は肥料としての効果は高いかもしれないが、糞尿中の窒素のかなりの部分がアンモニアとして揮散していくことになるし、そもそも水分が多すぎるので完熟堆肥にすることは難しい。一方、三友農場の糞尿のC／N比は二三・四である（表20）。この糞に食べ残しの乾草を混ぜ合わせるとさらに繊維が多くなり、C／N比が高くなる。ざっと考えてみると、三友農場の乾草のC／N比は一〇一・一であり（表20）、窒素に対して繊維がかなり多い。この乾草と糞がほぼ同じ量混ぜ合わさったとすると、C／N比は三七・九となる（表20）。

この状態は窒素の少ないいわゆる「のんびり型堆肥」であり、アンモニアの揮散は少なく分解がゆっくりと進むと考えられる。三友農場では数年間、切り返しと熟成を行ない、三年後の草地への散布するときにはC／N比一八・九の完熟堆肥を生産している（表20）。この完熟堆肥が三友農場にとって重要なのである。次章では、この「完熟堆肥」がどのような意味を持つかについて掘り下げてみたい。

第一一章　腐植、そして腐植酸

腐植のタブー

一般的に農業では「堆肥」を畑に入れることは大切なことだという認識がある。化学肥料に入っている肥料の三要素「窒素」「リン」「カリウム」の投入効果はもちろんのこと、「微量要素」と呼ばれているミネラルの補給効果も期待される。さらに、土壌の通気性や排水性を改善する効果も期待される。

また「堆肥」を畑に入れることによって土壌には「腐植」が起きる。これが「大切なもの」であることは、実際に畑を耕し草地に手間をかける農民は実感している。しかし農学や畜産学の世界ではこのことは無視されてきた。

一般的に「腐植」が土壌中に増えると土の色は黒っぽくなる。よく肥えた畑の作土や森林の土が黒っぽいのは、「腐植」がたくさんあるためである。ここまでは農学の一部門である「土壌肥料学」でも共通認識としてある。問題は、「腐植」が作物に対して何らかの効果があるか、という点である。農民の感覚としては、土が黒っぽくなった方が、つまり「腐植」が多い方が作物を育てやすい。しかし、感覚を排して「データ」で話を進める農学ではそうはいかない。

肥料の三要素は「窒素」「リン」「カリウム」である。この「窒素」「リン」「カリウム」の成分量をまったく同じにして、「化学肥料だけ」と「堆肥だけ」で一六〇年以上も小麦の栽培試験をしてみたデータがイギリスにある。このイギリスの「ロザムステッド農事試験場」のデータでは、小麦の収穫量は一六〇年以上たっても「化学肥料だけ」と「堆肥だけ」のどちらも変わらない、という結果が出ている。つまり「化学肥料」が土壌を荒らしてしまい、長期的に見れば作物の収量は減ってしまうといったことはない、とこのデータは言っているのである。

「ロザムステッド農事試験場」の研究データからは、「堆肥」を畑に入れて土壌中の「腐植」を増やし、畑を肥やすことによって作物を育てるという考えは、「あまり科学的ではない」とされてしまうのである。つまり土壌の「腐植」が作物を育てるという考え方は、「非科学的」なものとして農学・畜産学の主流からは退けられてきた。ちょっとここで、時計の針を一六〇年前、日本で言えば明治時代の直前まで巻き戻してみよう。場所はドイツである。

当時のドイツをはじめとしたヨーロッパの農学では、植物は土壌から水以外に何を吸収しているかが注目されていた。作物がよく育つ「肥えた土」とよく育たない「やせた土」の違いは、土壌から植物が何かを吸収しているためではないかと考えたのである。

その答えをいち早く提唱したのはテーアである。「肥えた土」は黒いことが多い。黒い土に多く含まれているのは「腐植」である。このことからテーアは、植物は「腐植」を根から直接吸収するのではないかと考え、土壌中の「腐植」を増やすことが作物の生産性を増加させるために最も重要だと考えたのであった。「腐植」を増やすためには「堆肥」を土に入れることが有効である。「堆肥」を生産するためには「家畜」を飼わなければならず、「家畜」を飼うためには「飼料」をつくらなければならない。こうして、畑で「餌」をつくり「家畜」を飼い、「堆肥」を生産して土に入れ「腐植」を増やし作物の生産性を上げる「ノーフォーク式農法」の理論が形づくられた。

テーアの考えは、理論と実践がマッチしていたため、しばらくの間、植物の栄養は腐植であるという「腐植栄養説」が一世を風靡した。しかし、その理論に異を唱える科学者が登場した。前にも登場したリービッヒである。

リービッヒは、当時南米から輸入される「グアノ」と呼ばれる海鳥の糞が固まったものを土壌に入れると、作物の生産性が高くなることに気がついていた。固まったものなので「石」に見える。石に見えるものが作物の生産性を高くする。石は「腐植」を増やすとは考えにくい。そう考えていくと作物の生産性を高める正体は「腐植」ではなく、グアノに含まれる何かではないかと考えたのだった。

リービッヒは当時一流の分析化学者であった。グアノに何が含まれているか、グアノのどのような成分が作物の生産性を高めるのかを徹底的に研究した。その成果が「窒素」「リン」「カリウム」

をはじめとするミネラルの多い少ないが、作物の生産性を決めるという「無機栄養説」であった。「無機栄養説」は後に、腐植をまったく含まず、植物にとって必要なミネラルのみ含んだ水で植物を育てる「水耕栽培」が実現できたことによって、理論でも実践上でも間違っていないことが証明された。

かくしてテーアの「腐植栄養説」は間違っていた理論とされ、作物栽培で「腐植」に何らかの栄養的効果を期待することは、少なくとも農学・畜産学の主流からは「異端」とされるようになった。そして「無機栄養説」は、一〇〇年前からはハーバーとボッシュによって空気中の窒素から化学肥料（硫安など）が開発され普及する理論的支柱となったのである。

しかし栄養的効果という側面から「腐植」をとらえようとするから、このような結果となるのである。「堆肥」に話を戻してもう一度考えてみよう。

腐植酸

一般に堆肥は肥料成分の投入効果が期待されている。しかし完熟堆肥が重要なのは、それだけではない。窒素を控えめにしてじっくりと時間をかけて発酵させた完熟堆肥には、土壌を黒くする物質である「腐植酸」と「フルボ酸」が多く含まれている。事実、三友農場の堆肥・草地土壌からはかなりの腐植酸＋フルボ酸が抽出された（写真5）。この腐植酸＋フルボ酸を土壌に供給することが、完熟堆肥を投入する重要な意味の一つなのである。

表21　草地土壌中の腐植酸含量の比較（%）

	腐植含量（地下0～5cm）	腐植酸＋フルボ酸含量（地下0～5cm）
中標津町11戸平均（草地29枚）	14.8±5.0	8.2±4.6
三友農場	18.4±0.5	17.4±2.8

2005年、2006年測定。平均±標準偏差。腐植含量は、土壌を600℃で灼熱して灼熱して減少した量とした。腐植酸＋フルボ酸含量は、土壌からピロリン酸ソーダで抽出して測定した。

この腐植酸＋フルボ酸が豊富な完熟堆肥を草地に散布することにより、草地土壌中の腐植は増加すると考えられる。実際、三友農場草地の腐植含量は一八・四％であるが、中標津町一一戸の平均的な腐植含量は一四・八％である。このように三友農場の腐植含量は四％高い。そして腐植酸＋フルボ酸含量は、三友農場一七・四％に対して、中標津町一一戸の平均的な腐植酸＋フルボ酸含量は八・二％であり、三友農場の腐植酸＋フルボ酸含量は九・二％も高い（表21）。

三友農場は、草地土壌の腐植も腐植酸＋フルボ酸もたくさん含まれているわけであるが、ここで「腐植」と「腐植酸」、それに「フルボ酸」の違いは何かということをはっきりさせなければ読者は混乱するかもしれない。

その違いをできるだけ簡単に説明しておこう。「腐植」は土壌の中にある「全ての有機物」と考える。これはなぜかというと、乾燥した土壌を六〇〇℃で二時間焼いて、減った重さの量を「腐植」としているためである（グスタフスン法）。焼くと燃えて二酸化炭素と水として空気中に逃げていってしまうのが「有機物」である。「全ての有機物」の中には、植物の枯れた葉や根、土壌中の小さな動物や微生物の死骸、それに「腐植酸＋フルボ酸」が含まれている。だから「腐植酸＋フルボ酸」は「腐植」の一部分なのである。土壌や堆肥中にピロリン酸ソーダという薬品を混ぜてろ過すると「腐植酸」と「フルボ酸」が混ざった状態で抽出される。この液体は黒色をしている（写真5）。ここからさらに「腐植酸」と「フルボ酸」が混ざった状態から、「腐植酸」と「フルボ酸」を分ける手間が必要なのだが、残念ながら手持ちの設備ではそこまではできなかった。「腐植酸」と「フルボ酸」は似たような働きをする物質なので、ここでは「腐植酸＋フルボ酸」としてひっくるめてまとめて考えていきたい。次に、これらがどのような働きをするかに思いをめぐらせなければならない。

腐植酸は土の胃袋を大きくしてアルミニウムを抑える

土壌中の腐植酸＋フルボ酸は、粘土と結合し、粘土腐植複合体を作ると考えられている。この粘土腐植複合体の増加によってどのような変化が起こるか、それを考えてみたい。

土壌の特性をつかむ方法の一つに、土がミネラルを捕まえるいわば胃袋の大きさ、塩基置換容量（CEC）がある。ミネラルをつかまえる力が大きいと、雨水などの水流によってプラスイオンのミネラルが流亡しにくくなる。粘土腐植複合体はマイナスの静電気を帯びるために、プラスイオンのミネラル、たとえばアンモニア態窒素、カリウム、カルシウム、マグネシウム、鉄などの微量ミネラルなどを引き寄せて保持する。腐植酸＋フルボ酸が増えると粘土腐植複合体が増え、塩基置換容量は増える（図54）。つまり、腐植酸＋フルボ酸は土の胃袋を大きくするのである。塩基置換容量が増えると、塩基飽和度――土の胃袋がプラスイオンのミネラルでどれぐらい満たされているか――は低下する（図55）。土の胃袋が満杯に近づくほどプラスイオンのミネラルは、流亡しやすくなり、無駄になる可能性が高くなる。腐植酸＋フルボ酸を増やして土の胃袋を大きくすることは、ミネラルを確実に土に保持して無駄にしない、そのような効果が期待できる。

土壌中の交換性アルミニウム（水に溶けやすいアルミニウム）が増えると、イネ科牧草は減ってしまうことは前に述べた。その原因は、窒素がたくさん入った肥料を草地に施すと土壌中に硝酸態

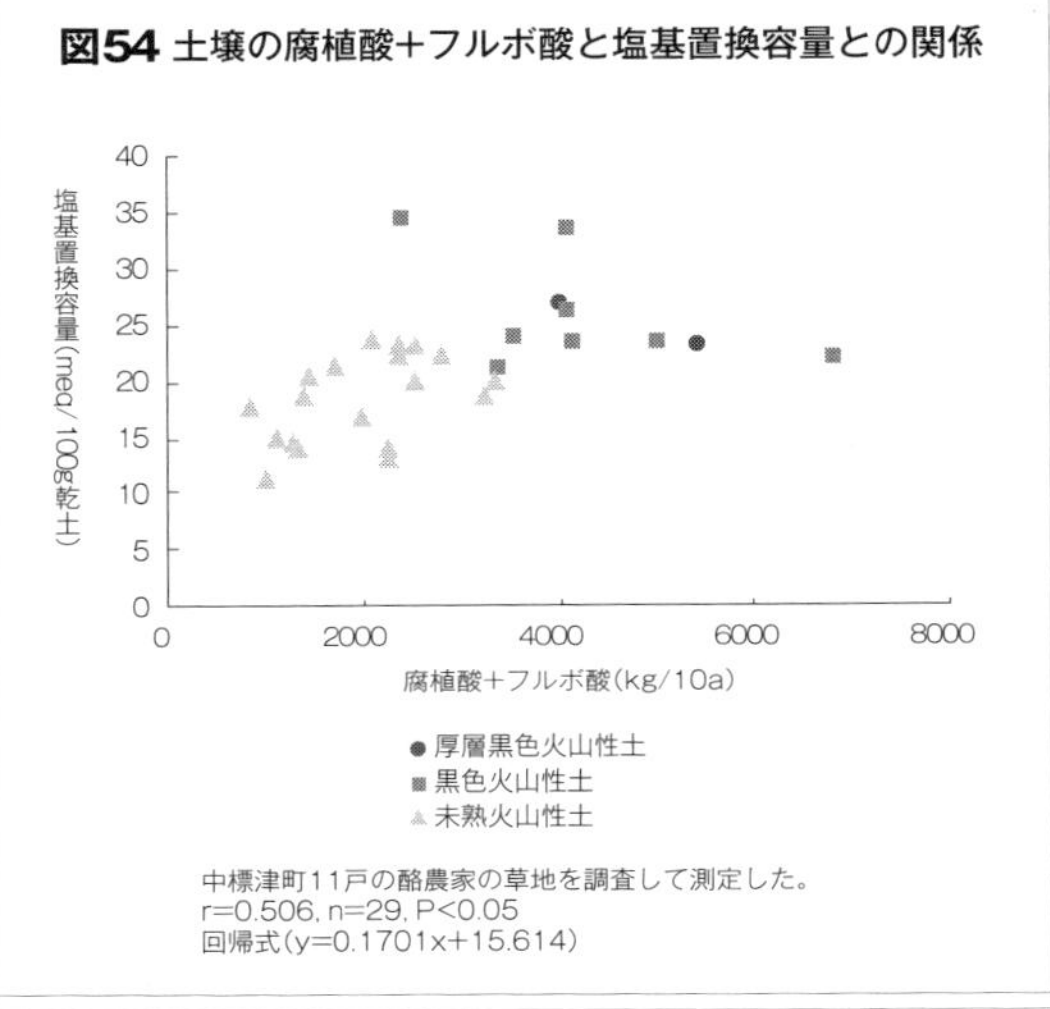

図54 土壌の腐植酸＋フルボ酸と塩基置換容量との関係

中標津町11戸の酪農家の草地を調査して測定した。
r=0.506, n=29, P<0.05
回帰式(y=0.1701x+15.614)

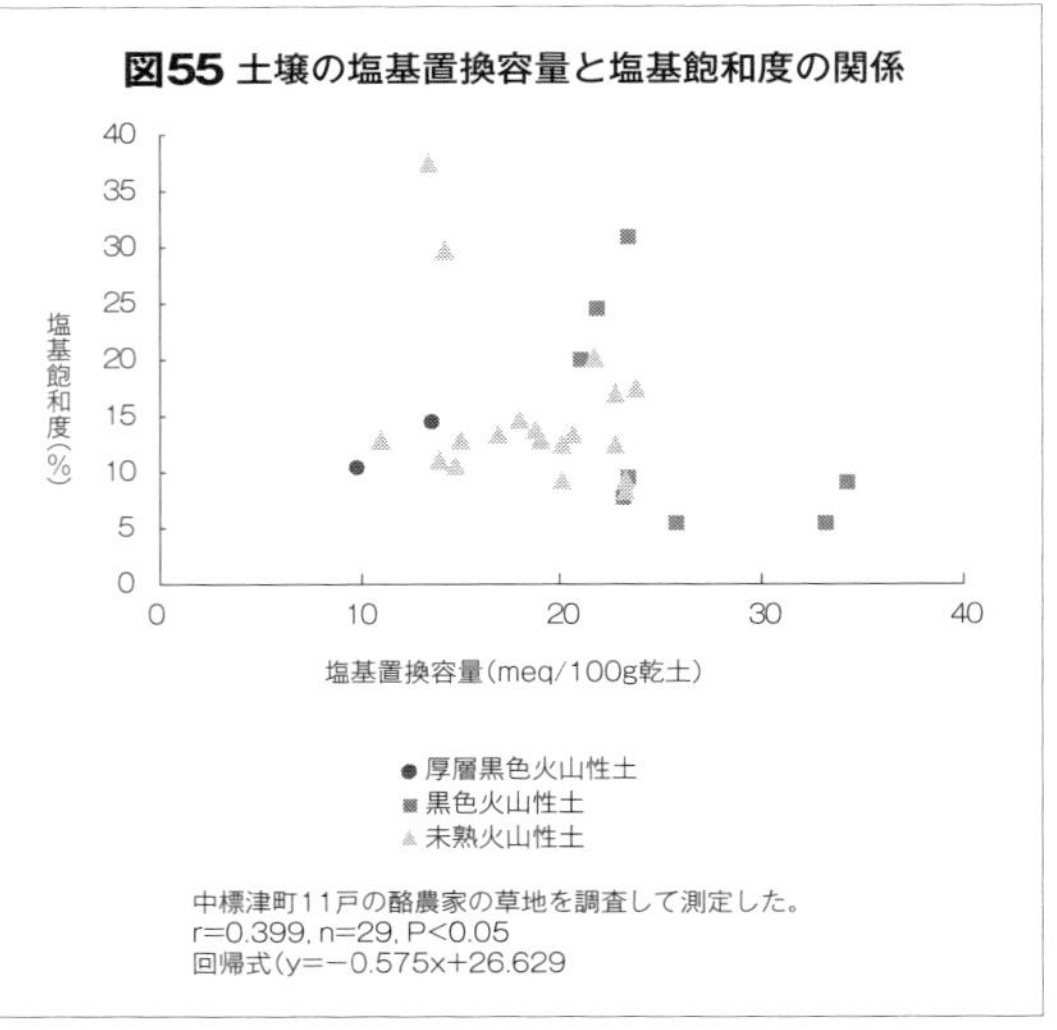

図55 土壌の塩基置換容量と塩基飽和度の関係

中標津町11戸の酪農家の草地を調査して測定した。
r=0.399, n=29, P<0.05
回帰式(y=−0.575x+26.629

窒素が増え、硝酸態窒素が粘土の結晶化したアルミニウムを溶かしてしまうためであることも述べた。一度溶け出してしまった交換性アルミニウムは、どうしようもないのだろうか。「やせた畑でも、完熟堆肥を少しずつ入れ続ければ、肥えた熟畑になる」という農民としての感覚が、その解決のヒントになる。「やせた畑」に苦土炭酸カルシウムを入れて土を弱酸性にして化学肥料をたくさん入れても、思ったように収穫量は増えない。このことは、「やせた畑」になっている原因が、化学肥料に含まれるミネラルの量や土壌のpH以外に原因があることを示している。そこで堆肥を入れていくと、収穫量が少しずつ増加してくる。だから堆肥には化学肥料にはない「微量ミネラル」を補給する力があるのだと一般的には考えられている。もちろんそれは間違いではない。

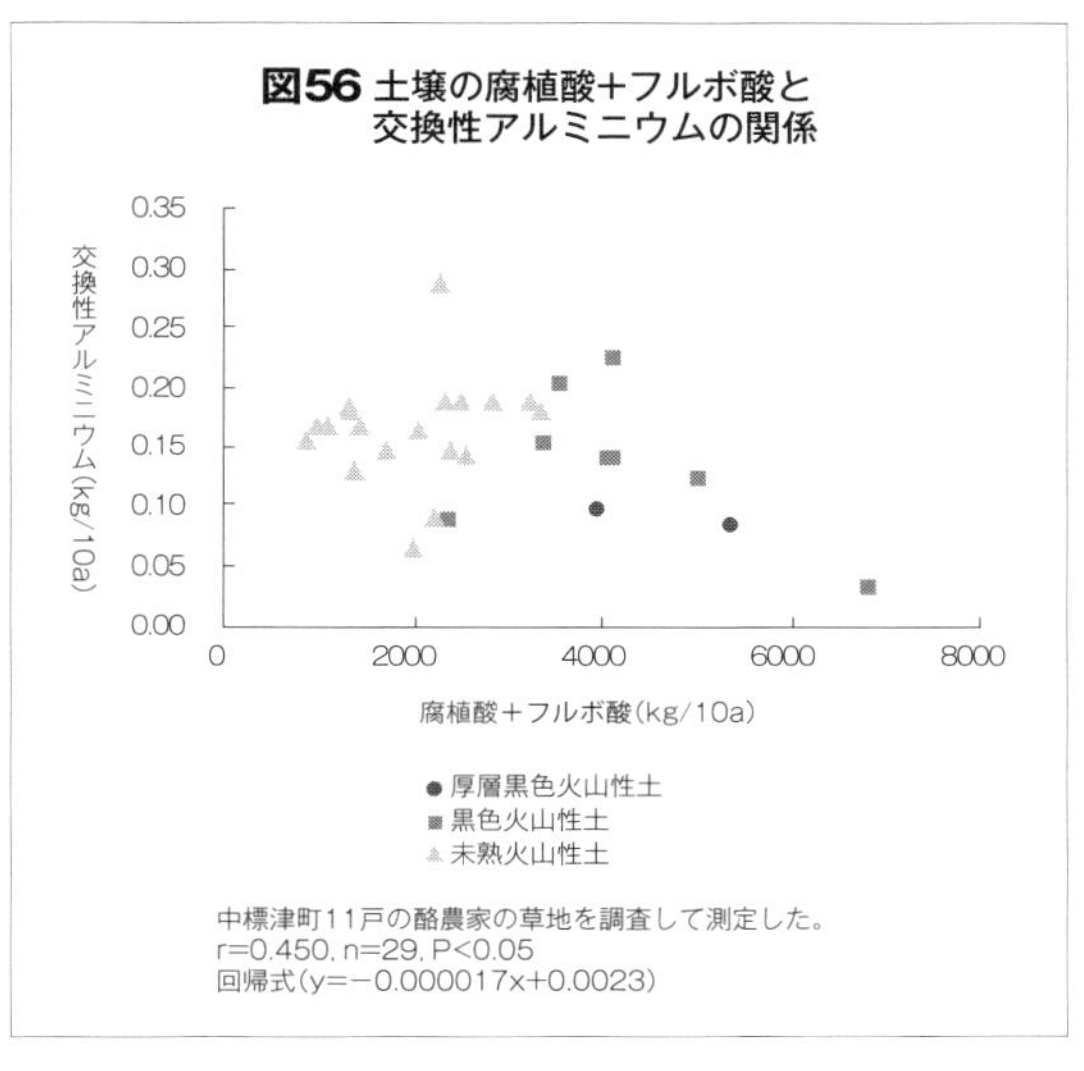

図56 土壌の腐植酸＋フルボ酸と交換性アルミニウムの関係

中標津町11戸の酪農家の草地を調査して測定した。
$r=0.450, n=29, P<0.05$
回帰式($y=-0.000017x+0.0023$)

図56を見てみよう。腐植酸＋フルボ酸が増えると土壌中の「交換性アルミニウム」は減る傾向がある。完熟堆肥には「腐植酸＋フルボ酸」がたくさんあることを考えると、「やせた畑」を肥えさせる大きな原因は、完熟堆肥

図57 土壌の全炭素含量と腐植酸＋フルボ酸の関係

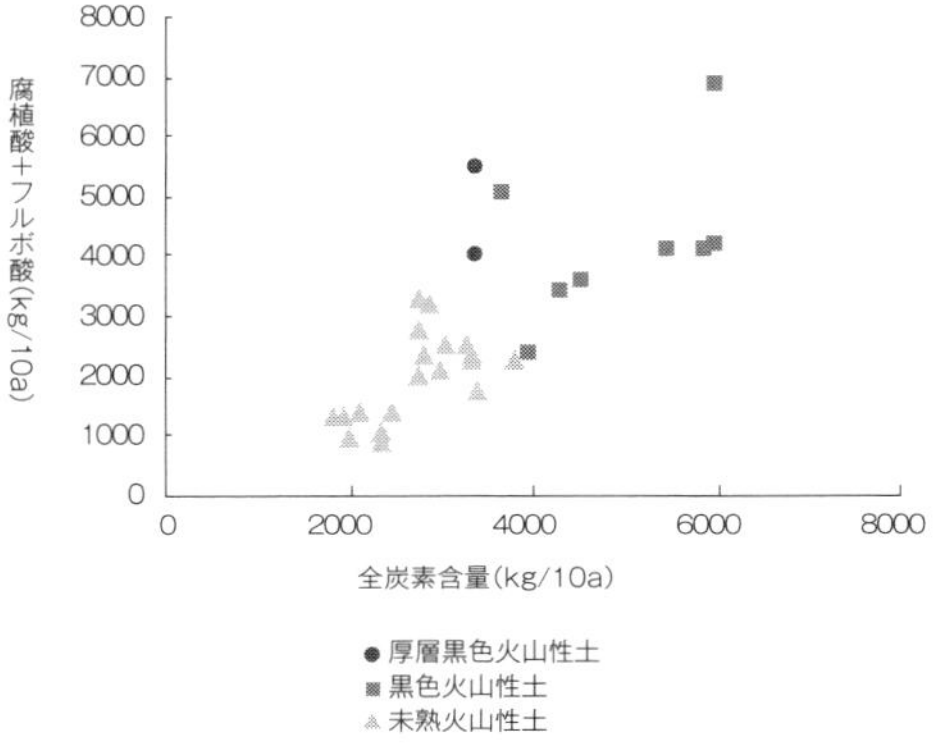

腐植酸＋フルボ酸(kg/10a)
全炭素含量(kg/10a)

● 厚層黒色火山性土
■ 黒色火山性土
▲ 未熟火山性土

中標津町11戸の酪農家の草地を調査して測定した。
r=0.739, n=29, P<0.05
回帰式(y=0.882x－2.649)

の「腐植酸＋フルボ酸」が土壌中の「交換性アルミニウム」を押さえ込むことではないか、と考えられるのである。「やせた畑」を「やせた畑」たらしめている大きな原因は「交換性アルミニウム」の多さであるとも言えるのである。

交換性アルミニウムは、「腐植酸＋フルボ酸」に包み込まれ、毒性が弱くなるとされている（キレート化と呼ぶ）。このことが実際の酪農生産現場でも当てはまる。その他にも、「腐植酸＋フルボ酸」は、植物の根の伸張を助けたり（オーキシン的効果）、植物にとって必要なミネラルの吸収を増加させたり、土壌を団粒構造化してすきまを増やす、といった効果があることが、コノノワ博士の様々な研究で確認されている。

完熟堆肥を草地に施用して土壌中の「腐植酸＋フルボ酸」を増やし、「交換性アルミニウム」を減らし、塩基置換容量（ＣＥＣ）――土の胃袋の大きさ――を大きくして「肥えた土」にすることは、牧草が育ちやすい土になると同時に、ミネラルを有効に活用して無駄になるミネラルを少なくする。「ミネラル」を化学肥料として草地に施すことは「生産コスト」の発生を意味する。無駄になるミネラルが少なくなることは、化学肥料という「生産コスト」を圧縮する大きな力となる。かくして、「完熟堆肥」は「肥えた土」にして、「生産コスト」を減らすことが可能となるのである。

腐植酸はどこからやってくるのか

「腐植酸＋フルボ酸」はどこからやってくるのだろう。一つはこれまで述べてきたように「完熟堆肥」だと考えられるがそれだけだろうか。図57を見てみよう。土壌の中に炭素、つまり有機物の量が増えると「腐植酸＋フルボ酸」は増える。有機物には「植物の枯れた葉や根」が含まれることは先ほど述べた。完熟堆肥以外にも、土壌への有機物が入ってくると「腐植酸＋フルボ酸」は増える可能性がないのだろうか。

表22を見てみよう。兼用地には完熟堆肥が散布される。完熟堆肥には「腐

表22　三友農場の腐植酸含量の比較（%）

	腐植酸＋フルボ酸含量
中熟堆肥	3.9
完熟堆肥	4.2
兼用地土壌L層（0.0〜0.7cm）	6.6
兼用地土壌F層（0.7〜1.5cm）	7.2
兼用地土壌H層（1.5〜2.1cm）	10.7
兼用地土壌A層（10cm）	15.3
兼用地土壌A層（25cm）	12.1
兼用地土壌A層（50cm）	11.4
放牧地排糞	4.6
放牧地土壌L層（0.0〜0.7cm）	5.6
放牧地土壌F層（0.7〜1.6cm）	14.5
放牧地土壌H層（1.6〜1.8cm）	17.6
放牧地土壌A層（10cm）	19.4
放牧地土壌A層（25cm）	18.2
放牧地土壌A層（50cm）	15.6

2005年8月測定。

植酸+フルボ酸」が含まれている。そしてもう一つ注目すべきことは、枯れ草が集積した表層のL層、F層にも完熟堆肥以上に含まれているのである。それは放牧地でも同じであり、放牧地に落とされた排糞にも、表層のL層、F層にも「腐植酸+フルボ酸」が含まれている。草地土壌に「腐植酸+フルボ酸」を増やしていくためには「完熟堆肥」の他に、「放牧した排糞」や「牧草の枯れ草」が重要な役割を持っていて、それらが草地の表面に積もっていくことがポイントであることがおぼろげながら見えてくる。

野菜栽培などでは、土壌の表面にワラや刈った草などを敷き詰める「有機物マルチ」という方法で土を肥やす実践例がある。三友農場の草地はいわば「有機物マルチ」を持っているとも言える。この草地表層が「腐植酸+フルボ酸」を増やす何かカギを握っているのかもしれない。

ところで、「腐植酸+フルボ酸」とは「ピロリン酸ソーダという薬品」で抽出される「黒っぽい物質」と述べてきた。実はこの「腐植酸」や「フルボ酸」の正確な正体はわかっていない。つまり化学式でまだ表わすことができていない。「腐植酸」「フルボ酸」といっても、堆肥、枯れ草、土壌それぞれで抽出される「腐植酸」「フルボ酸」は、実はちょっとずつ違うものかもしれないのである。もし、違っていたら、土壌に「腐植酸+フルボ酸」を供給するのは「完熟堆肥」や「放牧した排糞」や「牧草の枯れ草」とは言えなくなる。「草地土壌」と「完熟堆肥」や「放牧した排糞」や「牧草の枯れ草」の「腐植酸+フルボ酸」は同じものなのか、それとも違うものなのか、それを確かめなければいけない。

正確な正体がわかっていなくとも、おおよそのことを確かめる手段はある。ちょっとややこしい話になるがおつきあい願いたい。

太陽の光や電球の光をプリズムに通すと、七色に分かれることはよく知られている。これには「波長」というものが関係してくる。光は「波」の一種でもある。この波は一秒間に一〇〇兆回も振動している。そしてこの「波」一つの長さが一／二〇万㎜と、とてつもなく短い。このとてつもなく短い「波」のちょっとした差が、光を七色に分ける。一／一〇〇万㎜を「ナノメートル（nm）」と呼ぶ。光の波長は「ナノメートル（nm）」で表わすのが便利である。具体的に波長と色の関係を見てみよう。四〇〇～四九〇nmは紫から青。四九〇～五八〇nm青緑から緑。五八〇～五九五nmは黄。五九五～六一〇nmはオレンジ、六一〇～七〇〇nmは赤となる。簡単にいうと波長が短いと紫や青、波長が長いと赤になる。

図58 草地土壌腐植酸＋フルボ酸の吸光特性
（中標津町酪農家11戸と三友農場の比較）

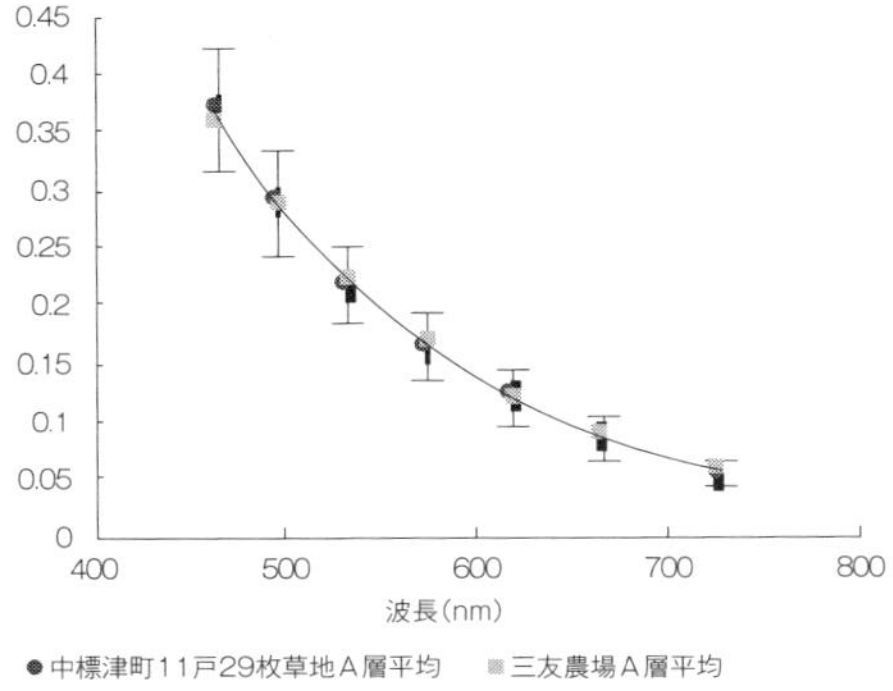

実は、どんな色をよく吸収してしまうか、つまりどんな色が通りづらいかが、物質によって違ってくる。たとえば緑の葉っぱの正体は、葉っぱの細胞の中になる葉緑素――成分としてはクロロフィル――であるが、これは紫や赤の色をよく吸収する。あ

図59 三友農場の兼用地土壌・完熟堆肥の腐植酸＋フルボ酸の吸光特性

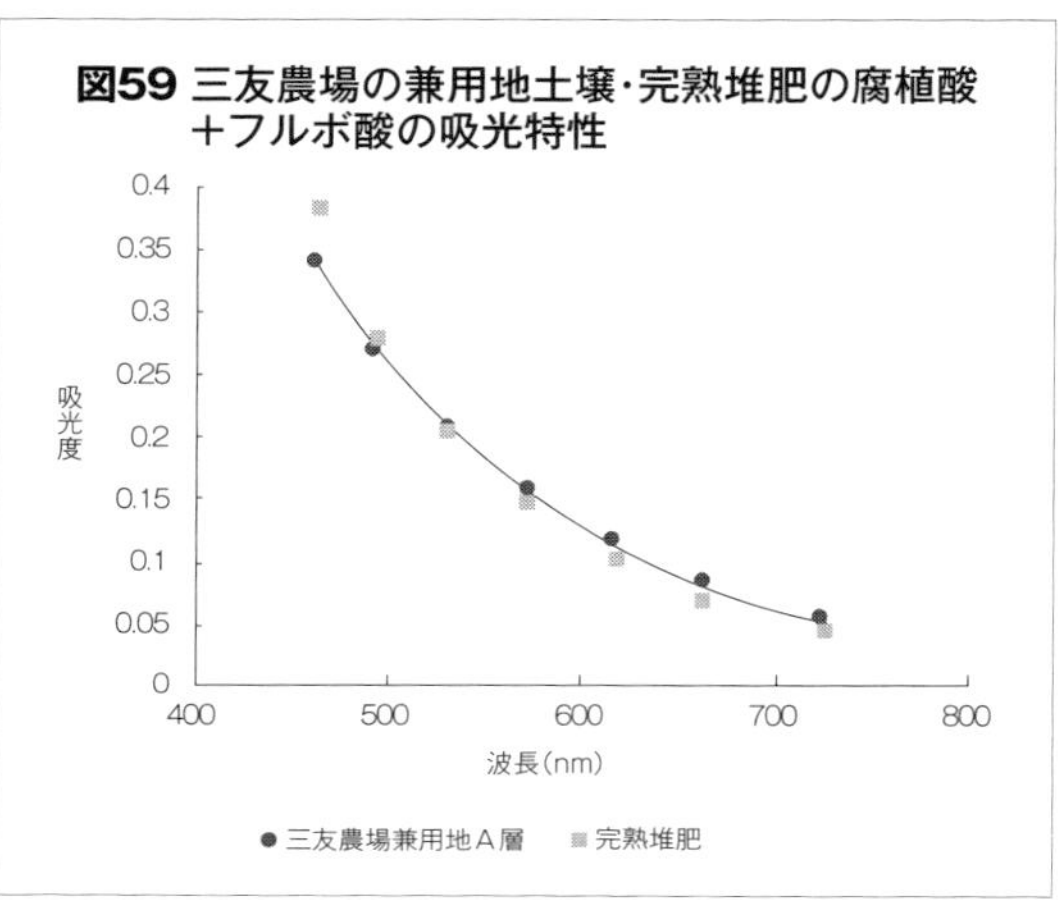

まり吸収しない緑の光は反射する。人間の目では反射された緑の光を見ることになるために、葉っぱは緑に見える。この原理を「腐植酸＋フルボ酸」にも応用してみよう。実際に使う分析機械は「吸光光度計」というどの色の光をよく吸収するかを測定できる機械である。

まず、三友農場の草地土壌の「腐植酸＋フルボ酸」が、他の酪農家の草地土壌とは違うかどうか確かめてみる。図58を見てみよう。中標津町の一一戸の草地土壌A層（黒土の部分）の「腐植酸＋フルボ酸」は、四六五nmの青色をよく吸収し、七二六nmの赤色はあまり吸収しない。青色から赤色にかけては、だんだんと光の吸収率（吸光度）が落ちてくるなだらかな曲線となっている。この曲線と三友農場の草地土壌の「腐植酸＋フルボ酸」の光の吸収率が一致すれば、三友農場の草地土壌の「腐植酸＋フルボ酸」と他の酪農家の草地土壌には違いがないことになる。図59を見るとわかるように、三友農場も青色をよく吸収し赤色に向かってなだらかに光の吸収率が落ちていて、中標津町の一一戸の草地土壌A層の曲線とほぼ一致している。このことは、三友農場の草地土壌の「腐植酸＋フルボ酸」は、他の酪農家の草地土壌とほぼ同じものであると考えてよいと思われる。三友農場草地の腐植酸＋フルボ酸は、特殊なものではない。どこの草地土壌にもある、ごくありふれた「腐植酸＋フルボ酸」である。その量が三友農場は二倍以上ある、ということである。

三友農場兼用地の土壌とそこに散布される完熟堆肥の「腐植酸＋フルボ酸」は違うものだろうか。同じようにどの色の光をどれぐらい吸収するかを見てみよう。図59を見ると、四六五nmの青色をよく吸収し、七二六nmの赤色はあまり吸収せず、青色から赤色にかけては、だんだんと光の吸収率（吸光度）が落ちてくるなだらかな曲線となっていることは、「三友農場兼用地の土壌」と「完熟堆肥」ともに同じである。光を吸収する値もほぼ同様になっている。このことは、「三友農場兼用地の土壌」と「完熟堆肥」の「腐植酸＋フルボ酸」は、ほぼ同じものであると考えられる。また兼用地土壌の腐植酸＋フルボ酸の供給源の一つは、完熟堆肥であると言ってよいと思う。

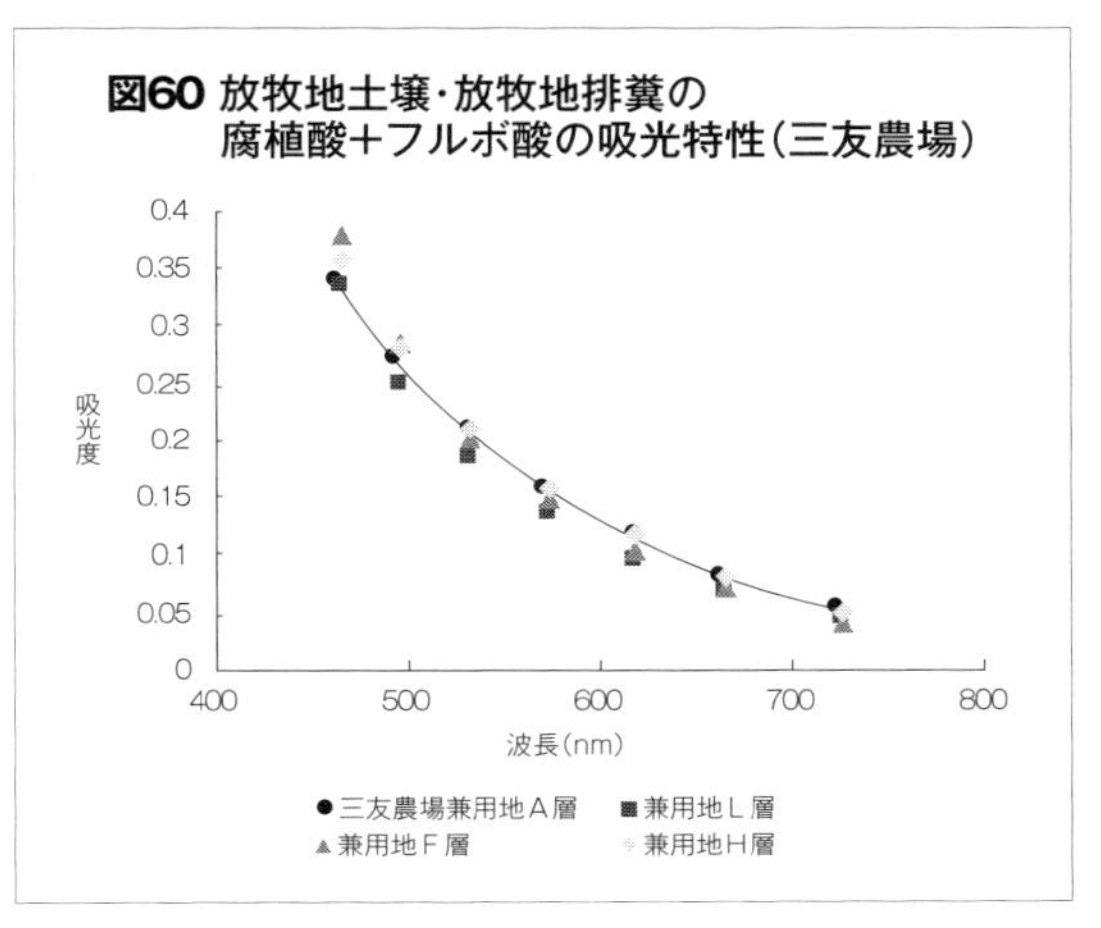

図60 放牧地土壌・放牧地排糞の腐植酸＋フルボ酸の吸光特性（三友農場）

兼用地の土壌に「有機物」を供給するのは、「完熟堆肥」だけではなく「牧草の枯れ草」も考えられる。

図61 兼用地土壌・土壌表層堆積腐植型の腐植酸＋フルボ酸の吸光特性（三友農場）

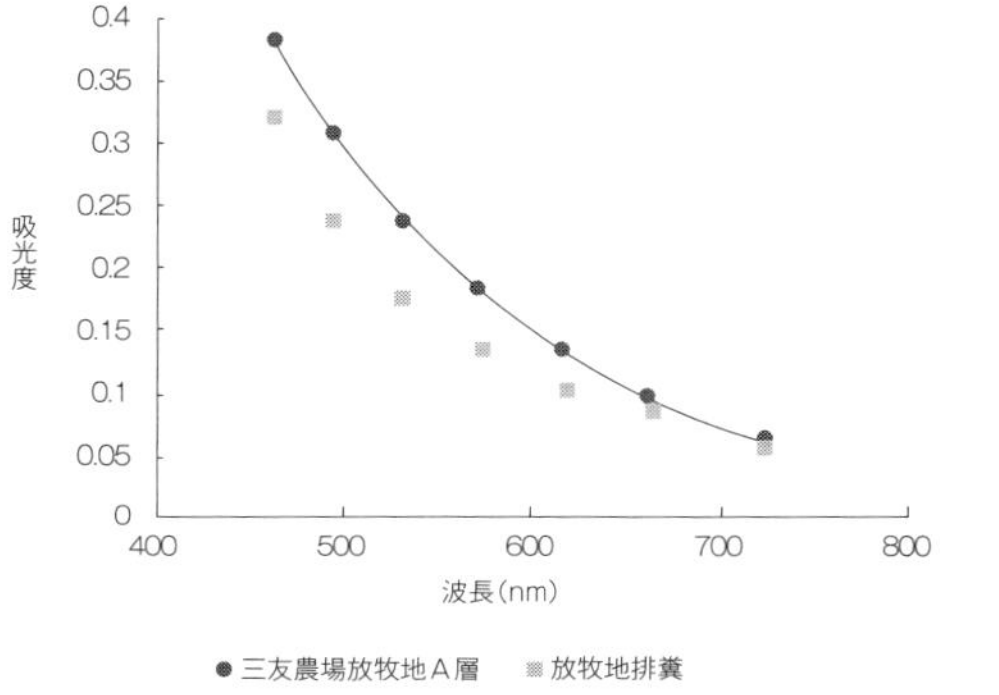

「牧草の枯れ草」が溜まっていくのは、L層、F層、H層という地面から地下三cmほどの有機物でマルチをしたかのような草地表層である。「兼用地の土壌」と「L層、F層、H層」の腐植酸＋フルボ酸を比較してみる。図60を見てみよう。四六五nmの青色をよく吸収し、七二六nmの赤色はあまり吸収せず、青色から赤色にかけては、だんだんと光の吸収率（吸光度）が落ちてくるなだらかな曲線となっていることは、「三友農場兼用地の土壌」と「L層、F層、H層」ともに同じである。光を吸収する値もほぼ同様になっている。このことは、「三友農場兼用地の土壌」と「L層、F層、H層」の「腐植酸＋フルボ酸」は、ほぼ同じものであると考えられ、兼用地土壌の腐植酸＋フルボ酸のもう一つの供給源は、「L層、F層、H層」、つまり「牧草の枯れ草」であると言ってよいと思う。

次に、三友農場放牧地の土壌とそこに散布される乳牛の排糞の「腐植酸＋フルボ酸」について考えてみる。図61を見ると、四六五nmの青色をよく吸収し、七二六nmの赤色はあまり吸収せず、青色から赤色にかけては、だんだんと光の吸収率（吸光度）が落ちてくるなだらかな曲線となっていることは、「三友農場放牧地の土壌」と「乳牛の排糞」ともに同じである。しかし、「乳牛の排糞」の方が黄色から緑、青に紫、波長で言えば六〇〇nmから四六五nmにかけて、「三友農場放牧地の土壌」よりも光を吸収しない。このことは、「三友農場放牧地の土壌」と「乳牛の排糞」の「腐植酸＋フルボ酸」は、少し違うものであると考えられる。放牧地土壌の腐植酸＋フルボ酸の供給源は、乳牛排糞であると一概には言えない。生の糞尿は土壌に「腐植酸＋フルボ酸」を増やす効果は小さいのかもしれない。そして、「放牧地の土壌」と「L層、F層、H層」の腐植酸＋フルボ酸を比較してみたのが図62である。四六五nmの青色をよく吸収し、七二六nmの赤色はあまり吸収せず、青色から赤色にかけては、だんだんと光の吸収率（吸光度）が落ちてくるなだらかな曲線となっていることは、「三友農場放牧地の土壌」と「L層、F層、H層」ともに同じである。光を吸収する値もH層を除いてほぼ同様になっている。このことは、「三友農場放牧地の土壌」と「L層、F層」の「腐植酸＋フルボ酸」は、ほぼ同じものであると考えられ、放牧地土壌の腐植酸＋フルボ酸の供給源は、「L層、F層」、つまり「牧草の枯れ草」であ

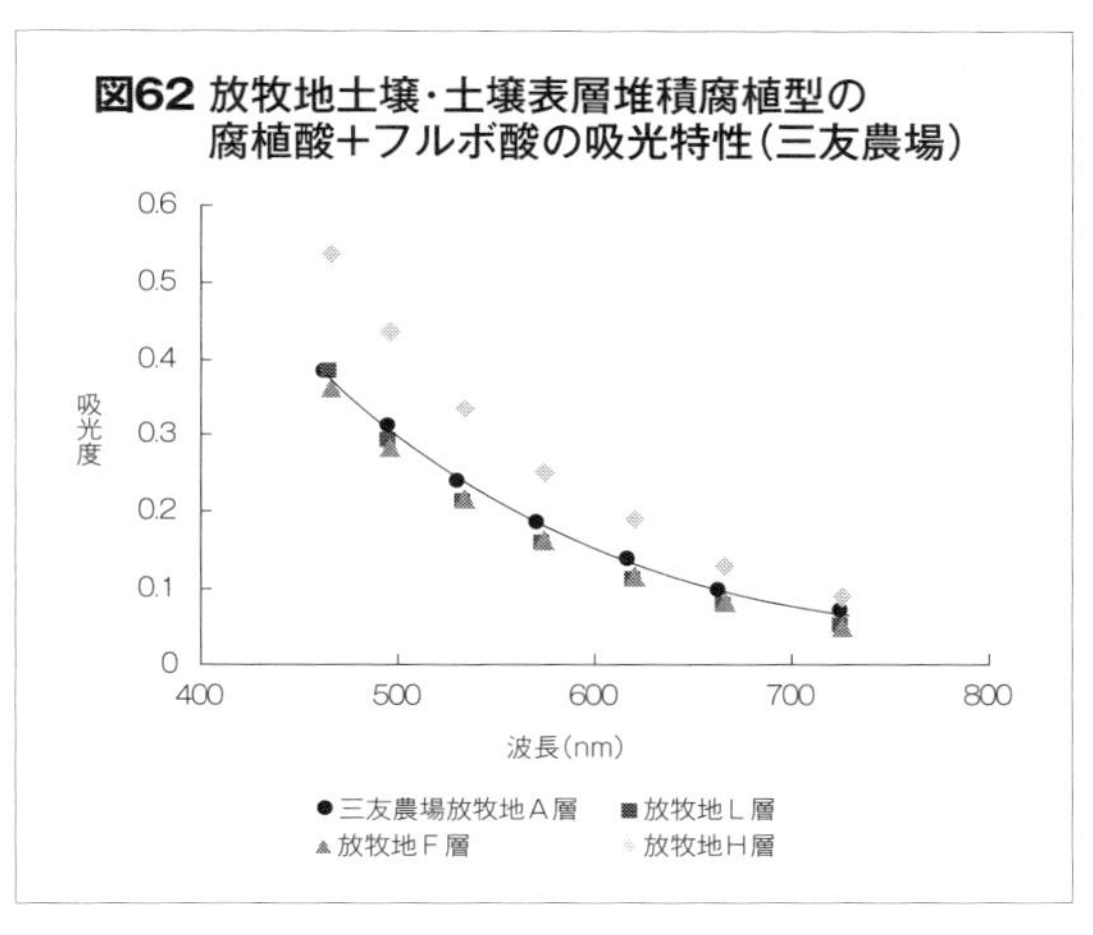

図62 放牧地土壌・土壌表層堆積腐植型の腐植酸＋フルボ酸の吸光特性（三友農場）

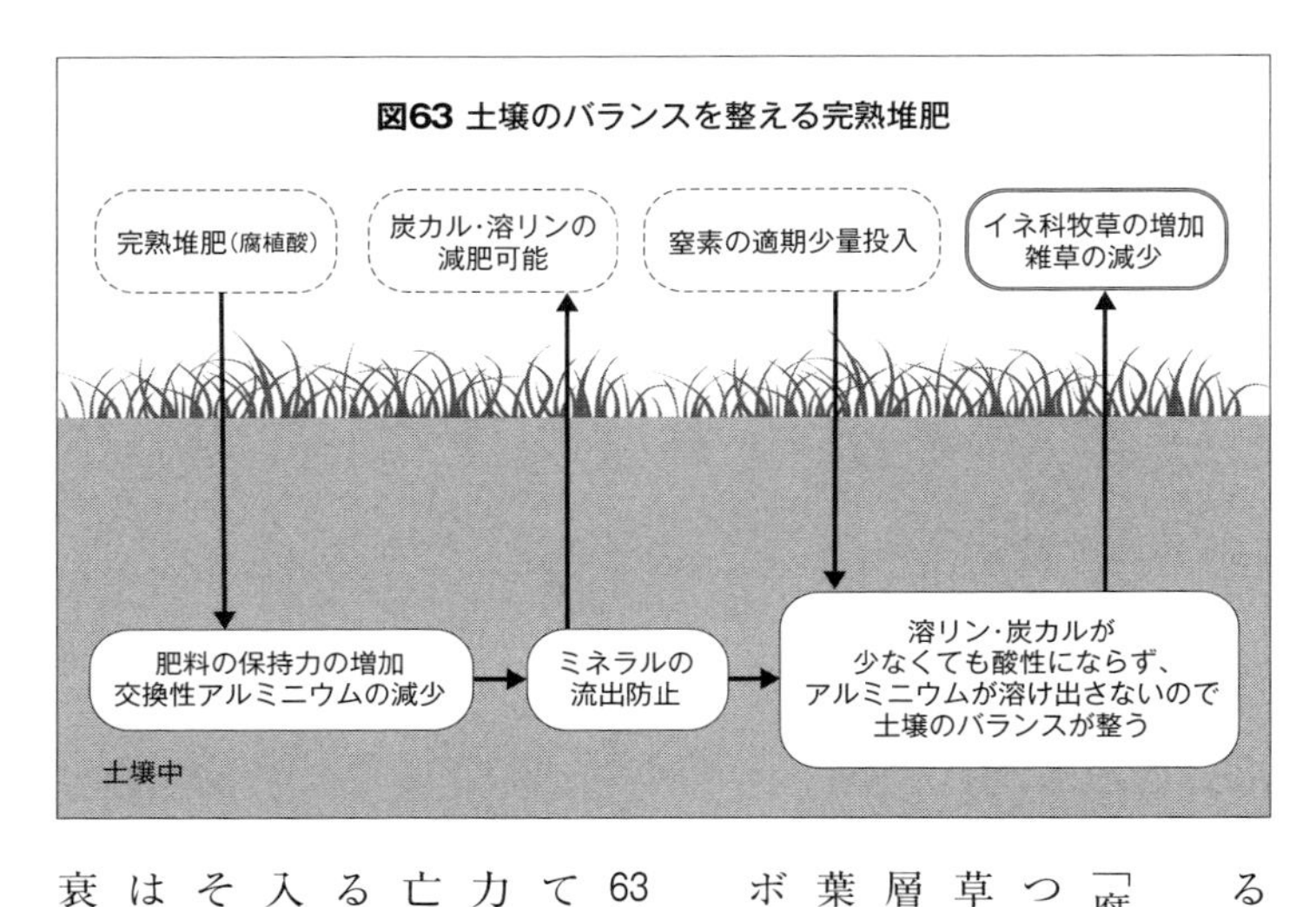

図63 土壌のバランスを整える完熟堆肥

ると言ってよいと思う。

おおざっぱにまとめて言えることは、草地土壌に「腐植酸＋フルボ酸」を供給するルートは大きく二つある。一つは「完熟堆肥」であり、もう一つは「牧草の枯れ草」である。この二つの有機物が草地の表層に溜まっていくことによって、森林で言えば「腐葉土」のようなものができ、それが「腐植酸＋フルボ酸」を増やしていくカギなのかもしれない。

さて、これまでのことを少しまとめてみよう（図63）。完熟堆肥には腐植酸＋フルボ酸が多く含まれている。この腐植酸＋フルボ酸は、肥料を捕まえる力を増加させる。このことは土壌中のミネラルの流亡を抑えることを意味する。ミネラルの流亡を抑えることは、炭カルや溶リンなどの土壌改良資材の投入量を減少させても、土壌は極端に酸性化しない。そして、腐植酸＋フルボ酸が多く含まれている土壌は、交換性アルミニウムの増加を抑えイネ科牧草の衰退を防止し雑草は減少する。ここに窒素を春施肥として適期少量投入し、化学肥料をたっぷりと施した場合に比べて七割程度の収穫量を確保する。

つまり、完熟堆肥の施用は、土壌中の「腐植酸＋フルボ酸」を増やし、土壌改良資材や化学肥料の大幅削減、という生産コスト削減が実現すると同時に、土壌改良資材に過度に頼らなくとも、土壌のバランスが程よくなり、具体的には極端に酸性化せずかつ交換性アルミニウムが減少し、牧草が育ちやすくなるのである。

遅刈の乾草を生産・給与することは、牛の病気が減る、完熟堆肥ができて土壌改良資材や化学肥料が少なくすむという二つの意味で生産コスト削減になる。「堆肥づくりこそ農民の仕事」という三友氏の言葉は、「腐植酸＋フルボ酸」という土を黒くする物質を手がかりにすると、科学的にも説明がつきそうである。

完熟堆肥つくりは切り返しに始まるのではなく、そのずっと手前から始まっている。つまり、化学肥料や配合飼料を必要最低限の量にして、繊維が多くタンパク質の低い乾草を牛に腹一杯喰わせること、ふん尿に多くの食べ残した乾草を混和することが酪農経営にとって重要なのである。完熟堆肥ができる酪農経営が目標であって、乳量が目標ではないのである。

第一二章　永年草地を中心に回る経営

草地学では遅れている「堆積腐植型」の考え方

一九六〇〜一九七〇年代（昭和三〇〜四〇年代）をもう一度振り返ってみよう。この時代、根釧地方では「パイロットファーム事業」や「新酪農村開発事業」が展開されたことは前に述べた。これらの事業によって、根釧地方の森林や原野は大々的に切り開かれ「草地」となった。切り開かれた結果、根釧台地は「森林」を失い「メム」も失った。「切り開く」ときに使われた土木機械は「レーキドーザ」である。この機械は基本的にはブルドーザであるが、前の排土板が頑丈なフォーク状になっている。この頑丈なフォークで木々の切り株を引き抜き押しのけたのである。かくして、押しのけられ裸の火山灰土が広がった土地と、その隅に押しのけられた木々の根が小山のように連なる風景ができ上がった。この連なった小山を「排根線」と呼ぶ。

ここで「裸の火山灰土が広がった」といった。「裸の」とするからには「裸でない火山灰土」があるということを意味している。レーキドーザで押しのけられはぎ取られたのは「木々の切り株」だけではなかった。

そのことを考えるために、今立っている草地からわずかながら残っている「落葉広葉樹林」にちょっと入ってみよう。足下の感触はどのように変わっただろうか。草地よりも森林の中の方が柔らかい感触があるはずである。地面を見てみよう。そこには落ち葉がびっしりと敷き詰められてることに気づくはずだ。そうか「落ち葉」があるから柔らかいのだ、草地には「落ち葉」は見えないからな、とすぐに結論を出すことは止めにしよう。しゃがんで、地面を少し掘ってみよう。一番上の表層に落ち葉、枯れ枝、木の実やそれらが分解した物を見ることができる。ずっと掘ってみると、やがてなじみのある「砂」や「粘土」を感じる「土」があらわれる。一般的に「土」と呼ばれているその上に、「落ち葉」が堆積した層がある。この「落ち葉が堆積した層」は園芸用品の「腐葉土」に似ているし、「腐葉土」はよい野菜を栽培するためによく使われる。「落ち葉が堆積した層」があると「裸でない火山灰土」と言ってよいのかもしれないし、腐葉土のような「落ち葉が堆積した層」は植物にとって何かよいことがあるのかもしれない。

もう少しじっくりと「落ち葉が堆積した層」を観察してみよう（図64）。今度はいきなり掘っていくのではなく、表面から少しずつほうきで掃いていくように掘っていこう。一番表面は、落ち葉がほとんど分解されておらず、ほぼ元の形を保った層である。これを「L層」と呼ぶ。L層をそっ

図64 森林土壌の断面図（表層から地下約1.5m）

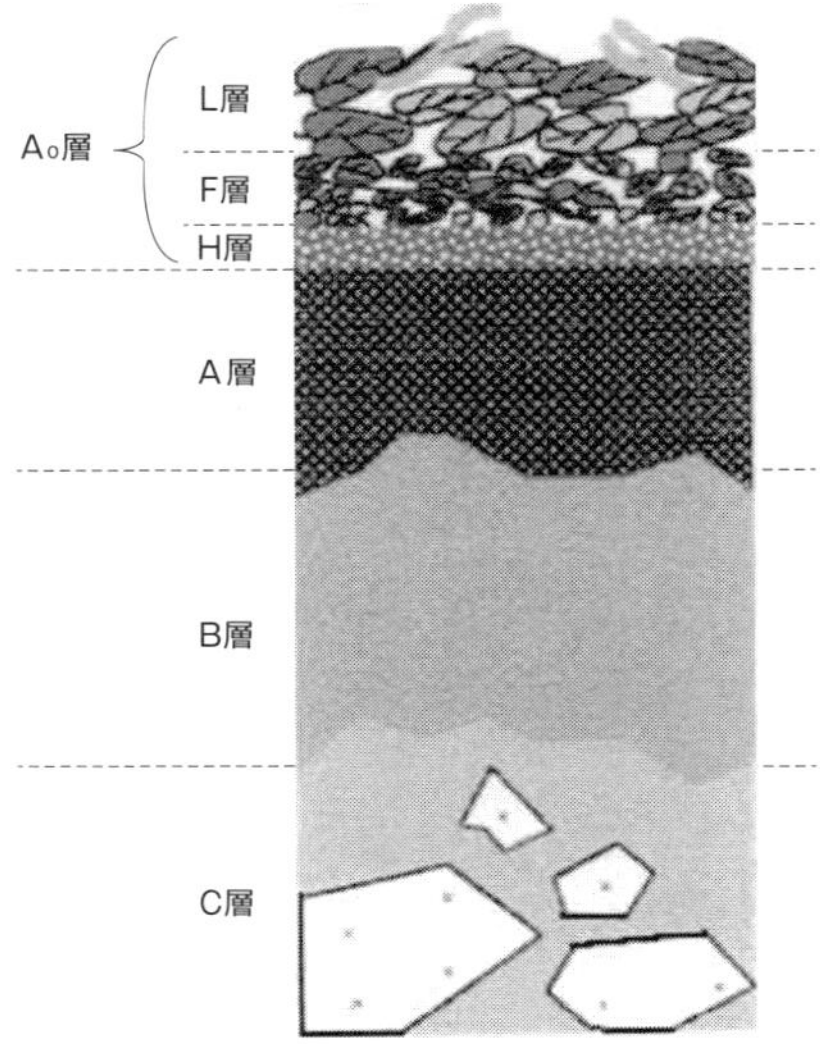

A_0層 L層 F層 H層 A層 B層 C層

引用：森林総合研究所九州支所「九州の森と林業」第39号
（2007年3月1日発行）

とどけてみよう。その下に、落ち葉がかなり分解されているが、眼で元の形が認められる層がある。これを「F層」と呼ぶ。F層もそっとどけてさらにその下を見てみよう。そこには落ち葉の形はもうわからないほど分解が進んだ層がある。これを「H層」と呼ぶ。H層をどけるとやっと黒い火山灰土があらわれる。これが「A層」である。この「落ち葉が堆積したL層、F層、H層」のことを「堆積腐植型」（A_0層）と呼ぶ。このA_0層は、木々にとって必要なミネラルの供給源であると同時に、雨による浸食から土を守り水分を蓄える大事な層でもある。

「ミネラル」と「水分」を蓄え、木々に供給する「堆積腐植型」がレーキドーザではぎ取られた。さらにわずかに残った堆積腐植型も、プラウで反転され埋め込まれてしまい、「裸の火山灰土」が広がった。ここに炭酸カルシウムや溶性燐肥、化学肥料と牧草の種子が撒かれ、現在見る「草地」が出現したのである。そして、メムを失った大きな原因の一つが、「堆積腐植型」を失ったことなのだ。

現在の「草地学」や「草地造成・更新事業」で「草地＝集約牧野」とは、「堆積腐植型」を取り除いたA層からの火山灰土を相手にしている。草地造成・更新の時は、プラウで土をひっくり返しロータリーで細かく砕き、カルチパッカで土をならして適度に締めて、牧草の種子を撒く。豆や小麦を栽培するかのようなていねいさ、つまり「畑」として捉えているかのようである。それが少なくとも一〇年に一度ある。このような「草地学」に慣れていると、撒いているのは豆や小麦か「牧草の種子」か、ただそれだけの違いとしか感じられなくなる。

さて、草地というのは基本的には「畑」であり、そこに「牧草」が生えているから「草地」なのだろうか。もう一度、三友農場の草地で考えてみよう。この草地は四〇年間草地更新を行なっていない。もちろん四〇年前、「パイロットファーム事業」で草地造成したときは、畑のようにていねいに耕し牧草の種子が撒かれている。現在ではどうなっているか、それを確かめてみよう。

まずは草の状態を見てみよう。写真2のように、芝生かのようにびっしりと牧草が生えている。放牧地ではよく食べられているところは草丈五㎝以下と短いのに、裸地はほとんど見られない。次に歩いてみる。森林よりはふかふかではないが、じゅうたんを歩いているかのような感触がある。草地更新して二〜三年した草地では、グラウンドまでとはいかないがかなり固い感触であることと比べると、三友農場の草地は四〇年も経っているのになぜか柔らかい。しゃがみ込んで、地面を観察してみよう。わかりやすくするために、高さ五㎝直径五㎝ほどの円筒で表面をくりぬいてみた（写真6〜9）。

一番上の表面には、形のはっきりした牧草の枯れ草が堆積している（L層）。これをピンセットでていねいにどけていくと、形がかなり崩れた牧草の枯れ草と根が密に張った層があらわれる（F層）。これをさらにていねいにどけていくと、黒っぽい粉状になった枯れ草の層がある（H層）。この黒っぽい粉状のものをどけていねいにどけると、火山灰の層があらわれる（A層）。三友農場の草地には「枯れ草が堆積したL層、F層、H層」がある。「木々の落ち葉が堆積したL層、F層、H層」のことを「堆積腐植型」（A_0層）と呼んだ。落ち葉と枯れ草の違いはあるが、三友農場の草地には「堆積腐植型」が存在している。これが「じゅうたんを歩いているかのような感触」の正体である。そしてこのことを考えると、「草地」と「畑」の大きな違いが、「堆積腐植型」のあるなしではないか、そのような考えが湧いてくる。

根釧地方の草地のほとんどは、一度プラウでていねいに耕している。そのことを考えると、かつて存在した森林の「堆積腐植型」は、草地から消滅してしまっているはずである。実際に草地更新をして年数が浅い草地には、「堆積腐植型」はほとんど見られない（写真10）。ところが、草地更新して一五年も経過すると土壌表面に変化があらわれ、一㎝程度の枯れ草が堆積した層が出現してくる（写真11）。四〇年も経過すると、その層は二・五㎝程度になる（写真12、13）。牧草にとって「堆積腐植型」がどのような意味があるのか、それを次に考えてみよう。

草地はつくるのではなくできていく

草地の「堆積腐植型」はどのようにできていくのだろうか。それを見ていくためには、同じ草地を何十年も観察するのが一番確実である。しかしそれにはえらく時間がかかる。おおよその見当を付けるには、草地更新からの年数が異なった、様々な草地を観察してみるのがもっともてっとり早い。

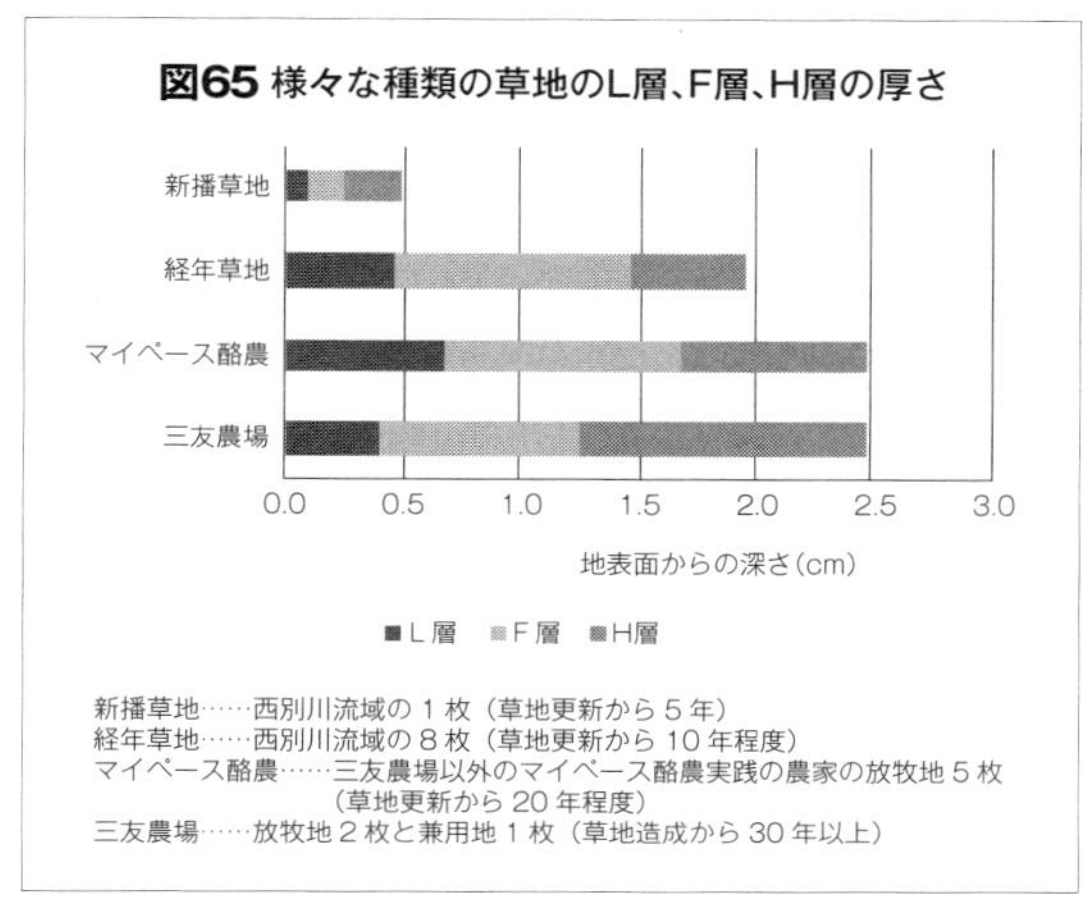

図65　様々な種類の草地のL層、F層、H層の厚さ

　図65を見てほしい。草地更新からの年数が異なった一七枚の草地の「堆積腐植型」の厚さを示したグラフである。草地更新から五年以内の新撒草地の堆積腐植型は〇・五cm程度であるが、一〇年以上経過した経年草地では二・〇cm程度になる。二〇年以上経過したマイペース酪農を実践されている酪農家の人々の草地では二・五cmになる。草地は年数が経過すると「堆積腐植型」が徐々につくられていくことがこのデータからうかがえるのである。

　一般的には、土壌表層に枯れ草や牧草根が集積する現象を草地学では「ルートマット」という。これは、草地の生産力が落ちる原因として嫌われる。「ルートマット」を日本語であえて言えば「根のマット」である。先述したとおり、根が密に集積しているのは「F層」である。図65を見る限り、「F層」の厚さはせいぜい一cm程度である。「堆積腐植型」、草地学で言えば「ルートマット」が本当にあるとまずいものなのか、それを考えてみたい。

図66 三友農場草地の有機態窒素の分布

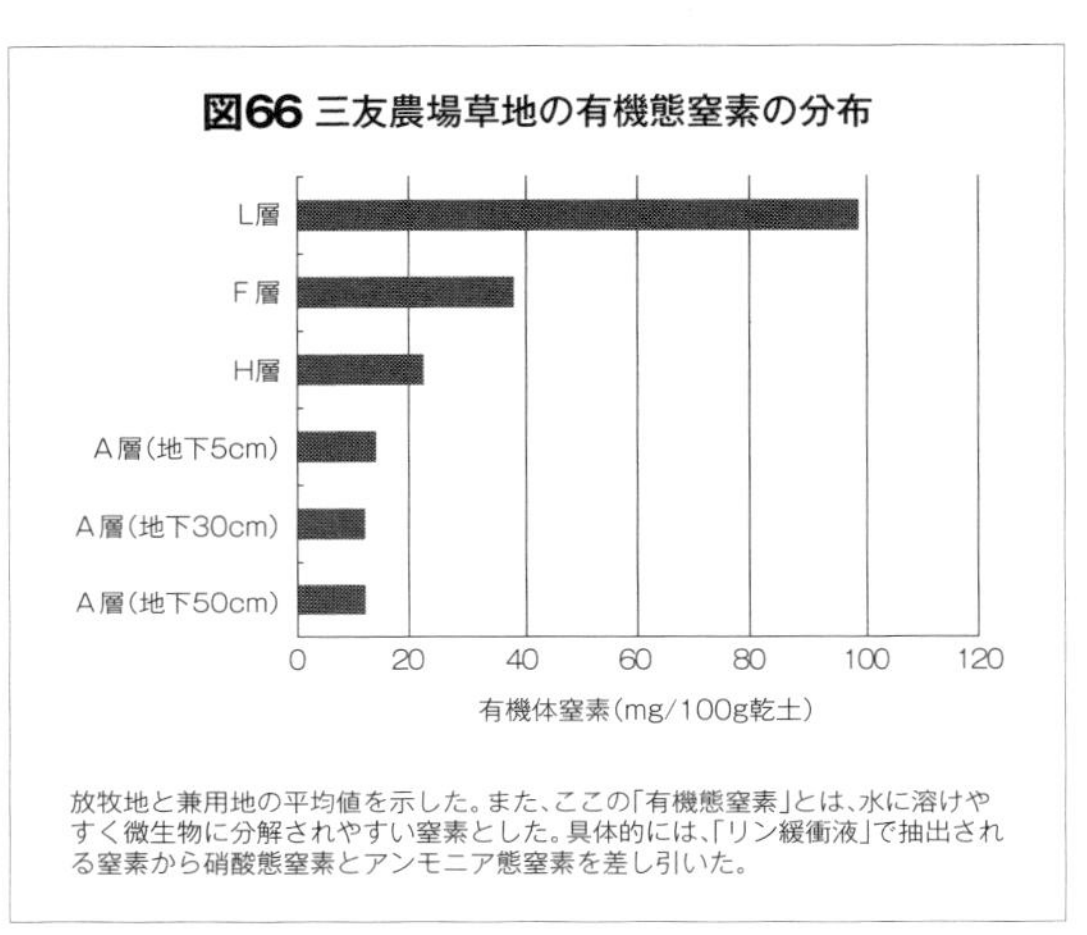

放牧地と兼用地の平均値を示した。また、ここの「有機態窒素」とは、水に溶けやすく微生物に分解されやすい窒素とした。具体的には、「リン緩衝液」で抽出される窒素から硝酸態窒素とアンモニア態窒素を差し引いた。

図67 硝酸態窒素とアンモニア態窒素の分布

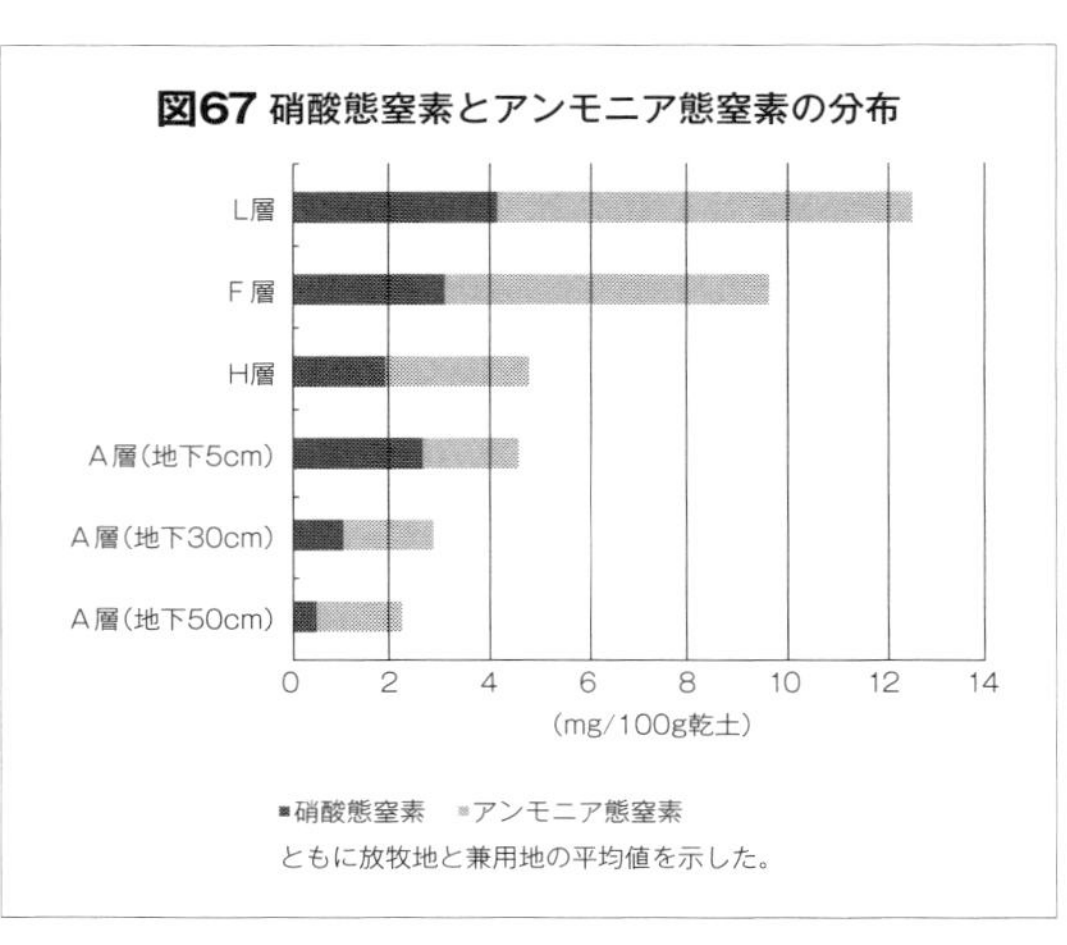

ともに放牧地と兼用地の平均値を示した。

先ほど森林にとって「堆積腐植型」は、木々へ「ミネラル」や「水分」を供給する大事な役割があることを述べた。「水分」を供給する役割については直感的に理解できるが証明することは難しい。ここでは草地の「堆積腐植型」が、牧草に「ミネラル」を供給している可能性があるのかどうかを三友農場の草地の堆積腐植型を分析して考えてみよう。

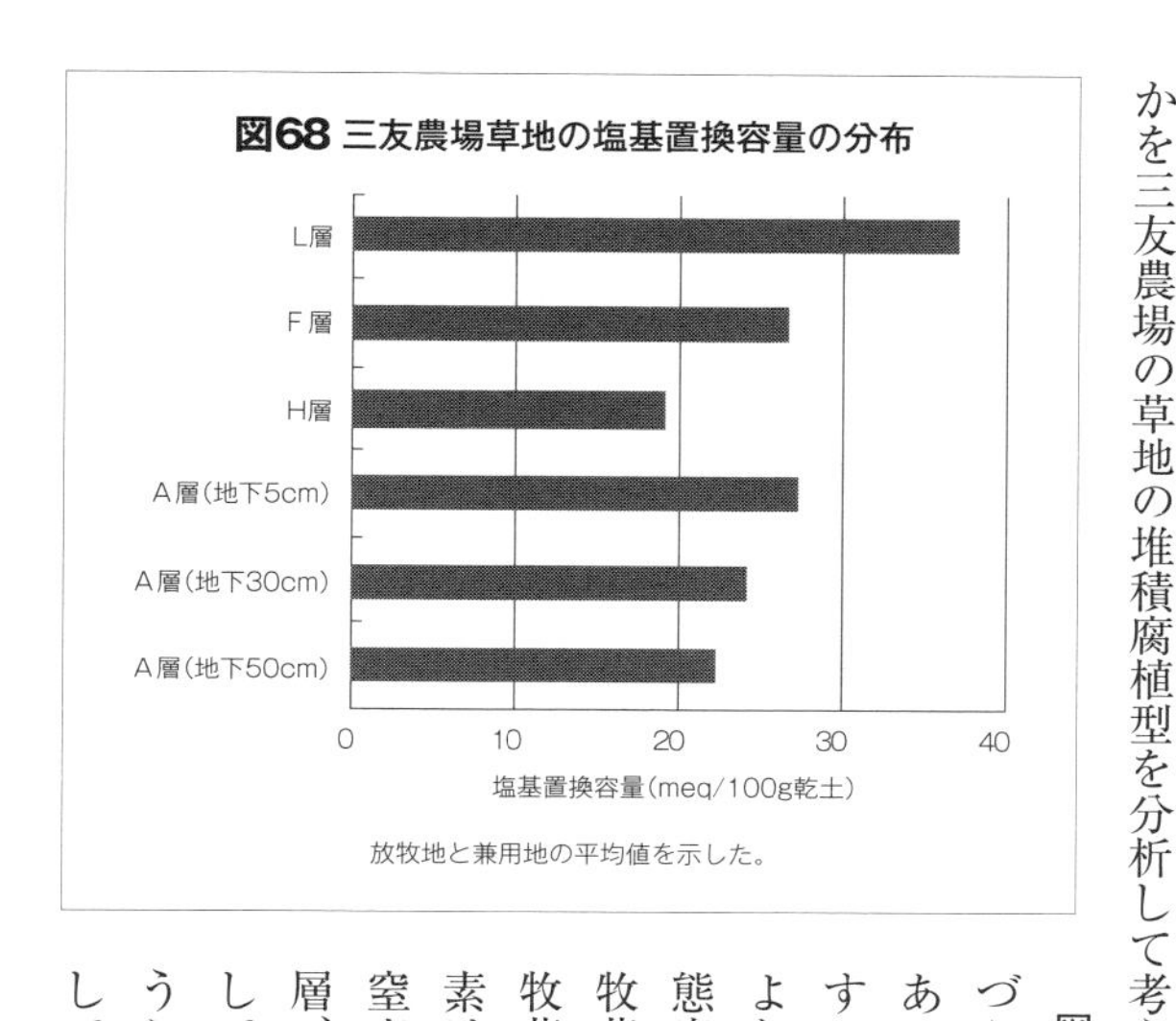

図68 三友農場草地の塩基置換容量の分布

図66を見てほしい。土壌中の窒素には、分解されづらい窒素、分解されやすい窒素といろいろな形があるが、水に溶けやすく微生物にすぐに分解されやすい形の「有機態窒素」はL層とF層が多く、H層より下では少ない。これは硝酸態窒素やアンモニア態窒素といった「無機態窒素」も同様である（図67）。牧草の根が集中的に張っている「F層」よりも上に、牧草が吸収しやすい窒素が集中している。有機態窒素は、微生物が利用することによってアンモニア態窒素や硝酸態窒素に分解される。有機態窒素がL層、F層に多く、なおかつそれが分解された結果としてのアンモニア態窒素や硝酸態窒素が多い。ということは、L層やF層では活発に土壌微生物が活動していることが想像できる。そして、H層より下に

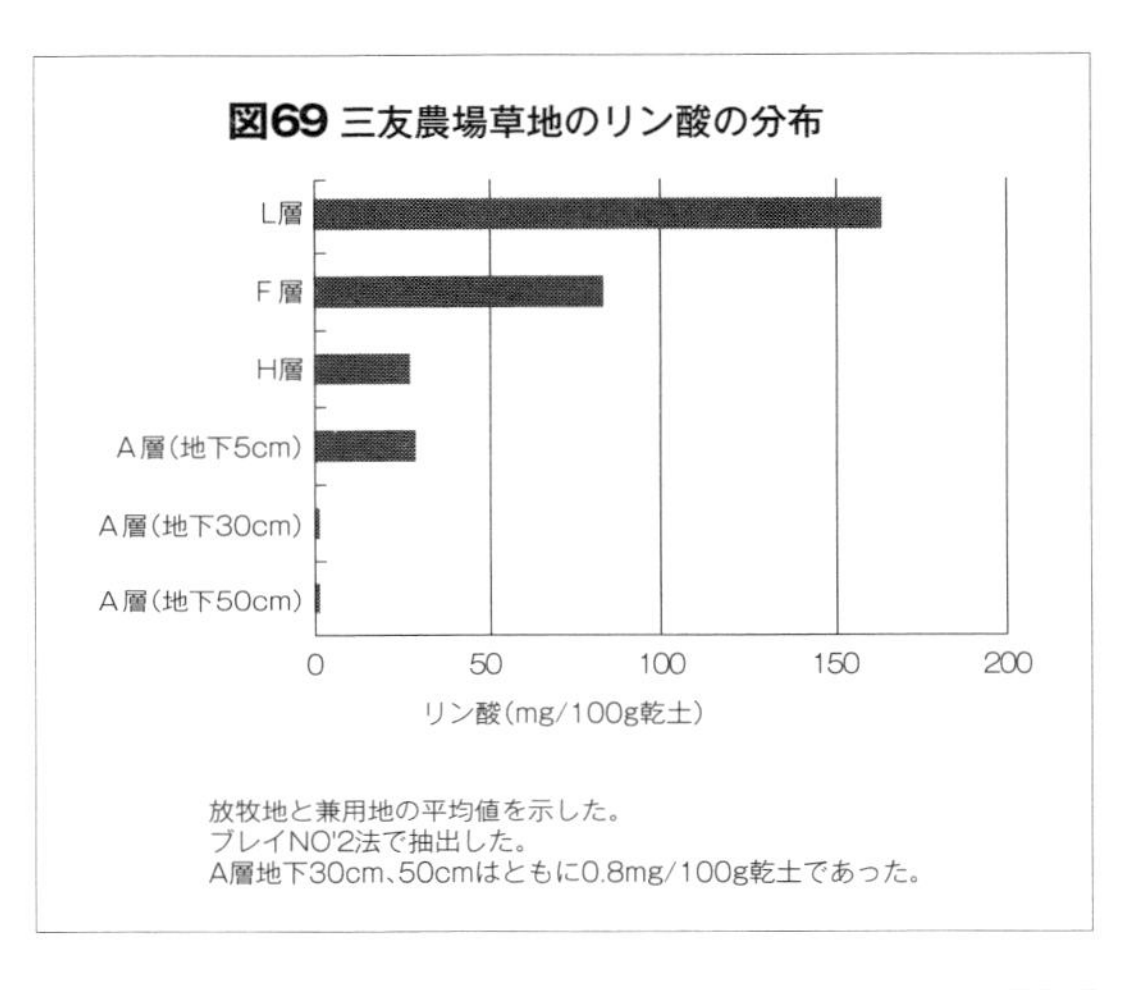

図69 三友農場草地のリン酸の分布

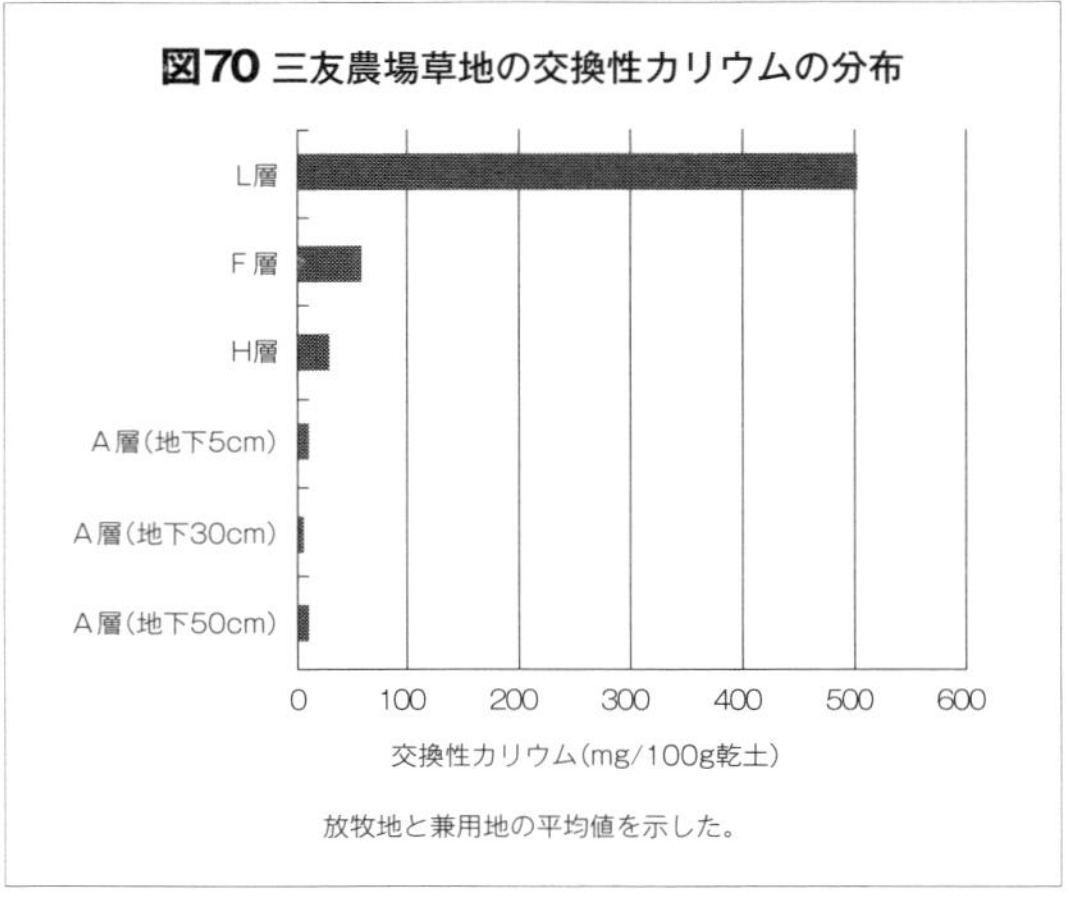

図70 三友農場草地の交換性カリウムの分布

アンモニア態窒素や硝酸態窒素が少ないということは、牧草の根が集中的に張っている「F層」で活発に牧草へ吸収されていることが想像できるのである。L層、F層の土の胃袋の大きさ――塩基置換容量――が大きいことが、特にアンモニア態窒素を保持して下の層へと流さないことに一役買っていると考えられる（図68）。L層とF層では、上から降り積もった牧草の枯れ草や完熟堆肥が微生物の働きによって分解され、アンモニア態窒素ができ、いったん塩基置換容量という働きで保持され、さらに微生物の働きで硝酸態窒素へと分解され、密に張った牧草の根に吸収される。そんな世界がこのたった表層二cm程度に広がっている、そのようなことが想像できるのである。

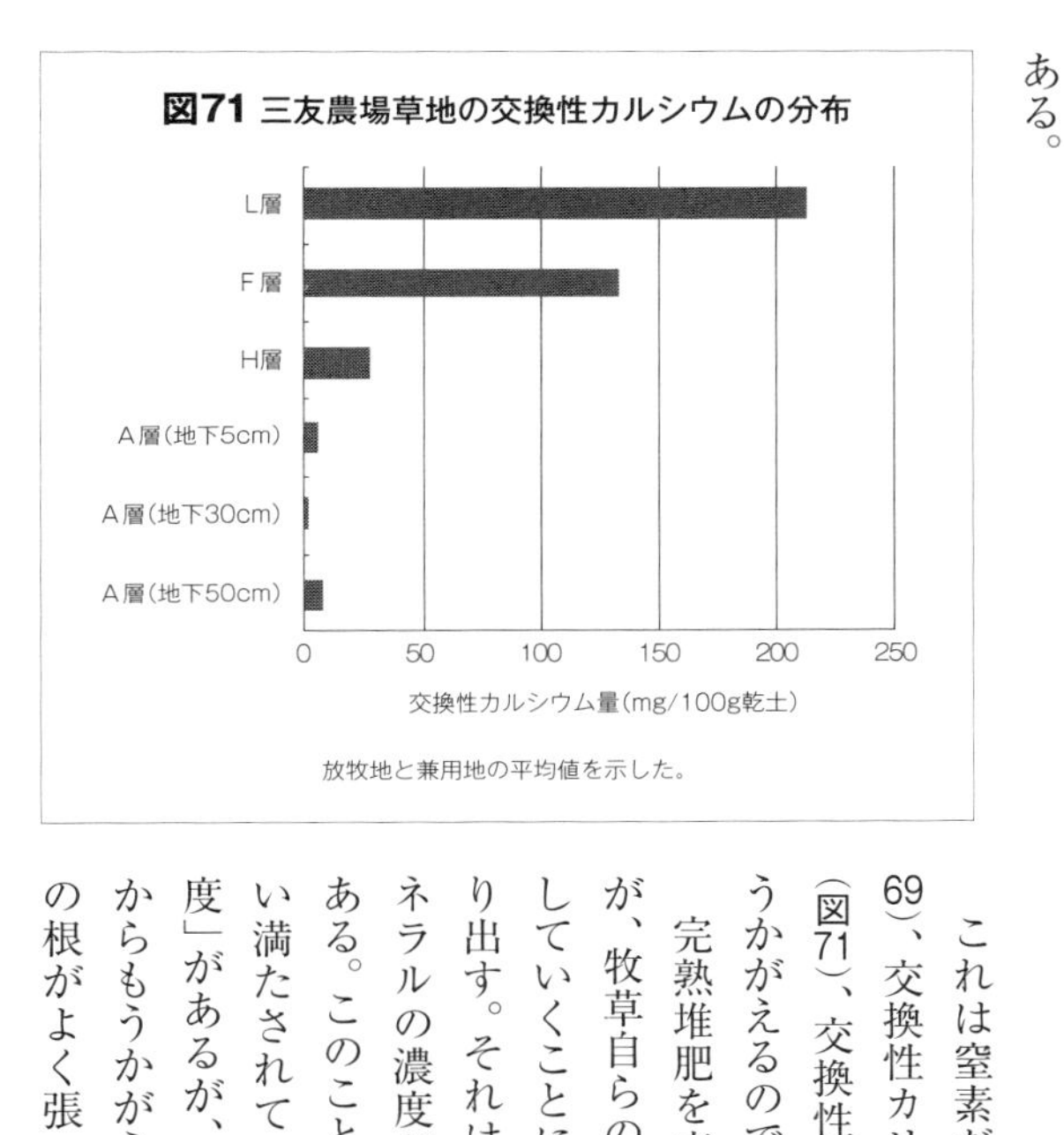

図71 三友農場草地の交換性カルシウムの分布
放牧地と兼用地の平均値を示した。

これは窒素だけではなく、有効態のリン酸も(図69)、交換性カリウムも(図70)、交換性カルシウムも(図71)、交換性マグネシウムも(図72)も同じことがうかがえるのである。

完熟堆肥を表面に施用することももちろんあるが、牧草自らの枯れ草(リター)が土壌の表面に堆積していくことによって、牧草は自ら快適な環境を創り出す。それは、わずか二・〇cm程度の表層に、ミネラルの濃度が高い環境を創り出していることである。このことは、土の胃袋がミネラルでどれぐらい満たされているかを示す指標として「塩基飽和度」があるが、L層、F層の塩基飽和度が高いことからもうかがうことができる(図73)。そして、牧草の根がよく張ったF層でL層からのミネラルの大部分を吸収し、このことによって牧草はミネラルを十分に吸収することができる。この結果、堆積腐植層より下ではミネラルの濃度を低く保たれる。降った雨水が流れていくのは主にH層とA層の境界と考えられる。この部分はもうすでにミネラルの濃度は低い。三友農場のメムには、ミネラルがあまり流出していない理由はここにあるのかもしれない。

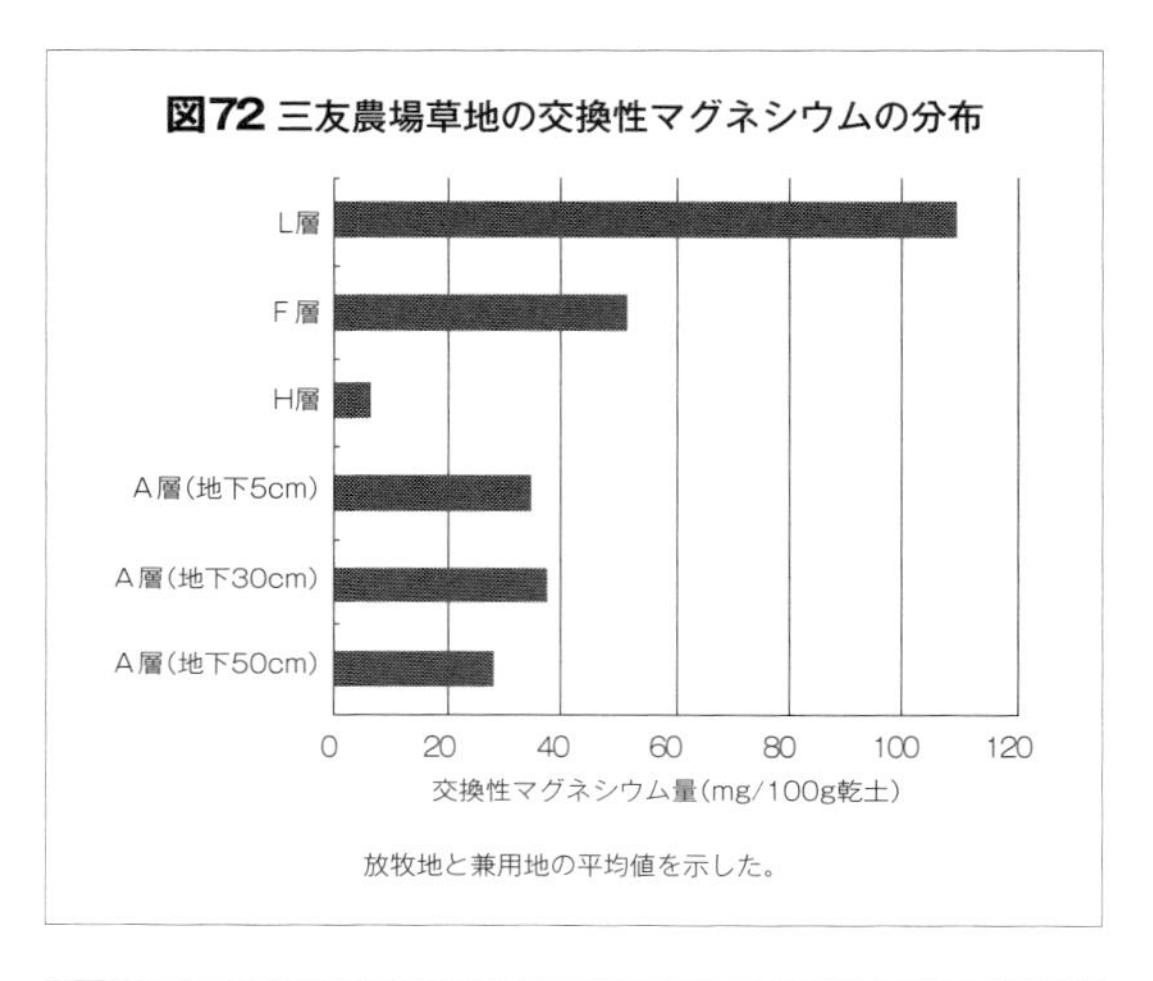

図72 三友農場草地の交換性マグネシウムの分布

放牧地と兼用地の平均値を示した。

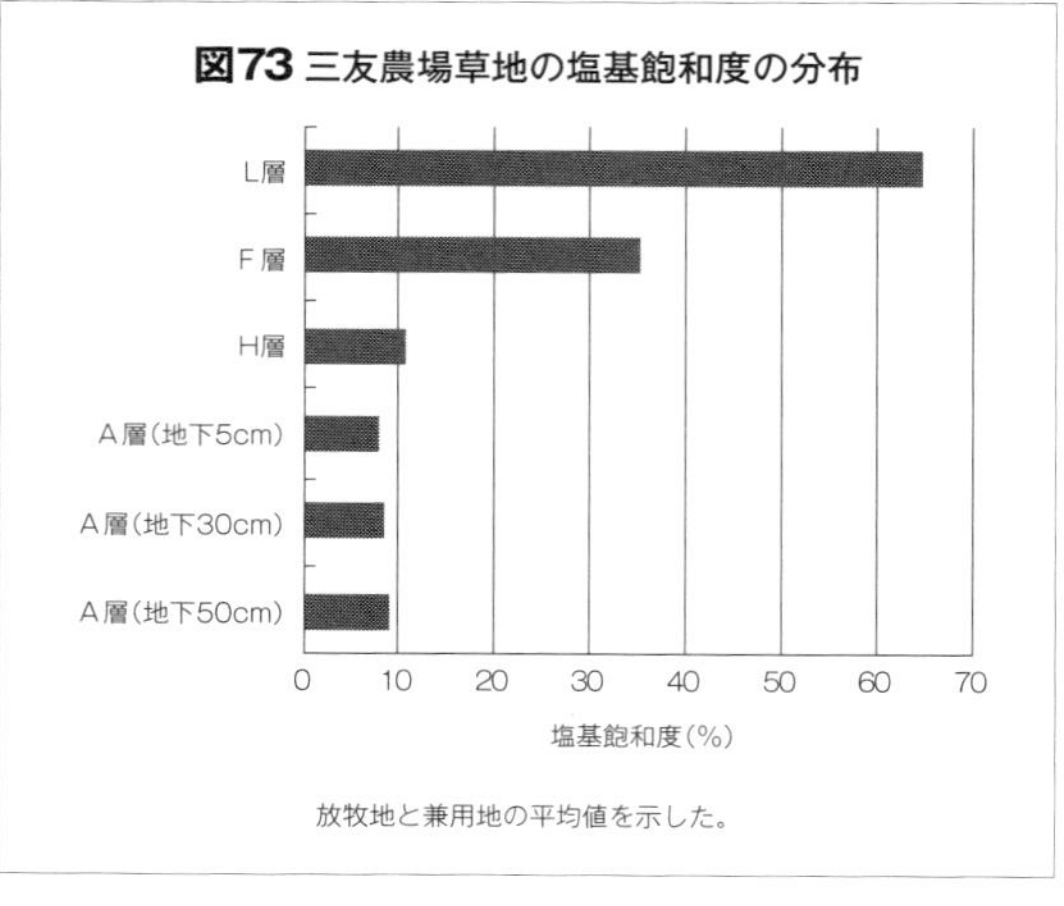

図73 三友農場草地の塩基飽和度の分布

放牧地と兼用地の平均値を示した。

これらのことから言えるのは、「草地の堆積腐植型」も牧草へ「ミネラル」を供給する大事な役割があるということである。経年草地の土壌は、上からの管理が作り上げていくもののようである。その管理がうまくいっているかどうかは、「堆積腐植型」ができているかどうかで見ることができそうである。完熟堆肥を上から散布して放牧している草地は「堆積腐植型」ができやすいと考えられるかもしれない。

酪農民の最も大事な「ストック」の一つは、草地の地力である。草地の地力は作ろうとしてできるのではない。農民の働きかけを補助として牧草自ら創っていく、表層のわずか二cmほどの世界にできていくのである。

森林生態系への類似

さて「堆肥づくりこそ農民の仕事」という三友氏の言葉を手がかりに、酪農の基本に立ち帰るとはどのようなことか考えてみたい。

完熟堆肥を目標とする酪農には、考えなければならないことがある。それは先述した草地面積一ha当たりの牛の頭数である。三友氏は、根釧地方では一haに牛一頭が適正規模である、と述べている。では、乳量を求め、一ha一頭以上となるとどうなるだろうか。復習も兼ねて考えてみよう。

まず、乳牛一頭当たりの粗飼料の量が減少し、粗飼料中心では飼えなくなる。すると、配合飼料の給与量が自然と増える。配合飼料は、繊維が少なくタンパク質（窒素）が多い傾向がある。これでは糞尿は繊維が少なく窒素が多い状態となる。この糞尿で完熟堆肥をつくるには、ワラなどの大量の繊維と、それなりの——つまり堆肥原料を粉砕して撹拌できる施設設備が必要となる。現実的にはお金もかかるし、堆肥盤の容量も待ってはくれない。勢い未熟堆肥、時には生堆肥のまま草地に散布することになる。この結果、草地土壌は窒素が多くなり、土壌の交換性アルミニウムが多い状態になりがちで牧草は衰退してシバムギが優先した草地になっていく。さらに窒素の多い状態は牧草の倒伏の心配があるので、結実期収穫は難しくなる。つまり、完熟堆肥を作るのに必要な繊維の多い草はまずできない。そうなると、また糞尿の窒素が多くなり——と完熟堆肥を目標にすることからはどんどん遠くなってくる。

逆に、牛を減らし、一ha一頭とすることが配合飼料を減らしやすくなり、窒素過剰を防ぎ、堆肥や土壌をはじめとした農場全体のバランスが自然に整っていくと考えられる。北海道根釧地方の適正飼養頭数である一ha一頭になると、完熟堆肥が作りやすくなる。ここがスタートである。

腐植酸がたっぷりと入った完熟堆肥を散布すると、交換性アルミニウムを抑え、塩基置換容量が大きくなったバランスがよい土壌になる。そして地温の上昇を待ち、五月中旬に「への字稲作」のドカン肥を打つように少量の化学肥料を投入する。この結果、結実期まで置いておいても蒸れない倒れない糖度の高い草ができる。結実期の七月下旬には太平洋高気圧が根釧地方をも覆い、好天が続き乾草調整が容易になる。

この繊維の多い草を乳牛に採食させ、配合飼料の給与量を制限すると、乳生産量は抑制されるが、繊維の多い糞ができ上がる。この糞は発酵しやすく、完熟堆肥となる。この完熟堆肥がさらに土壌のバランスをよくしていく。大がかりな施設を使わなくとも、トラクタのマニュアフォークだけで完熟堆肥ができることが酪農経営の目標なのである。完熟堆肥づくりを大事にする酪農経営は、肥料も配合飼料も減らし、乳牛の疾病が少なくなり、低コストで高効率となる。

森林生態系は、木々の根が土壌のミネラルを吸い上げ、自身の体をつくり、落ち葉を土壌に返していく。外から入るミネラルはほとんどない。この結果として、ミネラルの利用効率は非常に高くなる。三友農場の草地も外から入るミネラルはゼロではないが、配合飼料や化学肥料を抑制しているのでそれらは少ないのである。ミネラルの流れから見ると森林生態系に似た草地となっている。森林生態系に似ていることは、上流が森林である西別川上流のミネラルの含有量に、三友農場の草地内のメムは近いことからうかがえる。また、森林土壌の表面土壌は一般的に、L層、F層、H層、A層に分かれているが、三友農場の草地にも同じような堆積腐植型が見られる、という共通点が見られる。このように河川へのミネラルの流出——つまり水質——から見ても、また土壌表層の状態から見ても、三友農場の草地は森林によく似ている。

森林生態系に似た草地は、作ろうとしてできるものではない。酪農の充実によってできていく。酪農の充実とは、完熟堆肥を作り草地へ散布できることということができる。

マイペース酪農は何かと問われれば、堆肥づくりを大事にする酪農経営と言える。と同時に、自然と人間がどのように向き合うべきか、多くのヒントを与えてくれる酪農ということがあげられるだろう。

草地という新たな風土を軸に

根釧地方は、日本の中では冷帯に属する冷涼な気候である。また、保水性と排水性をある程度両立している火山灰土がほぼ全域を覆っている。この風土に適するのは寒地型牧草の草地である。マイペース酪農・三友農場ではこの草地を使い切るための工夫を凝らした酪農を行なってきた。

「使い捨てる」のではなく「使い切る」のである。「使い切るための工夫」とは、すり切れてボロボロになるまで使い込んで捨ててしまうということを意味しない。農民が向き合う「草地」は牧草をはじめとした様々な生き物が生きている「生態系」を創り上げている。生き物は存在自体が「理」にかなっている。そして生き物と生き物の間には相互作用がある。その相互作用の結果が「生態系」である。「生き物の相互作用」という「理」に沿うことが「使い切るための工夫」なのである。「理」に沿わなければ混乱する。それは「欲」という働きかけである。より高い農業粗収入を、より高い乳量を求める「欲」で草地と向き合うと、「理」にかなっているという生物の本質を壊してしまう。現在の経済活動としての酪農・農業は、多くの場合、人間の「欲」を満たすために生物を壊しつつ生物から最大の生産量を獲得しようとする。このために多くの生産資材――化学肥料や配合飼料、ビニールなど――が使われる。生物は「理」にかなっていない生き方を強要される場合、無理が生じてほころびができる。ほころびは「病」という形で現われる。そして現在の農業技術は、そのほころびをつくろいながら、「生物を壊しつつ生物から最大の生産量を獲得」することを止めようとはしない。ほころびをつくろうために、また多くの生産資材——微量要素入り肥料やサイレージ添加剤、治療薬など——が投入される。生産資材が生産資材を呼び、農業経営としての「生産コスト」を増大させ圧迫する。そして大事な「ストック」である牛と草地を蝕んでいく。酪農民の最も大事な「富」は、生物としての「理」にかない健康に生きている「牛」と「草地」である。これらが蝕まれるということは、酪農民から「富」が流出しているのであり、その結果として「生産資材」を売りつけた側は「もうかる」のである。

農業としての「本来の生産」とは、生物の理に沿いつつ、そこからなるべく逸脱しないように手をかける、そして分け前をいただくことにある。そしてもう一つ認識しなければならないことは、人間は「借り暮らし」であることである。地球を、根釧地方という風土を、自分が立っている草地を、「借りて」生きているのである。「農業粗収入」という水揚げに目をくらまされ、振り回されてはいけない。

ゆとりを取り戻すマイペース酪農——まとめ

これまでの話をまとめてみよう。重点的なポイントは「生産コスト」を押し上げている生産資材の多投入からの脱出は可能かということであり、具体的には「穀物多給」「化学肥料多給」「草地更新」の三点セットからの離脱は可能かということである。

昭和五年（一九三〇年）から七年の大冷害によって「根釧原野農業開発五カ年計画」が策定され、昭和一〇年（一九三五年）から一六年には「有畜農業」で一応の安定を見た。この農業経営の中身は、酪農と軍馬の育成である。敗戦後、昭和二〇年代（一九四五年以降）から四〇年代にかけて「パイロットファーム計画」が展開された。この時代、まだ「配合飼料」はわずかであった。当時としては高泌乳の乳牛にのみ紙袋で配合飼料を給与していた。これが後の配合多給、高泌乳路線の芽になるわけだが、まずは「配合飼料はわずかであった」ことに注目したい。配合飼料をあまり使わないということは、乳牛の餌のメインは「草」であったということである。昭和一〇年から四〇年代まで、ヨーロッパでは何百年と続いてきた常識、反芻家畜の餌は「草」という「本来の酪農」があった。貧しい中でも、根釧地方としての酪農の基本原型があった。この基本原型から酪農民が見出した基本法則が「一 haに牛一頭」の原則である。昭和四〇年代中盤（一九七〇年代初頭）に「パイロットファーム計画」は終了するが、この時までにこの地に入植した人々は「一 ha一頭」の原則を知っていた。しかし、やがてそのことを「忘れてしまった」ことが「生産資材の多投入」にのめり込んでいくこととなった。

昭和五〇年代前半（一九七〇年代後半）、北海道天北地方で「配合飼料」をたくさん喰わせて一頭あたり年間乳量七〇〇〇kgを達成した実践例が紹介され、北海道中にカルチャーショックを与えた。ここから、配合飼料が本格的に導入されることとなる。

昭和五〇年代後半（一九八〇年代前半）、牛乳の生産調整が行なわれ牛を増やすことができなくなった。生産調整はじきに解除されるが、急に牛を増やすことはできない。それでも乳量は増やさなければならない。牛一頭あたりの乳量を増やすために「配合飼料」の給与量が急激に増大していった。そしてこの動きは、昭和六〇年代（一九八〇年代後半）ドル安・円高で輸入穀物の値段が下がったことでさらに加速した。ここに、配合多給路線が固定化していったのである。

酪農経営を圧迫する「配合多給路線」。生産コストを下げていくには配合飼料を減らすことが有効である。配合飼料を減らす決断は容易にできる。しかし、酪農場全体の餌の供給量が減少することを意味する。そこで、配合飼料を減らした分だけ牛を減らす必要性が起こる。この牛を減らすという決断が難しい。牛を減らすということは「未知の世界」と感じるからだ。

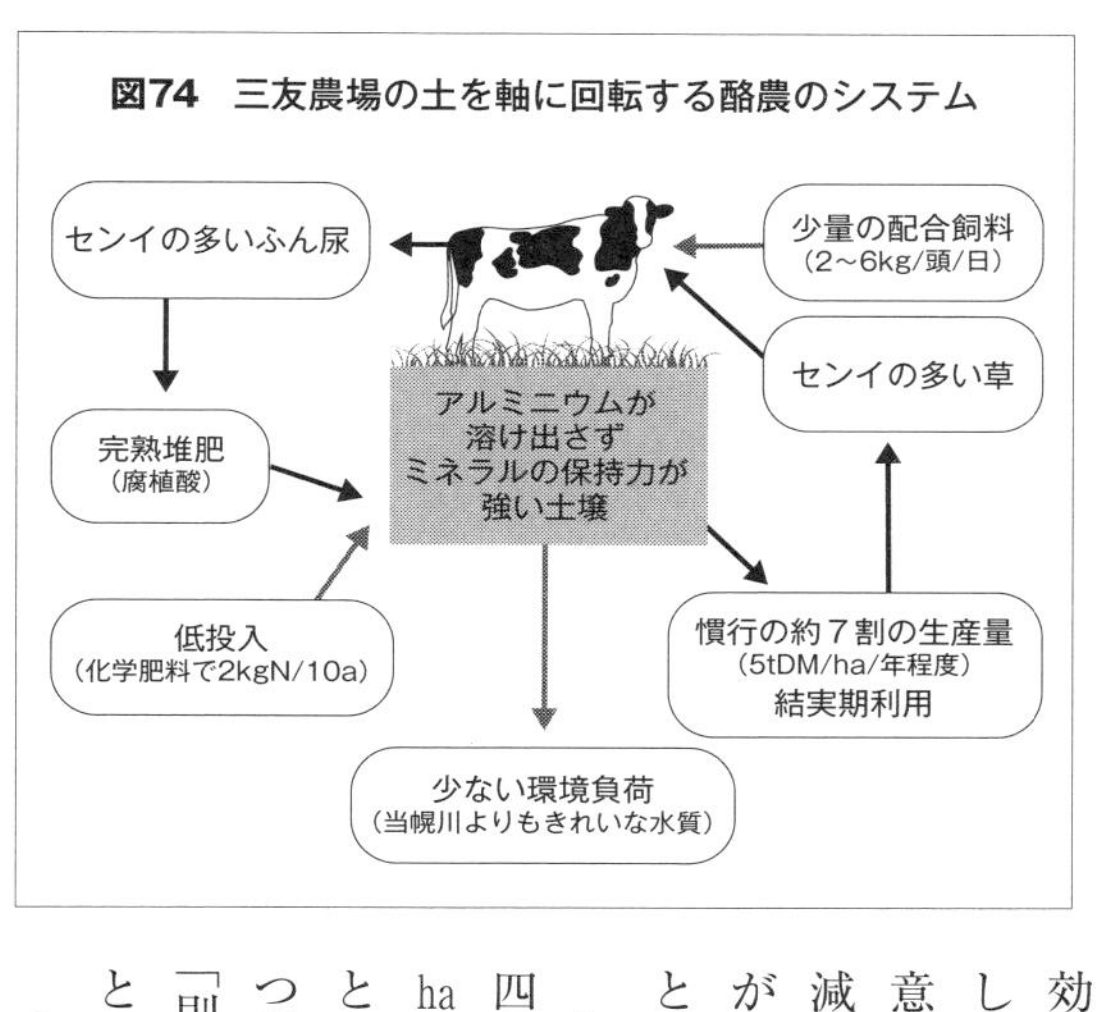

図74　三友農場の土を軸に回転する酪農のシステム

しかし思い起こしてほしい。昭和一〇年から昭和四〇年までのたった三〇年間しかなかったが、「一ha一頭」という根釧地方本来の酪農の姿があったことを。「一ha一頭」は根釧地方の風土と向き合いつつ酪農民が見出した法則であり、越えてはならない「則」である。越えてしまうといずれ「牛」と「草地」という「富」を失うことになる。

太陽のエネルギーや水や風は、木々や草を育て、風土を豊かにする。草が育った風土が「草地」と言えるだろう。「草地」は酪農という生産構造の一番基盤となるものである。ところが、酪農としての農業の生産構造を通過していく生産資材――化学肥料や配合飼料――は、生産構造を貧しくすることが多い。生産資材という「投資」は、投資した以上に利子を付けて風土から富を持っていってしまう。

生産資材をたくさん使い、越えてはならない「則」を乗り越え牛を増やし、生産乳量が多くなると、何となくバックが大きくなったような気がして安心する。安心を得るために、心が少しでも楽になると思って、消極的に規模を拡大してしまうのである。

越えてはならない「則」の中で、自由な選択をして生きていく。このためには草地という風土を読む心と受け入れる心が必要である。これは緊張を強いられる。それに耐えるには自立した人間である必要がある。風土の制約という「我慢」の中で生きようとすることで、自立した農民として鍛えられていくのである。

具体的な例として、配合飼料を減らしてみる、牛を減らしてみる。そして減らした状態で三年間は我慢する。我慢が大事なポイントである。ただ我慢するだけではなく、配合を減らし牛を減らした状態を維持しつつ、改良すべき点は改良する。これが「習熟」であり、このことが農民としての成長になる。

酪農家一戸一戸が規模を拡大することは、草地面積が地域全体で増えない限り「離農者」が必ず存在することを意味する。規模拡大は地域の人口の減少なのである。実際に根釧地方の地域集落の小中学校は、次々に閉校に追い込まれているではないか。

一戸あたり草地面積五〇ha、乳牛五〇頭程度、一頭あたり年間乳量六〇〇〇kg程度の規模の酪農家が多数存在できるならば、地域の人口は復活する。風土を読み受け入れる酪農をするならば生産乳量は小さくなるかもしれない。しかし大儲けはできないが家族が豊かに暮らしていける経済的基盤――農業所得――は確保できる。そして何よりも、「時間」という大事な資源、「ゆとり」ができる。「ゆとり」を手に入れることこそが思索を深め、思索の結論を実践しその結果を反省することを可能とする。思索と実践の往復運動で生き様、つまり営農と生活の質を高める。その結果として「ただ金儲けのために仕事に追いまくられる」尊敬されない酪農民から、「賢く、しなやかに生き、自らの哲学を深められる」尊敬される酪農民となっていく。これが真の豊かさであろう。

根釧地方の草地酪農は、日本という国家の権益確保のための北海道領土化の手段という側面を持つ。しかし、実際にこの地に生きる酪農民にとっては「生きる手段」であり「生きる誇り」なのである。草地には人間だけではない、風と土と生き物たちの歴史が詰まっている。その歴史の重みを感じ耐えつつ、ずっと遠くを見つめて着実に力一杯生き抜く。その手段が草地を中心として回る草地酪農なのである。

あとがき

四〇年ほど前のことを思い出している。今は別海高校になってしまったが、当時は「別海酪農高校」と呼ばれていた。別海酪農高校で生を受け、根釧地方で育ったことが、今日までの私の原点である。そしてこの原点があってこそ、三友農場との出会いがあった。それを考えると、両親をはじめとした別海酪農高校の教職員、学生だった皆様にまずお礼を申し上げなければならない。

三友農場（現・酪農適塾）の三友盛行氏、三友由美子氏には、三友農場で実習をしたにもかかわらず酪農民にならなかった一番できの悪い弟子である私を、ここまで導いていただいたことに深く感謝せずにはおれない。また、森高哲夫氏、岩崎和雄氏、高橋昭夫獣医師をはじめ、マイペース酪農運動を推進してこられた多くの方々に、深く感謝しなければならない。親方衆のご指導がなければ、「農業とは何か」すらよくわかっていない農業関係者になっていたと思う。

舘定宣氏、大橋勝彦氏、内澤彰一氏をはじめとした虹別コロカムイの会の方々にもご指導をいただき、根釧地方の風土をより深く理解することができた。また、山階鳥類研究所標津二級ステーションの阿部嗣氏、柏川真隆氏、大河原彰氏には鳥類学に関する基礎をたたき込まれた。これらの方々から「トビの目」を頂いたようなものであり、このことは感謝してもし尽くせない。

鳥取大学の津野幸人名誉教授には、二〇年近くにわたり「本当の農学とは何か」を教えていただいた。特に本書の四章と五章は、津野先生のご指導がなければ形にならなかった。深く感謝申し上げたい。

札幌大学の岩崎徹教授、長尾正克教授、萬谷廸名誉教授には、終始温かい励ましとご指導を頂いた。岩崎先生、長尾先生、萬谷先生の励ましがなければ、この本を書き終えることができなかった。この本の生みの親は三人の先生方である。

東京農業大学生物産業学部の小松輝行教授、酪農学園大学の荒木和秋教授、干場信司教授、帯広畜産大学の花田正明教授、北海道大学の近藤誠司教授には、マイペース酪農というものをどのように捉えたらよいかについて直接的・間接的な多くの示唆を頂いた。

すべての方のお名前を挙げることはできないが、本書にご指導とご協力を頂いた多くの方々に深く感謝申し上げたい。

草地が語りかけていることは、本書で全て紹介できたわけではない。語り残されたことがたくさんあるが、ひとまずこの本がこれからの根釧地方の草地酪農、ひいては農業そのものの方向性への一助となれば幸いである。

最後になったが、何をしでかすかわからない私をいつも温かく見守ってくれている家族に感謝して、本書を閉じたいと思う。

二〇一七年三月　佐々木章晴

主な参考文献

社会・経済・歴史・哲学について

・石川英輔『大江戸えねるぎー事情』講談社、一九九三年
・岩崎徹「「農業の国際化」と北海道農業の構造変動」『札幌大学「経済と経営」第三六巻第二号』、二〇〇六年
・岩崎徹「「グローバル資本主義と農業」に関するいくつかの論点――農業問題研究学会の著作を素材として」『札幌大学「経済と経営」第四一巻第一号』、二〇一〇年
・榎本守恵『ジュニア版　北海道の歴史』北海道新聞社、一九八二年
・遠藤一夫『資源の風景　暮らしの環境を見直す』講談社、一九七八年
・小幡文和・工藤文三・佐々木誠明・杉原安・高橋誠・水谷禎憲・和田倫明『現代に生きる倫理』清水書院、一九九五年
・海保嶺夫『エゾの歴史　北の人々と「日本」』講談社、一九九六年
・佐々木馨『アイヌと日本人　民族と宗教の北方史』山川出版社、二〇〇一年
・清水正元『砂漠化する地球　文明が砂漠をつくる』講談社、一九七九年
・J.Dwey『学校と社会』岩波書店、一九五七年
・司馬遼太郎『この国のかたち一』文藝春秋、一九九〇年
・スタジオジブリ『借りぐらしのアリエッティ』小学館、二〇一〇年
・スタジオジブリ『耳をすませば』徳間書店、一九九五年

・津野幸人『小農本論　だれが地球を守ったか』農山漁村文化協会、一九九一年
・津野幸人『小さい農業　山間地農村からの探求』農山漁村文化協会、一九九五年
・中野剛志『ＴＰＰ亡国論』集英社、二〇一一年
・中野剛志・柴山桂太『グローバル恐慌の真相』集英社、二〇一一年
・農文協文化部『農文協の「農業白書」』農山漁村文化協会、一九八七年
・農文協文化部『戦後日本農業の変貌——成り行きの三〇年』農山漁村文化協会、一九七八年
・農山漁村文化協会『全国の伝承　江戸時代　ひとづくり風土記（一）　ふるさとの人と知恵　北海道』農山漁村文化協会、一九九一年
・長谷川宏『新しいヘーゲル』講談社、一九九七年
・畠山尚史「穀物輸出国における穀物の需給動向」『北草研報43』、二〇〇九年
・バリー・コモナー『なにが環境の危機を招いたか　エコロジーによる分析と解答』講談社、一九七二年
・ブリン・グリーン『田園景観の保全　景観生態学、戦略、実践』農山漁村文化協会、一九九九年
・北海道別海酪農高等学校『農業・生活実習指導計画書——酪農・生活科』北海道別海酪農高等学校、一九七四年
・北海道別海酪農高等学校『ホームプロジェクト・レコードブック——酪農・生活科』北海道別海酪農高等学校、一九七四年
・三澤勝衛『三澤勝衛著作集　風土の発見と創造　第3巻　風土産業』農山漁村文化協会、二〇〇八年
・三友盛行『マイペース酪農　風土に生かされた適正規模の実現』農山漁村文化協会、二〇〇〇年
・宮崎駿『風の谷のナウシカ１』徳間書店、一九八五年
・宮崎駿『風の谷のナウシカ２』徳間書店、一九八五年
・宮崎駿『風の谷のナウシカ３』徳間書店、一九九三年

・宮崎駿『風の谷のナウシカ4』徳間書店、一九九三年
・宮崎駿『風の谷のナウシカ5』徳間書店、一九九五年
・宮崎駿『風の谷のナウシカ6』徳間書店、一九九三年
・宮崎駿『風の谷のナウシカ7』徳間書店、一九九五年
・守田志郎『農業は農業である』農山漁村文化協会、一九七一年

根釧地方の自然環境について

・東三郎『北海道　森と水の話』北海道新聞社、一九九一年
・阿部嗣・柏川真隆・大河原彰『山階鳥類研究所標津2級ステーション2006年度放鳥集計』山階鳥類研究所標津2級ステーション、二〇〇六年
・粟野武夫・粟野節『根室管内の植物』グループ北のふるさと、一九九四年
・小倉紀雄『調べる　身近な水』講談社、一九九二年
・環境庁自然保護局計画課自然環境調査室『都道府県別メッシュマップ01北海道⑦』財団法人自然環境研究センター、一九九七年
・斉藤雄之助『Ⅱ処理水の水産生物への影響　5藻場植物　下水処理水と漁場環境』恒星社厚生閣、一九八七年
・佐々木章晴「根釧地方の酪農開発が自然環境に与える影響」『日草誌55（3）』、二〇〇九年
・菅原聰『人間にとって森林とは何か　荒廃をふせぎ再生の道を探る』講談社、一九八九年
・写真化学『ランド撮図』（CD-ROM）写真化学、一九九九年
・高田令子「根室支庁管内鳥類リスト」『根室市博物館開設準備室紀要15』、二〇〇〇年

・中野秀章・有光一登・森川靖『森と水のサイエンス』東京書籍、一九八八年
・夏原由博「草地と樹林地の配置が動物群集にどう影響するか」『日草誌48(6)』、二〇〇三年
・日本鳥学会『日本鳥類目録改訂第6版』日本鳥学会、二〇〇〇年
・根室管内漁協専務参事会『風蓮系・野付湾内系河川環境調査報告書』根室管内漁協専務参事会、一九七六年
・根室地区水産技術普及指導所標津支所「風蓮湖ヤマトシジミ漁場底質環境調査報告書」根室地区水産技術普及指導所標津支所、二〇〇三年
・幡手格一『Ⅱ藻場・海中林の造成　6アマモ場　藻場・海中林』恒星社厚生閣、一九八三年
・八戸法昭「西別川が教えてくれた36年――河川パトロールと別海漁協青年部月別水質調査を通じて」第八回摩周・水・環境フォーラム資料、二〇〇九年
・半谷高久・小倉紀雄『第3版　水質調査法』丸善、一九九五年
・日野輝明『森林性鳥類群集の多様性　これからの鳥類学』裳華房、二〇〇二年
・フィールドガイド根室制作員会『フィールドガイド根室　根室の草花』フィールドガイド根室制作員会、一九七六年
・藤岡正博・吉田保志子『農業生態系における鳥類多様性の保全　これからの鳥類学』裳華房、二〇〇二年
・藤巻裕蔵「北海道十勝地方の鳥類　1新得山とその付近の鳥類」『山階鳥研報12』、一九八〇年
・藤巻裕蔵「北海道十勝地方の鳥類　4農耕地の鳥類」『山階鳥研報16』、一九八四年
・藤巻裕蔵「北海道十勝地方の鳥類　5十勝川下流沿いの鳥類」『山階鳥研報21』、一九八九年
・藤巻裕蔵「北海道十勝地方の鳥類　6十勝川中流沿いの鳥類」『山階鳥研報26』、一九九四年
・松永勝彦『森が消えれば海も死ぬ　陸と海を結ぶ生態学』講談社、一九九三年
・三浦二郎「根室の自然をめぐる諸問題　教育との関わりを模索しつつ」『根室自然保護教育研究会49』、一九七四年

・水島敏博『4アマモ場におけるホッカイエビの生態と生産　藻場・海中林』恒星社厚生閣、一九八三年
・宮腰靖之・卜部浩一・川村洋司・真野修一・下田和孝・藤原真・安藤大成・小林美樹・宮本真人・杉若圭一「第四回河川環境と魚類に関するセミナー　サケ・マス類の生育環境と資源増殖に向けた取り組み」北海道立水産孵化場さけます資源部、二〇〇六年、http://kankyou.ceri.go.jp/topics/photo/20070228fish/miyakoshi_p.pdf［二〇〇八年六月一〇日参照］
・守山弘『自然を守るとはどういうことか』農山漁村文化協会、一九八八年
・山岸哲・樋口広芳『これからの鳥類学』裳華房、二〇〇二年
・山田浩之・中村太士「河畔緩衝帯の生態学的意義と草地開発が水辺の生態系に及ぼす影響」『日草誌48』、二〇〇三年
・油津雄夫『北国の川と森林　日本の水環境1　北海道編』日本水環境学会編、技報堂、二〇〇一年
・鷲谷いずみ『サクラソウの目　保全生態学とは何か』地人書館、一九九八年

農学の実態や歴史について

・アルブレヒト・テーア『合理的農業の原理（上巻）』農山漁村文化協会、二〇〇七年
・大塚博志「自給飼料の経済的有利性と利用拡大に向けての今後の課題」『北草研報43』、二〇〇九年
・岡本全弘『循環酪農を支える飼料の条件　循環型農業論』酪農学園大学酪農学部酪農学科、二〇〇八年
・菊池卓郎『農学の野外科学的方法』農山漁村文化協会、二〇〇〇年
・三枝俊哉・西道由紀子・大塚省吾・須藤賢司「土地利用の視点から乳牛飼養を考える　必要土地面積の試算」『北草研報42』、二〇〇八年
・笹野貢『生乳の品質管理』酪農総合研究所、一九九八年

・Smith K.A, Chambers B.J (1993) Utilizing the nitrogen content of organic manures on farms-problems and practical solutions. Soil Use and Management 9.
・中標津町『中標津町史』中標津町、一九八一年
・中辻浩喜「土地利用の視点から乳牛飼養を考える　必要土地面積の試算」『北草研報42』、二〇〇八年
・中辻浩喜「自給飼料主体の牛乳生産における土地利用方式に関する研究」『北草研報43』、二〇〇九年
・津野幸人『農学の思想』農山漁村文化協会、一九七五年
・菱沼達也『私の農学概論』農山漁村文化協会、一九七三年
・北海道農政部道産食品安全室『硝酸態窒素汚染防止のための施肥管理の手引き』北海道農政部道産食品安全室、二〇〇三年
・北海道農政部食の安全推進室食品政策課『硝酸態窒素汚染防止のための施肥管理の手引き・追補版』北海道農政部食の安全推進室食品政策課、二〇〇五年
・松中照夫『土からみた養分循環を大切にする酪農の条件　循環型農業論』酪農学園大学酪農学部酪農学科、二〇〇八年
・松中照夫「土壌学の基礎」農山漁村文化協会、二〇〇三年
・松中照夫・三枝俊哉・佐々木寛幸・松本武彦・神山和則・古舘昭洋・三浦周「ふん尿利用計画ソフト「AMEFF」の開発と普及」『北草研報42』、二〇〇八年
・山宮克彦「中標津町郷土館Website」、二〇〇七年、http://www.nakashibetsu.jp/kyoudokan_web/index.html［二〇〇八年三月二五日参照］

酪農の実態やシステムについて

・荒木和秋「風土に生かされた北海道酪農を求めて　乳量5500kgで儲かっている経営がある」『現代農業』一九九二年九月号
・荒木和秋「風土に生かされた北海道酪農を求めて　草地の更新なしで上手な放牧ローテーション」『現代農業』一九九二年一一月号
・荒木和秋「風土に生かされた北海道酪農を求めて　家風にあった牛だからできる一日四～六時間労働で高所得」『現代農業』一九九二年一二月号
・荒木和秋『経営形態別に見た循環酪農』酪農学園大学酪農学部酪農学科、二〇〇八年
・猫本健司『地域内養分循環の促進――実践事例を通して　循環型農業論』酪農学園大学酪農学部酪農学科、二〇〇八年
・干場信司「酪農生産システム全体から牛乳生産調整問題を考える」『北畜会報49別冊』、二〇〇七年
・干場信司「原点に戻ろう！　今こそ大切な循環型酪農」『酪農ジャーナル』二〇〇八年一二月号
・干場信司『私たちが目指す循環農法とは　循環型農業論』酪農学園大学酪農学部酪農学科、二〇〇八年
・干場信司『循環型畜産の成立条件』酪農学園大学酪農学部酪農学科、二〇〇八年
・北海道農政事務所「農林水産統計（平成一九年度公表）」北海道農政事務所、二〇〇七年、http://www.maff.go.jp/hokkaido/toukei/kikaku/sokuho/index.html#honbun［二〇〇八年四月二〇日参照］
・酪農の未来を考える学習会『私の酪農　いま・未来を語ろう　酪農交流会』酪農の未来を考える学習会、二〇〇九年
・吉野宣彦『家族酪農の経営改善　根室酪農専業地帯における実践から』日本経済評論社、二〇〇八年

牧草や土壌について

・飯田憲司・出口健三郎・原仁「十勝管内における草地の植生調査に関する報告」『北草研報43』、二〇〇九年
・エアハルト・ヘニッヒ『生きている土壌　腐植と熟土の生成と働き』農山漁村文化協会、二〇〇九年
・岡島秀夫『土の構造と機能　複雑系をどうとらえるか』農山漁村文化協会、一九八九年
・小川吉雄『地下水の硝酸汚染と農法転換　流失機構の解析と窒素循環の再生』農山漁村文化協会、二〇〇〇年
・金澤晋二朗「不耕起畑の土壌の特性と生物性」『農業技術体系土壌施肥編5　①土壌管理　土壌病害〈1〉』農山漁村文化協会、一九九九年
・小林義之「草地の土壌特性とその変化」『化学的特性と変化　農業技術体系土壌施肥編5　②土壌管理　土壌病害〈2〉』農山漁村文化協会、一九九九年
・佐々木章晴「マイペース型酪農の草地実態調査（予報）」『北畜会報44』、二〇〇二年
・佐々木章晴「マイペース酪農への科学的アプローチ——北海道中標津町・三友盛行さんの草地に学ぶ」『農業技術体系畜産編2　①乳牛』農山漁村文化協会、二〇〇九年
・佐々木龍男・勝井義雄・北川芳男・片山雅弘・山崎慎一・赤城仰哉・山本肇・塩崎正雄・大場与志男・木村清・菊池晃二・近堂祐弘・三枝正彦・中田幹夫『北海道の火山灰と土壌断面集（1）』北海道火山灰命名委員会、一九七九年
・沢口正利「普通畑・飼料畑土壌の診断」『農業技術体系土壌施肥編4　土壌診断　生育診断』農山漁村文化協会、一九九五年
・森林土壌研究会『森林土壌の調べ方とその性質（改訂版）』林野弘済会、一九九三年
・相馬暁「熟畑技術の検討」『農業技術体系土壌施肥編5　①土壌管理　土壌病害〈1〉』農山漁村文化協会、

一九九九年
・中央畜産会『日本飼養標準　乳牛（一九八七年度版）』中央畜産会、一九八七年
・中央畜産会『日本標準飼料成分表（一九九五年度版）』中央畜産会、一九九五年
・豊田広三「草地の土壌特性とその変化　物理的特性と経年変化」『農業技術体系土壌施肥編5　②土壌管理　土壌病害〈2〉』農山漁村文化協会、一九九九年
・西宗昭・三木直倫「経年草地の草勢回復と更新」『農業技術体系土壌施肥編5　②土壌管理　土壌病害〈2〉』農山漁村文化協会、一九九九年
・西尾道徳「草地の土壌特性とその変化　草地土壌の微生物特性と牧草の生育」『農業技術体系土壌施肥編5　②土壌管理　土壌病害〈2〉』農山漁村文化協会、一九九九年
・藤原俊六郎・安西徹郎・加藤哲郎『土壌診断の方法と活用』農山漁村文化協会、一九九六年
・北海道立地下資源調査所『北海道の地質60万分の1北海道地質図』北海道立地下資源調査所、一九八〇年
・竹田芳彦「持続的な草地生産　北海道における草地生産の現状と草地更新」『日草誌48（6）』、二〇〇四年
・北海道立天北農業試験場「草地の経年化に伴う土壌酸性化と石灰施用」昭和59年度北海道農業試験場会議資料、一九八四年
・北海道立根釧農業試験場「チモシーを基幹とする採草地の効率的窒素施肥法」昭和62年度北海道農業試験場会議資料、一九八七年
・M・M・コノノワ著、菅野一郎・久馬一剛・徳留昭一・有村玄洋訳『土壌有機物』農山漁村文化協会、一九七七年
・山神正弘「草地土壌の診断」『農業技術体系土壌施肥編4　土壌診断　生育診断』農山漁村文化協会、一九九五年
・山神正弘「草地の土壌管理　草種構成と土壌管理」『農業技術体系土壌施肥編5　②土壌管理　土壌病害

〈2〉』農山漁村文化協会、一九九九年

佐々木章晴（ささき・あきはる）
1971年、北海道別海町生まれ。12歳まで根釧地方で育つ。1995年、帯広畜産大学畜産環境科学専攻修了。専門は集約放牧による乳牛飼育技術に関する研究。95年４月より農業教員として主に栽培環境を担当し富良野農業高校・中標津農業高校などに勤務。2001年より〈マイペース酪農〉のモデルとされる三友農場の調査研究を行なう。2007年４月より当別高校園芸デザイン科教諭。著書に『これからの酪農経営と草地管理』（農文協）がある。

草地(そうち)と語(かた)る 〈マイペース酪農(らくのう)〉ことはじめ

発　行　2017年（平成29年）3月31日 初版第１刷

著　者　佐々木章晴

発行者　土肥寿郎

発行所　有限会社寿郎社
〒060－0807 北海道札幌市北区北7条西2丁目37山京ビル
電話 011-708-8565　FAX 011-708-8566
E-mail doi@jurousha.com
URL http://www.jurousha.com/
郵便振替 02730-3-10602

印刷所　モリモト印刷株式会社

ISBN 978-4-902269-97-0 C0061

寿 郎 社 の 好 評 既 刊

農村へ出かけよう

林美香子

定価：本体 1000 円＋税

978-4-902269-35-2

狂牛病の黙示録

池田毅嘉・山下陽照

定価：本体 2000 円＋税

978-4-902269-38-3

北海道の守り方

グローバリゼーションという
〈経済戦争〉に抗する 10 の戦略

久田徳二編著
北海道農業ジャーナリストの会監修

定価：本体 1400 円＋税

978-4-902269-85-7

【寿郎社ブックレット 1】

泊原発とがん

斉藤武一

定価：本体 700 円＋税

978-4-902269-87-1

【寿郎社ブックレット 2】

北海道からトランプ的安倍〈強権〉政治に NO と言う

徳永エリ・紙 智子・福島みずほ

定価：本体 700 円＋税

978-4-902269-95-6